U0887438

高等职业教育无损检测专业系列教材

射线检测

主　编　岳玉国
参　编　王　洋　王小林

机 械 工 业 出 版 社

本书结合高职教育教学理念，注重实践；依照 JB/T 4730—2005《承压设备无损检测》、辐射防护等现行的无损检测法规、条例、标准，结合高职高专无损检测专业课程标准的要求，在参考原有的各类《射线检测》教材以及多年的实践教学经验的基础之上编写而成。本书的内容完全能够满足射线Ⅰ级、Ⅱ级，甚至Ⅲ级无损检测人员的考证和实际工作需要，是一本内容较全面、注重实际应用的教科书。

本书共分七章，内容包括：绪论、射线检测的物理基础、射线检测设备、射线检测器材、射线的辐射防护、射线照相法及检测工艺、评片。

本书主要作为高等职业院校无损检测专业和相关专业师生的参考教材，以及无损检测人员进行系统培训、考核的参考教材，也可供从事工程设计、技术管理、质量管理、安全防护管理人员、广大无损检测工作者阅读参考。

本书配有电子课件，凡使用本书作为教材的教师可登录机械工业出版社教材服务网 www.cmpedu.com 注册后下载。咨询邮箱：cmpgaozhi@sina.com。咨询电话：010-88379375。

图书在版编目（CIP）数据

射线检测/岳玉国主编. —北京：机械工业出版社，2013.3（2024.8 重印）
高等职业教育无损检测专业系列教材
ISBN 978-7-111-41524-4

Ⅰ.①射… Ⅱ.①岳… Ⅲ.①射线检验-高等职业教育-教材
Ⅳ.①TG115.28

中国版本图书馆 CIP 数据核字（2013）第 031216 号

机械工业出版社（北京市百万庄大街 22 号 邮政编码 100037）
策划编辑：王海峰 责任编辑：王海峰 薛 礼 安桂芳
版式设计：霍永明 责任校对：张玉琴
封面设计：鞠 杨 责任印制：张 博
北京建宏印刷有限公司印刷
2024 年 8 月第 1 版第 5 次印刷
184mm×260mm · 11 印张 · 270 千字
标准书号：ISBN 978-7-111-41524-4
定价：35.00 元

电话服务
客服电话：010-88361066
010-88379833
010-68326294

网络服务
机 工 官 网：www.cmpbook.com
机 工 官 博：weibo.com/cmp1952
金 书 网：www.golden-book.com
机工教育服务网：www.cmpedu.com

封底无防伪标均为盗版

前　言

职业教育和培训是提高劳动者技能的重要手段，是提高企业竞争力和促进就业率的迫切需要。在当前的形势下，大力发展职业教育和培训尤为关键和突出。其中，无损检测技术在国民经济各部门中的重要性引起了人们的广泛关注和高度重视。

职业教育的特点是大力开展职业技能训练。目前，我国无损检测高等职业教育和培训尚无统一、配套的系列教材。

基于上述情况，编写合适的教材以供职业教育和有关部门参考选用，既是一项紧迫而又重要的任务，也是我们无损检测教育、科普专业工作人员应尽的责任。《射线检测》一书就是为了满足这些要求而编写的。

考虑到射线检测工作的特点，本书基础理论部分力求简明扼要，突出体现了射线Ⅰ级、Ⅱ级无损检测人员必须掌握的理论知识，重点充实了实践检测工艺内容，特别是增加了工艺卡的编写和应用实例的介绍，着重编写了射线照相底片评定与辐射防护计算等内容。本书包括概论、射线检测的物理基础、射线检测设备、射线检测器材、射线的辐射防护、射线照相法及检测工艺、评片和相关的国家标准等。其中，第3章射线检测设备、第4章射线检测器材和第6章6.8节暗室处理由王洋编写，第6章6.5节焊缝射线检测工艺规程及应用举例由王小林编写，其余部分内容均由岳玉国编写。

本书得以顺利完成，承蒙广大同仁的大力支持和帮助，在此表示感谢！同时衷心祝愿《射线检测》能够成为广大读者的良师益友！全国高职高专院校的无损检测专业拥有更加美好的明天！

由于作者水平有限，书中错误或不妥之处在所难免，真诚地欢迎同行和广大读者批评指正。

编　者

目　录

第1章　绪　　论

1.1　射线（照相法）检测的一般原理

射线检测是五大常规检测的主要方法之一，它的基本原理是利用射线的一些基本性质：X射线、γ射线、中子射线在辐射时沿直线传播，能够贯穿物体，在贯穿物体的过程中能与物质发生光电效应、康-吴效应、电子对效应等主要效应，由于与物体相互作用，射线的强度逐渐减小，当一种射线贯穿不同厚度，不同材质的材料时，强度衰减的程度不同；而工件中的缺陷，总是引起工件厚度或材质的局部改变，因此，利用某种接收手段，显示或测量穿透射线的强度及其分布规律，即可发现和判别缺陷。射线照相法是利用射线具有光化学作用的性质，即能够使感光胶片感光，透过工件后的不同强度的射线使胶片的感光程度不同，再经过暗室处理（洗相）得到射线照相底片。如果用射线底片来显示这种强度分布，并对底片进行观察，发现缺陷，判断缺陷的大小、性质及分布情况，这就是常用的射线照相法检测。

射线检测方法，按射线的种类区分，有X射线检测、γ射线检测、中子射线检测等。按接收手段、显示方法区分，有射线照相法、工业射线电视法、荧光屏透视法及射线剂量率测量法等。目前，应用最普遍的是X射线和γ射线照相法。本书将主要讲述这两种方法。

1.2　射线（照相法）检测的适用范围与局限性

1.2.1　适用范围

射线照相法可用来检测零部件或结构件中的厚度和密度等参数的变化，也包括对缺陷的检测，这些参数或缺陷表现为射线强度的差别，差别大的比差别小的更易于检测。一般情况下，射线照相能检测的是在平行于或与射线发射方向一致的方向上有厚度差或密度差的一些参数。但是，对垂直于射线发射方向的、呈平面状的参数变化（如分层、裂纹等缺陷）是难以检测的。概略地说，体积型的缺陷易于检测，而取向与射线入射方向不一致的面积型缺陷则难以检测。如气孔、夹渣、疏松等缺陷多为体积型缺陷，在射线透射方向上均存在着厚度差或密度差，因此导致透过射线与邻近部位射线强度的差异，从而在底片上显示出不同黑度的缺陷图像。一般来说，厚度或密度相差1%～2%或更大的量值，用射线照相法是能够检出的。

射线照相法检测与超声检测法相比，两者均能检测材料或工件的内部缺陷，而呈体积型的缺陷用射线检测法比较有利。射线照相法检测广泛用于焊接件和铸件的检验，尤其是焊缝的检验中，射线照相法用得最多，也最为有效。

与其他常用的无损检测方法（如超声、磁粉、渗透及涡流等）相比，射线照相法有以下主要优点：

1）它几乎不受材料种类的限制，适用于所有金属和非金属材料的检测。

2）能检测工件内部的缺陷，如埋藏在工件深部的裂纹、缩孔、气孔、疏松、夹渣、未焊透、未熔合及内冷铁等缺陷。

3）直观性强。由于是图示法，故可在照相底片上直接观察到缺陷的性质、形状、大小和位置等，便于对缺陷的定性、定量和定位分析。

4）具有可以长久保存的底片，作为检测结果记录的可靠依据。

1.2.2　局限性

射线照相法检测技术的局限性在于对面状缺陷的检测能力较差，尤其是对工件中最危险的缺陷——裂纹。如果缺陷的取向或射线方向与缺陷方向之间的相对角度不适当，该类缺陷的检出率随着相对方向角度的增大而明显下降，乃至完全无法检出。此外，射线照相法的费用较高，操作工序也较为复杂。对一般X射线机来说只能检测80mm以下厚度的钢工件，即使采用高能X射线机也只能检测500mm以内厚度的钢工件，而超声检测法则可以检测长度达几米的工件。X射线和γ射线还会损伤人体的细胞和血液，大剂量的照射甚至会危及生命。因此，射线检测时，必须采取相应的防护措施。

1.3　射线检测技术的发展

近几年来，国内外射线检测技术有很大的发展。目前，国外正朝着逐渐淘汰射线照相法而采用实时成像法的方向发展，虽然射线照相法在射线检测中属于检测灵敏度最高的，但是，它在环保和经济方面等都是不利的。由于传统的原因，国内目前依然较多地使用射线照相法。在射线检测设备方面，目前国内外已形成100～470kV左右的定向和周向曝光的系列化产品。还采取了缩小X射线管尺寸，采用耐振动、高绝缘性能的金属陶瓷管，以气体绝缘替代油和液体作冷却，提高高压变压器的工作频率，大量采用集成元件等措施以减轻X光机的质量。350～470kV的固定式X射线机也已有系列产品。γ射线机的使用也越来越广泛，^{60}Co、^{192}Ir、^{137}Cs、^{170}Tm、^{75}Se等放射性同位素，已在工业检测中大量被采用。尤其在野外、高空作业的检测以及圆形、球形体的全景检测中，可显示出γ射线检测的巨大优越性。^{192}Irγ射线源由于能量较低（接近于300～400kV的X射线），加上其比活度较高，（如100Ci的^{192}Irγ线源的体积仅为$1mm^3$），因此适用于一般厚度钢铁材料的检测，照相对比度高，图像清晰。贫化铀源容器的应用大大减轻了γ源容器的质量（100Ci的容器仅为20kg左右），与X射线机相比，设备更为轻巧，操作更为简便。

电子感应加速器及直线加速器、回旋加速器、静电加速器等高能X射线机的发展，尤其是直线加速器的发展，拓宽了X射线检测的应用范围。如15MeV的直线加速器，其照射量率在距源1m处可达6 000R/min，透照250mm的钢材仅需几十秒钟，为大厚度工件的射线照相提供了有效的手段。普通X射线机一般的穿透厚度在220mm以下，而高能X射线机的穿透厚度可达半米左右。但由于加速器的加工制造工艺技术复杂、体积庞大、噪声大、价格昂贵，使用设施要求也较高，故目前仅在少数工业企业中使用。

此外，在工业胶片方面，增感型的感光胶片已趋淘汰，因为它使用了增感屏，这将影响射线照相的灵敏度等，而在国内还没有改变这种状况的方法。有报导认为今后射线胶片将朝着颗粒细微化的方向发展，以进一步提高照相的对比度和清晰度。随着高能X射线应用的发展，金属增感屏除了采用铅屏之外，铜、钢、钽、钆、钨等金属增感屏也已被采用，且在照相清晰度、分辨率、增感效率和使用寿命等方面均比铅箔有所提高。

为了克服由于暗室操作不当而引起的各种伪像和底片质量问题，许多胶片生产厂均生产和推荐使用自动洗片机。目前，自动洗片机产品已系列化，底片尺寸可自由选择，能对胶片的显影、定影及干燥等全部暗室处理过程全面实现自动化，整个过程可缩短至5~6min。其他器件，如观片灯、黑度计、射线剂量仪、像质计等产品，国内均已能满足一般生产的需要。

第 2 章　射线检测的物理基础

2.1　原子结构与元素

2.1.1　原子结构

物质由分子组成，分子由原子组成，而原子由原子核和核外电子组成。原子核由质子和中子组成，位于原子的中心。

质子是一种物质微粒，其质量为 1.6726×10^{-27}kg，带有一个单位的正电荷，电量为 1.602189×10^{-19}C。中子也是一种物质微粒，其质量为 1.6748×10^{-27}kg，不带电荷。不同原子的原子核含有的质子数和中子数不同。原子核的半径为 10^{-14}m，约为原子半径的万分之一，它的体积仅占原子体积的几千亿分之一，可见在原子内部存在着很大的空间，电子就在这个空间中运动。

电子是一种更小的物质微粒，其质量为 9.1095×10^{-31}kg，仅为质子质量的 1/1836，它带有一个单位的负电荷，电量为 1.602189×10^{-19}C。核外电子在原子空间作高速运动。

不同能量的电子运动状态不同，能量低的电子通常在核附近的区域运动，能量高的电子通常在离核较远的区域运动，也就是说，核外电子在不同的电子壳层运动。离核最近的称为第一壳层，从核向外依次称为第二、三、四、五、六、七壳层等，也常称为第 K、L、M、N、O、P、Q 壳层等，每一个壳层又分为若干个支壳层。离核较近壳层上的电子被称为内电子，离核较远壳层上的电子被称为外电子。

如果把在一定电子层上的电子所占据的空间称为一个轨道，这样也可以说电子在不同的轨道上运动，但这并不是人们对通常物体所说的运动轨道。按照这种概念，核外电子也可称为轨道电子。

轨道电子的排布规律遵循以下主要原则：

1）泡利不相容原理：在同一原子中，不能存在运动状态完全相同的电子。

2）能量最低原理：核外电子总是先排布在可能的能级低的轨道上，使原子的能量处于最低的状态，这时的原子才是稳定的。

按照上述规律，如果以 n 记为层数，则各层最多可以存在的电子数为 $2n^2$，即第一层最多可以存在 $2\times1^2=2$ 个电子，第二层最多可以存在 $2\times2^2=8$ 个电子，依次类推。原子的上述结构可以形象、简单地绘成图 2-1 所示的原子结构轨道图。描述原子的主要参数是核电荷数和相对质量数。

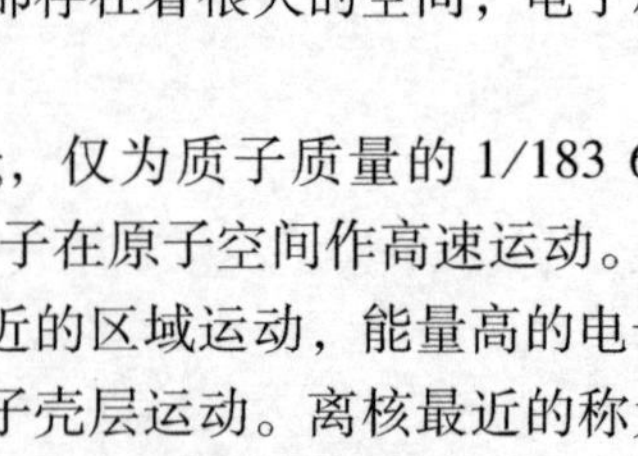

图 2-1　原子结构轨道图

核电荷数表示原子核带有的电荷，通常用符号 Z 表示，它等于原子核的质子数，也等于核外的电子数和原子序数。

原子的质量很小，通常采用相对质量来表示原子的质量，即采用质量为 1.9927×10^{-26}kg 的碳相对原子质量的 1/12 为相对原子质量的单位，其他原子的质量与它相比，得到的数值即为这种原子的相对原子质量。由于电子的相对质量远小于质子、中子的相对质量，所以原子的相对质量近似等于质子和中子的相对质量之和。质子的相对质量为 1.007，中子的相对质量为 1.008，均近似取整数值，即取为 1。忽略电子的相对质量，将原子核内所有质子和中子的相对质量加起来，得到的数值称为相对质量数，常用 A 表示；中子数常用 N 表示。所以

相对质量数 = 质子数 + 中子数

即
$$A=Z+N$$

一个相对质量数为 A，质子数为 Z 的原子 X，可记为 ${}_{Z}^{A}X$。

从这个符号可知，其原子核中有 Z 个质子、$(A-Z)$ 个中子，核外有 Z 个电子。例如，钴原子的原子序数（即质子数）为 27，相对质量数为 60，则中子数为 33，其原子符号可记作 ${}_{27}^{60}Co$。

2.1.2　原子的能级

1913 年，物理学家玻尔提出了一种原子理论，他假设：

1）原子只能处于一系列不连续的能量状态中，在这些状态中原子是稳定的，这些状态称为定态。

2）原子从一种定态跃迁至另一种定态时，将辐射或者吸收一定频率的光子，光子的能量取决于两种定态的能量差，即

$$h\nu=E_2-E_1$$

式中　h——普朗克常数，其值为 6.6252×10^{-34}J·s；

ν——辐射频率，单位为 Hz；

E_1——初态能量，单位为 MeV；

E_2——终态能量，单位为 MeV。

3）原子的不同能量状态对应于电子的不同轨道分布。

原子各个定态的能量值称为原子能级，图 2-2 所示为氢原子能级图。在正常状态下，原子处于最低能级，即其核外电子都在可能的最低能量轨道上运动，这种定态称为基态，其他的定态称为激发态。原子从基态向激发态跃迁将吸收能量；从激发态向基态或从能量较高的激发态向能量较低的激发态跃迁时将辐射能量。无论吸收能量还是辐射能量，这个能量都只能等于原子发生跃迁的两个能级的能量差。如果原子的轨道电子从外界获得了能量，从能量较低的轨道跃迁到能量较高的轨道，这个过程称为原子的激发，此时原子的能量将升高，即原子将处于激发态。如果轨道电子获得的能量足够高，使其可以脱离原子，成为自由电子，则原子称为被电离。处于激发态或电离

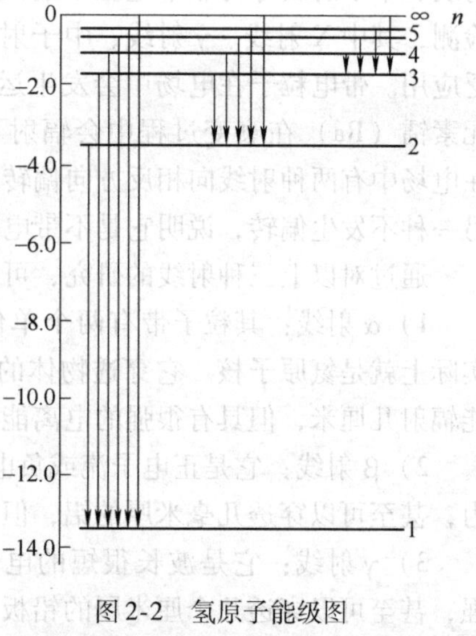

图 2-2　氢原子能级图

态的原子都是不稳定的，它们都将很快回到基态。

2.1.3 元素和同位素

具有一定核电荷数的同一类原子称为元素。在化学中采用不同的符号表示各种元素，如“O”表示氧元素，“Al”表示铝元素，“Fe”表示铁元素……这些符号称为元素符号，它也表示这种元素的原子。目前已发现的元素共有 107 种，其中 92 种存在于自然界，其他均为人工制得，约 75% 的元素是金属元素。

同种元素原子的质子数相同，但是中子数不一定相同。例如，氢原子有$^1_1$H（氕）、$^2_1$H（氘）、$^3_1$H（氚），碳原子有$^{12}_{12}$C、$^{13}_{12}$C、$^{14}_{12}$C 等。

把质子数相同而中子数不同的同一种元素的原子互称为同位素（在化学元素周期表中的位置相同）。许多元素都有同位素。

按照原子序数（化学元素周期表中的顺序）由小到大的顺序研究元素的性质时发现，元素的性质随元素原子序数的递增呈周期性变化，这个规律称为元素周期律。元素性质的周期性变化实际反映的是原子核外电子排布的周期性变化。按照元素周期律将 107 种元素排列，得到的表称为元素周期表，它具体表示了元素的周期律。

2.2 射线

2.2.1 射线和粒子流

射线实质上是运动着的微粒子流。

射线通常分为带电粒子射线和非带电粒子射线。α 射线（氦核粒子射线）、β 射线（电子射线）、质子射线等是带电粒子射线。X 射线、γ 射线、宇宙射线、中子射线等为非带电粒子射线。这些射线均可用于射线检测，其中 X 射线、γ 射线、中子射线已在射线检测中得到广泛应用。带电粒子在电场中会发生运动方向的偏转，如放射性元素镭（Ra）在衰变过程中会辐射 α、β、γ 三种射线，它们在电场中有两种射线向相反方向偏转，说明它们是带电粒子流；另一种不发生偏转，说明它是不带电射线（见图 2-3）。

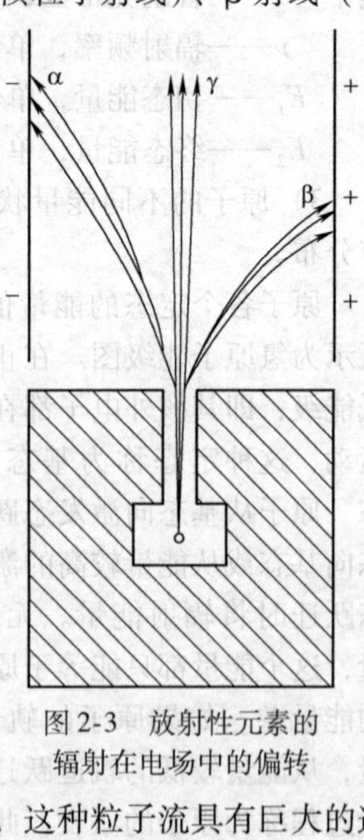

图 2-3 放射性元素的辐射在电场中的偏转

通过对以上三种射线的研究，可知它们的性质如下：

1）α 射线：其粒子带有两个单位的正电荷，质量数为 4，实际上就是氦原子核。它穿透物体的能力很小，在空气中也只能辐射几厘米，但具有很强的电离能力。

2）β 射线：它是正电子流或负电子流，具有较大的穿透能力，甚至可以穿透几毫米厚的铝，但电离作用较弱。

3）γ 射线：它是波长很短的电磁波，穿透物体的能力很强，甚至可以穿透几个厘米厚的铅板，但它的电离作用很小。

此外，中子射线是一种呈电中性的微粒子流，它不是电磁波，这种粒子流具有巨大的速度和贯穿能力。它与 X 射线和 γ 射线相比有很大的不同之处，即它在被穿透材料中的衰减主要取决于材料对中子的俘获能力。例如，对铅来说，当 X 射线和 γ 射线穿透时，其强度衰减很大，但铅俘获中子的能力很小；而对氢来说正好相反，一个很厚的铅罐中装有含大量氢原子的石蜡时，采用中子照相所得石蜡图像清晰；而用 X 射线照相时，则什么也看不到。因此，中子射线照相是 X 射线和 γ 射线照相的补充，对于爆炸类装置的检验有独到的用武之地，如常用于检测火药、塑料和宇航零件等。

除了以上常见的这些粒子流和射线外，自然界还存在正电子、中微子、介子及超子等粒子流和射线。

2.2.2　电磁波和光量子

1. 电磁波

如果空间某区域有周期性变化的电场，那么这个变化的电场就在它周围产生周期性变化的磁场。这个变化的磁场又在它周围产生新的周期性变化的电场，这种变化的电场和磁场总是相互联系，形成一个不可分离的统一的场，这就是电磁场。电磁场由发生的部位向周围空间传播的就是电磁波（它与超声波不同，超声波是机械波）。图 2-4、图 2-5 所示为电磁波传播过程及随时间变化的示意图。

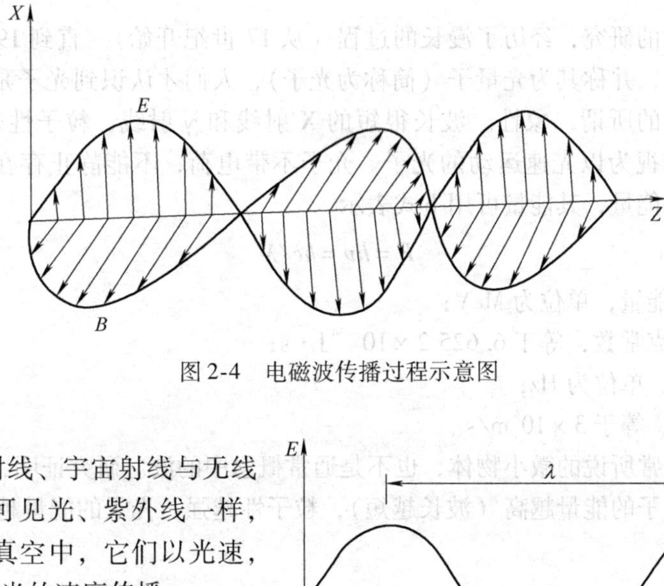

图 2-4　电磁波传播过程示意图

X 射线、γ 射线、宇宙射线与无线电波、红外线、可见光、紫外线一样，都是电磁波。在真空中，它们以光速，即每秒约 30 万千米的速度传播。

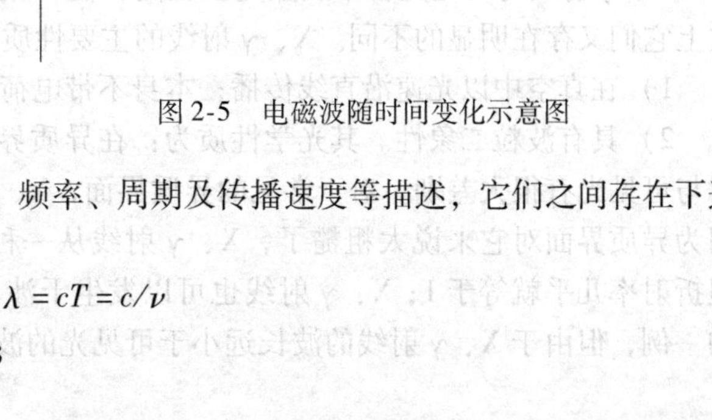

图 2-5　电磁波随时间变化示意图

图 2-6 所示为各种电磁波的波长范围。X 射线、γ 射线、宇宙射线的波长很短，频率很高。各种电磁波，除可见光以外，人的肉眼都看不见。

电磁波的传播也可以采用机械波传播的方法来描述，也就是可以通过波长、频率、周期及传播速度等描述，它们之间存在下述关系

$$\lambda = cT = c/\nu$$

式中　λ——波长，单位为 Å（10^{-10}m）；

c——传播速度（3×10^8 m/s）；

T——周期（$T=1/\nu$），单位为 s；

ν——频率，单位为 Hz。

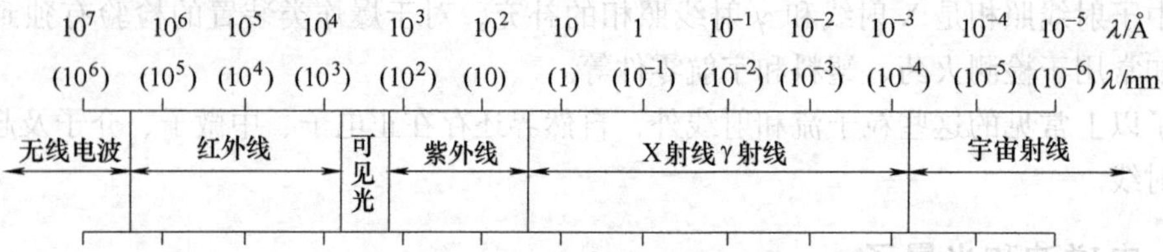

图 2-6　各种电磁波的波长范围

但是，电磁波和机械波之间存在着差异。机械波要靠介质传播，电磁波并不需要传播介质。例如，声波需要空气或其他介质才能传播，不能在真空中传播，但电磁波却可以在真空中传播。

电磁波的发射过程也是辐射能量的过程，电磁波在空间传播时电磁能就随同一起传播。一个系统发射电磁波的过程也称为电磁辐射。

2. 光量子

关于光的本质的研究，经历了漫长的过程（从 17 世纪开始）。直到 1905 年，爱因斯坦指出光的不连续性，并称其为光量子（简称为光子），人们才认识到光子是一种电磁波，具有波动性和粒子性的所谓二象性。波长很短的 X 射线和 γ 射线，粒子性表现得尤为明显，以至于可以将它们视为以光速运动的光子。光子不带电荷，不能静止存在，其静止质量为零，光子有一定的能量，其能量可用下式表示

$$E = h\nu = hc/\lambda \tag{2-1}$$

式中　E——光子能量，单位为 MeV；

h——普朗克常数，等于 6.6252×10^{-34} J·s；

ν——频率，单位为 Hz；

c——光速，等于 3×10^8 m/s。

光子既不是通常所说的微小物体，也不是通常概念中的波。研究证明，一切微粒子都具有波粒二象性。光子的能量越高（波长越短），粒子性越强；光子的能量越低（波长越长），波动性越强。

2.2.3　X、γ 射线的主要性质

X、γ 射线与可见光在本质上完全相同，但 X 射线的光子能量远大于可见光，所以在性质上它们又存在明显的不同。X、γ 射线的主要性质可以归纳为下列几个方面：

1）在真空中以光速沿直线传播；本身不带电荷，因此，不受电场和磁场的影响。

2）具有波粒二象性。其光学性质为：在异质界面可以发生反射、折射，但其反射、折射与可见光有很大差别。对于常见的异质界面，X、γ 射线不能产生可见光那样的镜面反射，因为异质界面对它来说太粗糙了，X、γ 射线从一种介质进入另一种介质时也将发生折射，但折射率几乎就等于 1；X、γ 射线也可以发生干涉、衍射现象，如“劳埃斑点”就是其中的一例，但由于 X、γ 射线的波长远小于可见光的波长，所以干涉、衍射现象只有对极微小

的孔、狭缝等才能观察到。

3）与可见光不同，X、γ 射线人的眼睛是不可见的，并且它能穿透可见光不能穿透的物体（即对可见光是不透明的物体）。短波长（频率高）的 X、γ 射线称为硬 X、γ 射线（射线的线质硬），其光子的能量大，穿透物体的能力强；较长波长（频率低）的 X、γ 射线称为软 X、γ 射线（射线的线质软；在射线照相的实际应用中，太软的 X、γ 射线是需要滤掉的），其穿透物体的能力较弱。

4）当 X、γ 射线贯穿物体时，将会与物质发生复杂的物理作用和化学作用，其主要作用现象有光电效应、康（康普顿）-吴（吴有训）效应和电子对效应等，使 X、γ 射线的强度产生衰减。它可使物质原子发生电离、使某些物质发出荧光等。

5）具有光化学作用，能够使感光胶片感光。

6）具有生物效应，能够杀伤、杀死生物细胞，损害生物组织，危及生物器官的正常功能，对人体有害。

2.2.4　X 射线谱

1. X 射线的产生机理

X 射线是由韧致辐射产生的，所谓韧致辐射就是当高速运动的电子被猝然遏止时，它的运动速度会急剧减小，甚至为零，其原来运动动能的一部分或全部以电磁波的形式辐射出来。

2. X 射线的获得过程

X 射线的实际获得过程是在 X 射线管中产生的。X 射线管是 X 射线探伤机的核心部件（其基本构造见本书相关章节或《无损检测仪器与设备》一书）。X 射线的具体获得过程是：由 X 射线管的阴极灯丝（在其预热电源的作用下）而产生的自由电子，经过聚焦罩聚焦，再在高压发生器产生的加在 X 射线管两端的高压电场的加速下，沿着 X 射线管内的高真空空间，高速奔向阳极，与阳极靶发生韧致辐射，从 X 射线管的窗口获得 X 射线。由此不难看出，获得 X 射线的条件是：自由电子、电子聚焦、高真空度、加速电子和韧致辐射等。

X 射线强度随波长的分布如图 2-7a 所示，这种强度随波长分布的关系称为 X 射线谱。

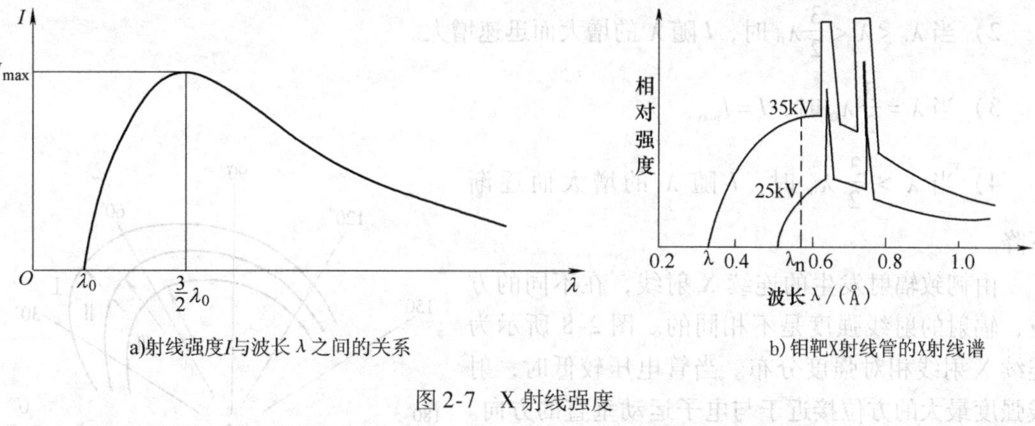

a)射线强度 I 与波长 λ 之间的关系　　b) 钼靶X射线管的X射线谱

图 2-7　X 射线强度

X 射线强度为在单位时间内，通过垂直于射线传播方向上单位面积的 X 射线光子的能量。通常，时间单位采用 s（秒），面积单位采用 cm^2（平方厘米），能量单位采用 J（焦耳）

或 eV（电子伏特）。

设 X 射线强度为 I，X 射线的频率为 ν，每秒钟到达 $1cm^2$ 表面的光子数为 n，则

$$I = nE = nh\nu$$

即强度 I 等于光子数 n 与光子能量 E 的乘积。

图 2-7b 所示为钼靶 X 射线管的 X 射线谱，从图中可以看到，X 射线谱由连续 X 射线谱和特征 X 射线谱（标识 X 射线谱）两部分组成。连续 X 射线谱为图中从最短波长（极限波长）λ_0 开始，其强度随着波长的加长连续地变化。X 射线的总强度主要分布在最强波长（λ_m）附近的一段波长范围内。如果电子受的加速电压为 U，则电子获得的动能为 eU，按能量守恒定律，最短波长 λ_0（单位为 Å，即 10^{-10}m）和加速电压 U（单位为 kV）之间有下述关系

$$eU = h\nu_0 = \frac{hc}{\lambda_0}$$

代入各个数值，则可得

$$\lambda_0 = \frac{12.4}{U}\text{Å} \tag{2-2}$$

连续谱的最大强度波长 λ_m 与最短波长 λ_0 之间有近似下述的关系

$$\lambda_m = \frac{3}{2}\lambda_0$$

3. 连续 X 射线产生的原因

因为 X 射线管内电子的动能是在 $0 \sim \frac{1}{2}mv^2$ 之间连续变化的，所以转化出来的 X 射线就是连续 X 射线。也可以解释为：在一定加速电压下获得一定能量的大量电子（例如，当电流为 5mA 时，每秒钟撞击到物体上的电子数目约为 3×10^{15} 个，即 3 千万亿个），与物体撞击急剧减速的过程是不一样的。不同的减速过程发生的可能性不同，极少量的电子在一次撞击过程损失了全部能量，大量电子经过多次撞击过程逐渐损失全部能量。因此，辐射的光子能量也是不一样的，这样就形成了连续谱辐射。

连续谱的主要特点是（见图 2-7a）：

1）当 $\lambda \leqslant \lambda_0$ 时，$I=0$。

2）当 $\lambda_0 < \lambda < \frac{3}{2}\lambda_0$ 时，I 随 λ 的增大而迅速增大。

3）当 $\lambda = \frac{3}{2}\lambda_0$ 时，$I = I_{max}$。

4）当 $\lambda > \frac{3}{2}\lambda_0$ 时，I 随 λ 的增大而逐渐下降。

由韧致辐射发生的连续 X 射线，在不同的方位，辐射的射线强度是不相同的。图 2-8 所示为连续 X 射线相对强度分布。当管电压较低时，射线强度最大的方位接近于与电子运动垂直的方向。管电压越高，射线强度最大的方位越接近于电子运动的方向。据此，在设计制造 X 射线管时，定

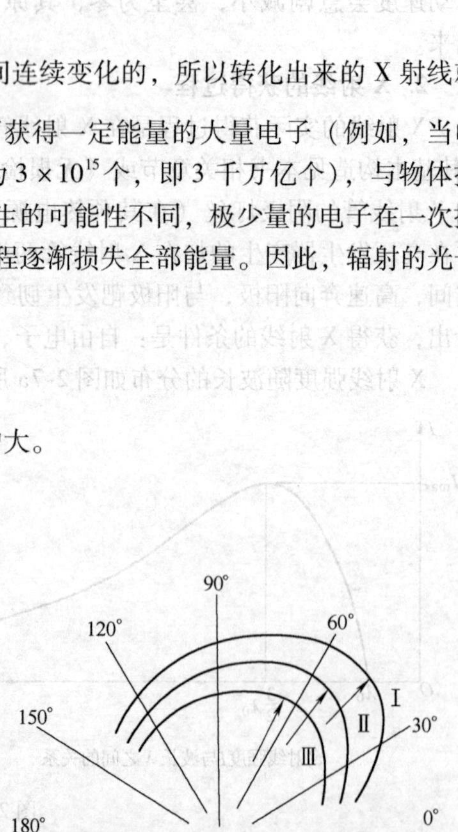

图 2-8 连续 X 射线相对强度分布

向 X 光机将靶做成楔形，周向 X 光机将靶做成锥形。

图 2-7 中叠加在连续谱上的峰状谱线，仅在某些特定的波长位置出现，它们称为特征谱或标识谱。

4. 标识 X 射线产生的原因

标识 X 射线是在电子跃迁过程中产生的。当电子具有足够的能量时，它可以把原子的内电子击出，使原子内层轨道出现“空穴”，邻近电子层的电子跃迁到“空穴”，并产生辐射。因此，也称为跃迁辐射。不同原子其电子层结构不同，各层之间的能量差也就不同，因此辐射的光子能量也不相同，形成了特定波长的辐射。所以，根据这些谱线的波长，就能够识别原子的结构特点，也就是说，它仅与靶材料有关，是阳极靶的一个标志。也正是因为这点，才称这些谱线为特征谱线或标识谱线。在射线检测的实际应用过程中，X 射线是混合谱，但由于特征谱线的强度比例很小，所起到的作用微乎其微，因此在射线检测中一般不需考虑特征谱线的影响。

特征谱的主要特点如下：

1）每一特征谱线都有特定的波长，电子撞击的物质不同，这些特定波长的值也不同。

2）特征谱可以分成若干组，也称为系。每一系的谱线都有自己的特定结构和激发能量，只有电子的加速能量超过激发能量时才能产生该系的特征谱线。一般来说，对于不同的靶，只有当管电压的值超过一定的临界电压值时，才会产生标识 X 射线。

2.2.5　放射性与放射性衰变

某些元素能发射出看不见的射线，但可以穿透黑纸使胶片感光，可以使气体电离，具有与 X 射线类似的性质。物质发射这种射线的性质称为放射性，具有放射性的元素称为放射性元素。自然界存在的放射性元素称为天然放射性元素。实际上，原子序数高于 83 的所有天然存在的元素都具有放射性。放射性元素的原子核不稳定，它们能自发地发生转变（即衰变），发射射线。这种自发地发出射线的现象，称为天然放射现象。某些元素的同位素也具有放射性，称为放射性同位素。用人工方法也可以得到放射性同位素，称为人工放射性同位素。天然放射性同位素仅有 40 多种，人工放射性同位素已有一千多种。在射线检测中应用的 γ 射线源，主要是人工放射性同位素。

一种元素的原子核放出射线之后，就转变为新的原子核。原子核由于放出某种粒子而转变为新核的变化，称为原子核的衰变。原子核自发地放射出射线转变为另一种原子核的现象，称为放射性衰变。在衰变的过程中，电荷数和相对质量数保持守恒。

放射性衰变的主要方式是 α 衰变和 β 衰变。α 衰变是指原子核放出 α 粒子的衰变过程，β 衰变是指原子核放出 β 粒子的衰变过程。当一种放射性元素发生连续衰变时，有的过程是 α 衰变，有的过程是 β 衰变。在这些衰变过程中常伴随辐射 γ 射线。这是由于放射性元素的原子核经过上述衰变后，变成处于激发态的原子核，当它返回正常态时，一般将会辐射 γ 射线，这个过程称为 γ 衰变。

2.2.6　放射性衰变规律

各种放射性物质的原子核都在不断地发生衰变，放射性原子核的数量随着时间而不断减少。实验证明，每个原子核发生衰变的可能性是相同的，但不是同时发生，而是有先有后。

放射性原子核的衰变是按负指数衰减规律进行的，即

$$N = N_0 e^{-\lambda t} \tag{2-3}$$

式中 N_0——开始时刻（$t=0$）放射性物质未发生衰变时的原子核数量；

N——t 时刻放射性物质未发生衰变的原子核数量；

t——经过的衰变时间；

λ——衰变常数，单位时间内原子核的衰变速率。

衰变常数，简单地说，它描述了放射性元素的衰变速度。其数值越大，放射性元素衰变越快。不同的放射性元素的衰变常数不同，即各种放射性元素都有自己固有的衰变速率。

放射性衰变的快慢也经常采用“半衰期”来描述，半衰期表示放射性原子核数量因衰变减少至原来数量一半时所需的时间，通常采用符号 T_h 表示半衰期。按照半衰期的定义可以推导出

$$T_h = \frac{0.693}{\lambda} \tag{2-4}$$

放射性元素衰变的速率是由原子核本身决定的，与原子核所处的物理状态或化学状态无关，外界条件（温度、压力等）也不能改变它的衰变速率。每一种放射性元素都有自己的半衰期，不同的放射性元素的半衰期差别很大，例如，常用于射线检测的放射性元素^{60}Co 的半衰期为 5.3 年，而放射性元素^{192}Ir 的半衰期为 74 天，^{137}Cs 的半衰期仅为 2.8×10^{-10}s，而^{238}U 的半衰期长达45 亿年。

一定量的放射性物质在单位时间内发生衰变的原子核数量，称为该物质的放射性活度，用符号 A 来表示，其专用单位为 Ci（居里），国际单位是 Bq（贝可勒尔）。若某物质每秒钟有 3.7×10^{10} 个原子衰变，则该物质的活度为 1Ci（1 居里）或 3.7×10^{10}Bq（贝可勒尔）。在实际应用中，也常用到比活度，即单位质量的活度。在已知放射性元素的半衰期后，按上述公式可以计算经过一定时间后放射性物质的活度。在使用 γ 射线源进行射线检测时，必须考虑 γ 射线源随时间的衰变。

2.2.7 γ 射线源的制备及性质

某些放射性同位素在发生核衰变时，能辐射 γ 射线，如天然放射性同位素^{226}Ra、^{235}U 等。但是，这种天然放射性同位素不仅很难俘获，而且价格昂贵，还不能制成体积小而辐射 γ 射线强度高的射线源。在射线检测中使用的 γ 射线源是人工放射线源，即用高能粒子（如下面提到的中子）去轰击一种稳定同位素的核，使它变成不稳定（放射性）的同位素。应用较广的 γ 射线源有^{60}Co、^{192}Ir、^{137}Cs、^{75}Se 等。

^{137}Cs 是^{235}U 裂变的多种产物之一，经元素分离浓缩而制得。^{60}Co、^{192}Ir 和^{75}Se 是将它们的稳定的同位素置于核反应堆中，增获中子而发生如下核反应制成的。

$$^{59}_{27}\mathrm{Co} + ^{1}_{0}\mathrm{n} \rightarrow ^{60}_{27}\mathrm{Co} + E_1$$

$$^{191}_{77}\mathrm{Ir} + ^{1}_{0}\mathrm{n} \rightarrow ^{192}_{77}\mathrm{Ir} + E_2$$

$$^{74}_{34}\mathrm{Se} + ^{1}_{0}\mathrm{n} \rightarrow ^{75}_{34}\mathrm{Se} + E_3$$

其中 E_1、E_2 和 E_3 分别为释放出的能量。

放射性同位素的原子在发生核衰变时，辐射出 β 射线和 γ 射线，同时，该原子本身变成另一种元素的稳定同位素。其表达式为

$$^{60}_{27}\mathrm{Co} \rightarrow ^{60}_{28}\mathrm{Ni} + \beta + \gamma$$

$$^{192}_{77}\mathrm{Ir} \rightarrow ^{192}_{78}\mathrm{Pt} + \beta + \gamma$$

$$^{137}_{55}\mathrm{Cs} \rightarrow ^{137}_{56}\mathrm{Ba} + \beta + \gamma$$

$$^{75}_{34}\mathrm{Se} \rightarrow ^{75}_{35}\mathrm{As} + \beta + \gamma$$

射线源辐射的 β 射线很容易被物质吸收，而 γ 射线则具有很强的贯穿物质的能力。

γ 射线检测使用的射线源，为了提高检测效率和减小焦点尺寸，不仅要求射线源活度高，而且要求射线源体积小，因此，应有高的比活度。通常，可适当选用衰变常数较小，即半衰期较长的射线源，同时，提高放射性同位素在射线源中的纯度，使射线源具有大的比活度。γ 射线源辐射出具有固定能量的光子，也就是说，γ 射线是线状谱系。一些射线源只能辐射一种能量的光子。另一些 γ 射线源能同时按一定的比例辐射多种能量的光子。

2.3　射线与物质的相互作用

当 X 射线、γ 射线作用于物体后，将与物质发生各种物理作用。这些作用从本质上说，是光子与物质原子的相互作用，包括光子与原子核，原子的电子及自由电子的相互作用。这些相互作用一般可以分为 12 类，其中主要的作用是光电效应，康–吴效应、电子对效应和瑞利效应等。

2.3.1　光电效应

1. 基本概念

金属及其化合物在光的照射下，从其表面释放出光电子的现象称为光电效应。

2. 实质过程

入射光子与原子的轨道电子相互作用，把全部能量传递给轨道电子，获得能量的电子克服原子核的束缚成为自由电子飞出轨道。在这种作用过程中，入射光子消失了，释放的自由电子称为光电子。图 2-9 所示为光电效应示意图。光电子发射的方向与入射光子的能量相关，当入射光子的能量较低时，光电子主要分布在与入射光子方向垂直的方向；随着入射光子能量的增大，光电子的发射方向逐渐倾向于入射光子的方向。X、γ 射线的光电效应主要发生在入射光子与原子内电子的相互作用过程中，低能光子与高原子序数物质发生相互作用时，光电效应占有重要的几率，其比例最高可达总衰减量的 90% 以上。但当入射光子能量超过一定值后（如大于 1MeV），继续提高能量，作用几率开始下降。当发生光电效应时，在原子的电子轨道上将产生空位，这些空位将被外电子填充，所以将产生跃迁辐射，发射特征 X 射线。这种辐射称为荧光辐射。

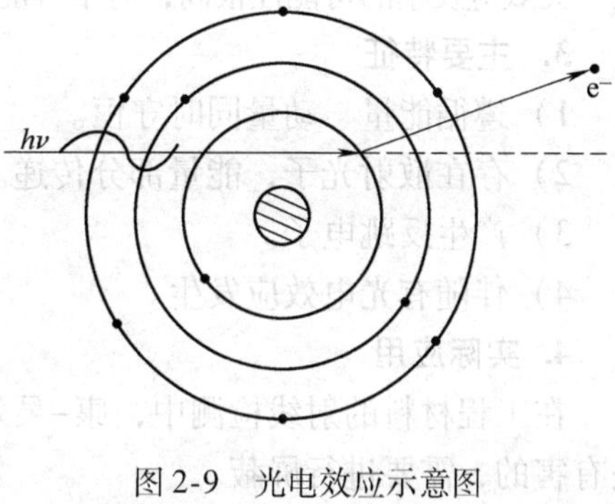

图 2-9　光电效应示意图

3. 主要特征

1）自由电子不能发生光电效应。

2）入射光子不再存在，能量全部传递。

3）发射出光电子。

4）伴随发射特征 X 射线。

4. 实际应用

光电效应是射线强度衰减的主要作用之一。同时，在射线检测中，一般增感材料的增感机理是基于光电效应的。

2.3.2　康–吴效应

1. 基本概念

这种效应过程是由美国物理学家康普顿首先发现的，我国物理学家吴有训在证实这种现象及其规律性的研究方面作出了重要的贡献，因此，被称为康–吴效应也称为不相干散射。

2. 实质过程

康–吴效应是入射光子与原子外层轨道电子或自由电子发生的碰撞过程。如图 2-10 所示，能量为 $h\nu$（波长为 λ）的入射光子，与原子外电子碰撞之后，它的一部分能量传递给电子，使电子从原子的电子轨道飞出，这种电子称为反冲（跳）电子；同时，入射光子的能量减少，方向改变，成为散射光子。反冲电子和散射光子的方向都相关于入射光子的能量，随着入射光子能量的增加，反冲电子和散射光子的偏向角都变小。散射光子波长 λ'（因能量变化）必定大于入射光子的波长 λ，它的增量 $\Delta\lambda$ 为 $\Delta\lambda = \lambda' - \lambda = 2.426(1-\cos\theta)\times10^{-12}\text{m}$，其中 θ 为散射角。

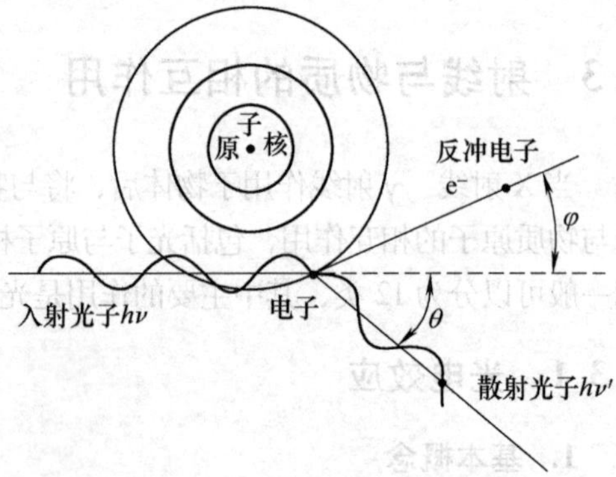

图 2-10　康–吴效应示意图

康–吴效应发生的可能性与入射光子的能量和物质的原子序数相关，原子序数低的元素，康–吴效应发生的可能性很高；对中等能量的光子，康–吴效应对各种元素都是主要的作用。

3. 主要特征

1）遵循能量、动量同时守恒。

2）存在散射光子，能量部分传递。

3）产生反跳电子。

4）伴随有光电效应发生。

4. 实际应用

在工程材料的射线检测中，康–吴效应是不可避免的。同时，在射线检测中，散乱射线是有害的，需要进行屏蔽。

2.3.3　电子对效应

1. 基本概念

高能量的光子与物质的原子核库仑场发生相互作用时，激发出一对正、负电子的现象（图 2-11），称为电子对效应。

2. 实质过程

电子对效应是射线光子经过轨道电子与物质的原子核发生的碰撞过程，入射光子消失，产生的正、负电子对在不同方向飞出，其方向与入射光子的能量有关。电子对效应只能发生在入射光子的能量大于 1.022MeV 时，这是因为电子的静止质量相当于 0.511MeV 能量，一对电子的静止质量相当于 1.022MeV 的能量。依能量守恒定律，显然只有入射光子的能量大于 1.022MeV 时才有可能转化为一对正、负电子，多余的能量将转换为电子的动能。入射光子与原子的电子发生作用也可以产生电子对效应，但其发生的可能性远小于入射光子与原子核相互作用过程，并且，入射光子的能量应不小于 2.044MeV。电子对效应发生的可能性与物质原子序数的平方成正比，近似与光子能量的对数成正比，因此电子对效应在光子能量较高、原子序数较高时是一种重要的作用。在电子对效应中产生的正电子寿命很短，在它运动快要停止时将与负电子结合，转化为两个能量为 0.511MeV 的光子。

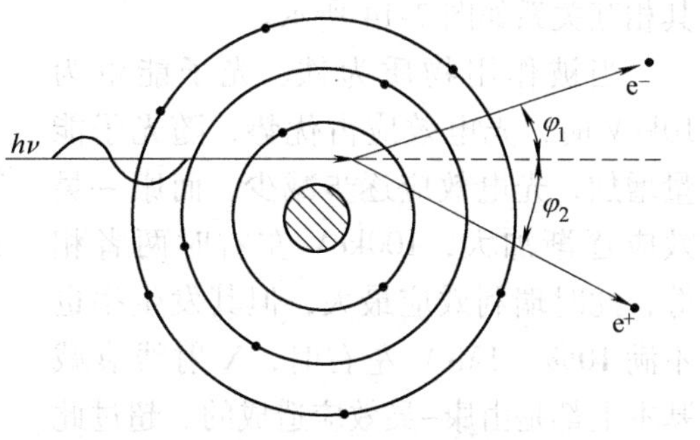

图 2-11　电子对效应示意图

3. 主要特征

1）主要作用对象是原子核库仑场。

2）入射光子不再存在，能量全部传递。

3）激发出一对正、负电子。

4）发生过程是有条件的，同时伴随有前两种效应的现象。

4. 实际应用

电子对效应也是射线与物质相互作用的主要情况之一，它要求的射线能量高，因此，在射线检测中，不能无限制地提高射线的能量来增加穿透力，这样做有时反而会大大降低穿透力。

2.3.4　瑞利效应

瑞利效应又称为汤姆逊散射，也称为相干散射，是入射光子与原子内电子碰撞的过程。在这个过程中，一个轨道电子吸收入射光子的能量后跃迁到高能级，随即又释放一个能量等于入射光子能量的散射光子，光子能量的损失可以不计。瑞利效应发生的可能性与物质的原子序数和入射光子的能量相关，约与原子序数的平方成正比，并随入射光子能量的增大而急剧减小。在入射光子能量较低时（如 X 射线管电压为 0.5 ~ 200keV 时），瑞利效应发生的可能性最大。

瑞利效应发生的机理如图 2-12 所示，当光子与原子中束缚很紧的电子碰撞时，光子将与整个原子之间交换能量，但原子的质量比光子大得多，按照弹性力学理论，散射光的频率不会改变，其波长也与入射线相同，因此，称之为弹性散射或相干散射。这种散射对原子序数高的物质和能量低的光子来说，是重要的，但它绝不会超过总衰减的 20%。一般来说，在射线检测中，瑞利效应发生的几率很低，所以不予考虑。

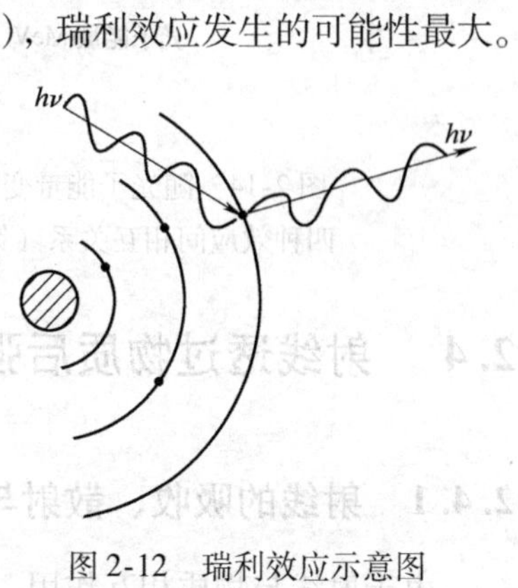

图 2-12　瑞利效应示意图

图 2-13 概括了光电效应、康-吴效应、电子对效应与光子能量及原子序数的关系。

四种效应的光子与物质的相互作用比较见表 2-1。

上述四种效应随光子能量的变化，其相互关系如图 2-14 所示。

当被作用物质为铁、光子能量为 10keV 时，光电效应占优势，随光子能量增加，光电效应逐步减少，而康－吴效应逐渐加大，100keV 左右时两者相等，此时瑞利效应最大，但其发生率也不满 10%。1MeV 左右时，X 射线衰减基本上都是由康–吴效应造成的。超过此点，电子对效应逐步变大。大于 10MeV 时，以电子对效应为主。

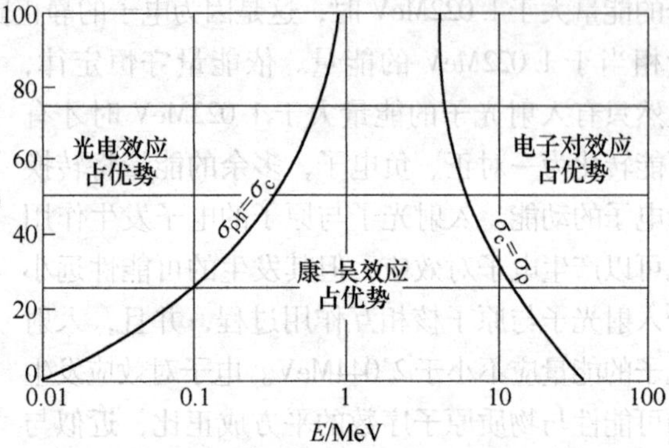

图 2-13 主要作用与光子能量及原子序数的关系

表 2-1 光子与物质的相互作用比较

效应	光子的能量	作用对象	作用产物
光电效应	较低	原子的内电子	光电子
康–吴效应	中等	外电子、自由电子	散射光子、反冲电子
电子对效应	≥1.022MeV	原子核	正、负电子
瑞利效应	低	轨道电子	光子

图 2-15 所示为康–吴效应与瑞利效应的比率（钢）。从图 2-15 可知，在射线能量较低的范围内，散射线主要是由瑞利效应产生的，而在射线能量较高的范围内，散射线主要由康－吴效应产生。因此，对一般射线检测来说，康–吴效应是主要的。

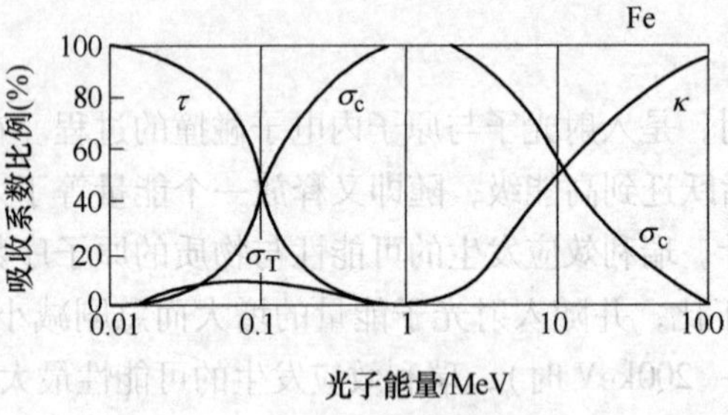

图 2-14 随光子能量变化四种效应间相互关系（钢）

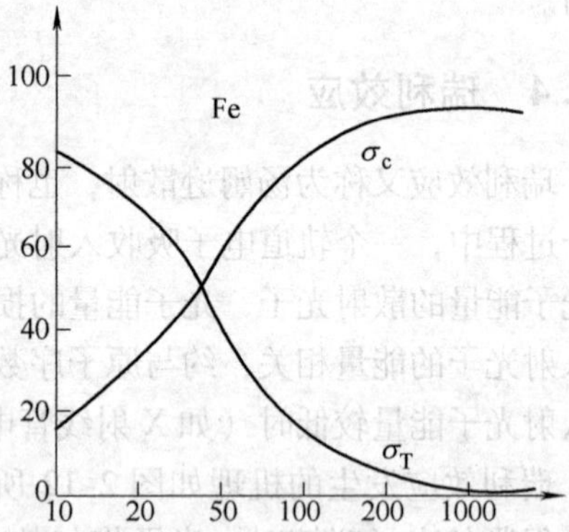

图 2-15 康–吴效应与瑞利效应的比率（钢）

2.4 射线透过物质后强度的衰减

2.4.1 射线的吸收、散射与衰减

由于射线与物质相互作用，从物体透射的射线强度低于入射射线强度，这称为射线强度

的衰减。入射到物体的射线，因为一部分能量被吸收，一部分能量被散射而受到减弱，使其强度发生了衰减。图 2-16 所示为透射射线的组成。

实验表明，射线贯穿物体时，其强度的衰减与吸收体（射线入射的物体）的性质、厚度及射线光子的能量相关。对于单色（由单一波长组成的射线）、窄束（穿透射线不包括散乱射线）射线，按图 2-17 所示射线强度衰减的关系式可以写为

$$I = I_0 e^{-\mu T} \tag{2-5}$$

式中　I_0——入射射线强度，单位为 Sv；

I——透射射线强度，单位为 Sv；

T——吸收体厚度，单位为 cm；

μ——线（吸收）衰减系数，单位为 cm^{-1}。

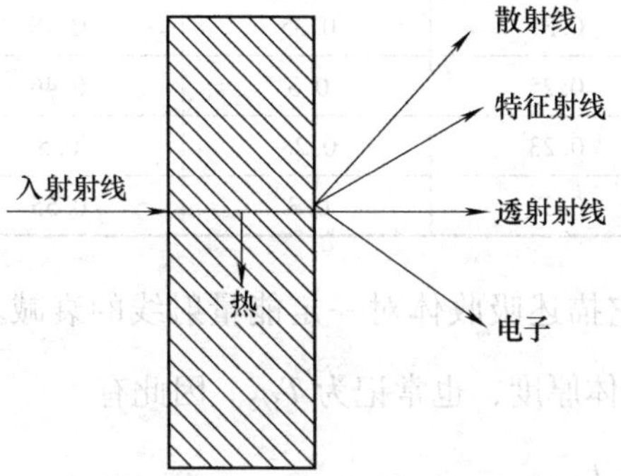

图 2-16　透射射线的组成

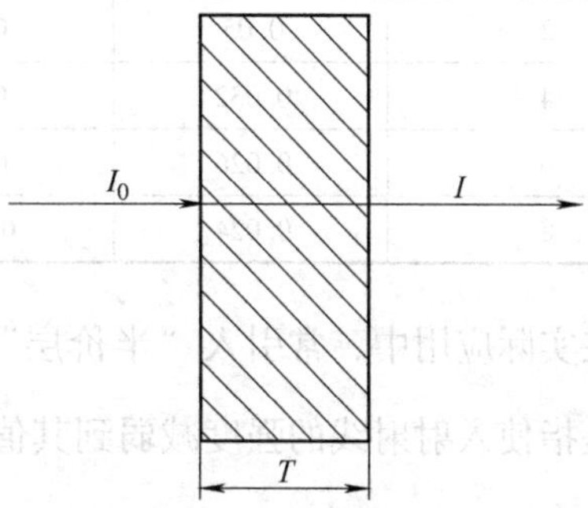

图 2-17　射线穿过物体的衰减

这就是射线衰减的基本规律。

从式（2-5）可知，射线穿过物体时的衰减程度以指数规律相关于穿透的物体厚度，因此，随着厚度的增加透射射线强度将迅速减弱。例如，假定某种能量的射线对钢而言，若 $\mu = 1.535\ 9cm^{-1}$，$I_0 = 100Sv$，穿过不同厚度钢时，如 $T = 10mm$、20mm、30mm，则透射射线强度为 $I = 21.5Sv$、4.6Sv；1.0Sv。

射线强度衰减的程度也相关于射线本身的能量，这体现在式（2-5）中的线（吸收）衰减系数 μ。

2.4.2　线衰减系数与半（值）价层

在式（2-5）中出现的线衰减系数 μ 是一个重要参数。入射到物体中的射线的光子穿透一段距离时，有的与物质发生了相互作用，有的没有与物质发生相互作用，线衰减系数表示的就是入射光子在物体中穿透单位距离时（如 1cm），平均发生各种相互作用的可能性。线衰减系数可以写成

$$\mu = \tau + \sigma_C + \sigma_T + \kappa \tag{2-6}$$

式中　τ——光电效应的线衰减系数，单位为 cm^{-1}；

σ_C——康-吴效应的线衰减系数，单位为 cm^{-1}；

σ_T——瑞利效应的线衰减系数，单位为 cm^{-1}；

κ——电子对效应的线衰减系数，单位为 cm^{-1}。

在讨论、分析一些问题时，也会用到“质量吸收系数”的概念，用 μ_m 表示质量吸收系数，其定义式为

$$\mu_m = \mu / \rho \tag{2-7}$$

其中，ρ 为物质的密度。

不同射线能量下不同材料的线衰减系数见表 2-2。

表 2-2 不同射线能量下不同材料的线衰减系数 （单位：cm^{-1}）

射线能量/MeV	水	铝	铁	铜	铅
0.25	0.124	0.29	0.8	0.91	0.27
0.5	0.095	0.22	0.67	0.7	1.8
1	0.069	0.16	0.47	0.5	0.8
2	0.05	0.15	0.31	0.35	0.48
4	0.032	0.09	0.25	0.3	0.46
6	0.026	0.07	0.23	0.28	0.5
8	0.024	0.065	0.23	0.3	0.55

在实际应用中，常引入“半价层”的概念，它描述吸收体对一定能量射线的衰减。半价层是指使入射射线的强度减弱到其值的 $\frac{1}{2}$ 时的物体厚度，也常记为 $T_{1/2}$。因此有

$$I = I_0 e^{-\mu T_{1/2}} = \frac{I_0}{2}$$

所以

$$T_{1/2} = \ln 2 / \mu = 0.693 / \mu \tag{2-8}$$

可见，同一吸收体对不同能量的射线，其半价层值不同；不同吸收体对同一能量射线，其半价层值也不同。利用这个关系对 I、μ、T 可作简单的计算。

例 某物体对某种能量射线的半价层是 2.3mm，若该射线穿过 10mm 厚度的该物体，求透射射线强度与入射射线强度之比（I/I_0）。

解 设 T 的厚度等于 n 个半价层，则

$$T = nT_{1/2}$$

通过计算可得

$$n = 4.3478$$

因此

$$I/I_0 = (1/2)^n = 0.0491 \approx 0.05$$

所以，可以直接利用公式 $\frac{I}{I_0} = \left(\frac{1}{2}\right)^n$ 或 $\frac{I_0}{I} = 2^n$ 来计算射线强度的比值或材料的半价层个数。

2.4.3 多色、宽束连续谱线的衰减规律

多色射线不是由单一波长射线所组成的，窄束射线穿透物质时，穿透射线不包括散射线，宽束射线在穿透物质后，穿透射线不仅有入射线未与物质作用的一次射线，还有散射线

即二次射线。

图2-18所示为平行的连续多色宽束X射线穿透钢材的情况。除直接穿透的射线I之外，测量点P还能接收到散乱的射线I_S。因此，P点接收到的射线总强度$I_P = I + I_S$。

图2-19所示为连续宽束X射线穿透钢材后强度的衰减，即射线强度的常用对数值与厚度的关系曲线。纵坐标轴为对数坐标轴。其中，曲线a为窄束入射情况，曲线a'为宽束入射的情况。在试验条件下，对于厚度T，穿透射线强度和散射强度分别为I和I_S，因此$I_P = I + I_S$，令

$$n = I_S / I \tag{2-9}$$

则

$$I_P = I\ (1 + n) \tag{2-10}$$

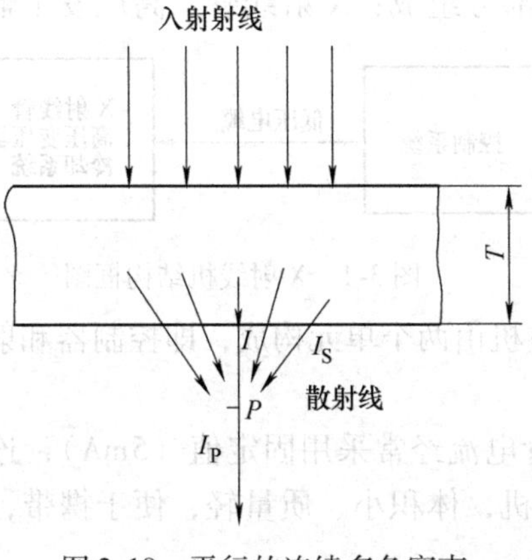

图2-18　平行的连续多色宽束X射线穿透钢材的情况

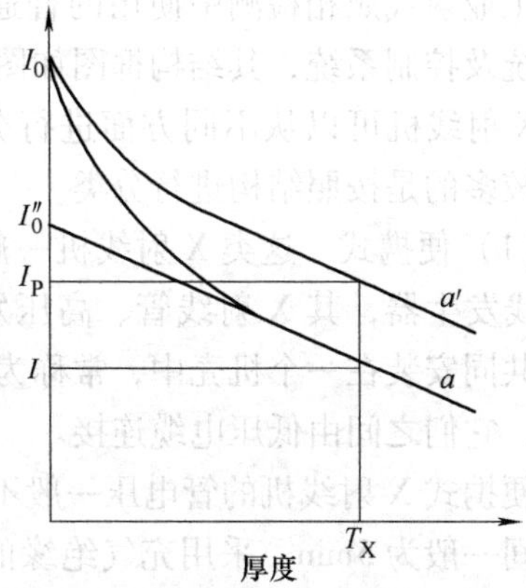

图2-19　连续宽束X射线穿透钢材后强度的衰减

n称为散射比，它的数值等于试验条件下，散乱射线与直接穿透射线两者的强度比。n的值随射线光子能量谱、物质的性质和厚度的变化而改变。

由此可知，在入射线是多色、宽束时，到达P点的射线强度I_P是相同条件下单色、窄束入射强度的（$1+n$）倍。射线强度的增大是因散射线而引起的。按照单色、窄束入射时穿透射线强度的式（2-5），可得

$$I = (1 + n) I_0 e^{-\mu T}$$

这就是多色、宽束连续谱线的衰减规律。

第3章　射线检测设备

3.1　X射线机

3.1.1　X射线机的形式及结构

工业射线照相检测中使用的普通X射线机由四部分组成：X射线管、高压发生器、冷却系统及控制系统，其结构框图如图3-1所示。

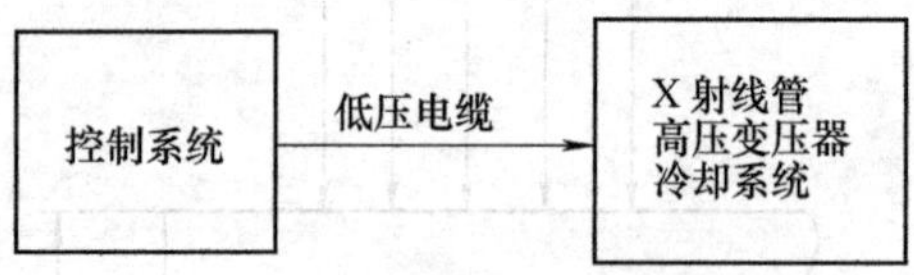

图3-1　X射线机结构框图

X射线机可以从不同方面进行分类，但目前采用较多的是按照结构进行分类。

(1) 便携式　这类X射线机一般采用组合式X射线发生器，其X射线管、高压发生器、冷却系统共同安装在一个机壳中，常称为射线发生器。整机由两个单元构成，即控制器和射线发生器，它们之间由低压电缆连接。

便携式X射线机的管电压一般不超过350kV，管电流经常采用固定值（5mA），连续工作时间一般为5min。采用充气绝缘的便携式X射线机，体积小、质量轻，便于携带，利于现场进行射线照相检测。

(2) 移动式　移动式X射线机采用分离式X射线发生器，其高压发生器与X射线管之间采用高压电缆连接。由于它具有良好的冷却系统，所以管电流可以提高。例如，较大焦点的X射线机管电流可达20mA，连续工作时间也可以延长。但它的体积较大、质量也较大，不便于携带，因此需加上一定的移动装置，使它便于移动。

(3) 固定式　固定式X射线机采用分离式X射线发生器，其高压发生器与X射线管采用高压电缆连接，它具有良好的冷却系统，主要应用在400kV左右的X射线机。由于体积大、质量大，不便移动，因此固定安装在X射线机房内。

3.1.2　X射线管

X射线管大体可分为玻璃壳X射线管和金属陶瓷X射线管两种。

(1) 玻璃壳X射线管　玻璃壳X射线管的结构如图3-2所示。玻璃管壳一般是硅玻璃，管内的真空度应达到1.33×10^{-5}～1.33×10^{-3}Pa。阴极由灯丝和一定形状的金属电极——聚焦杯构成。灯丝由钨丝绕成一定形状，聚焦杯包围着灯丝，它可以控制灯丝发射的电子束形状。灯丝的形状、尺寸及聚焦杯的形状、尺寸及灯丝的相对位置等都直接与X射线管的焦点有关，焦点尺寸单位一般为

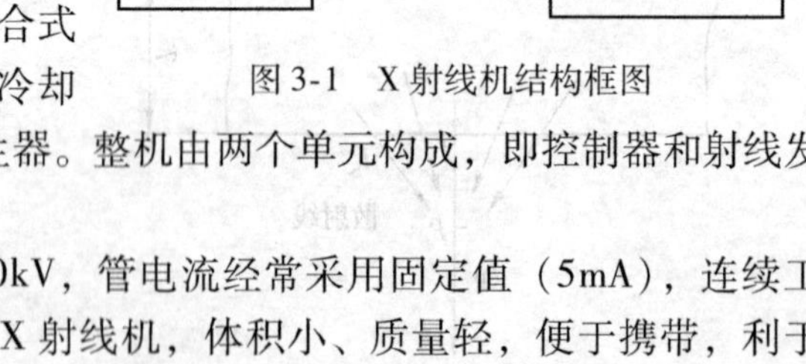

图3-2　玻璃壳X射线管结构示意图
1—灯丝引线　2—聚焦杯　3—灯丝
4—阳极罩　5—窗口　6—阳极靶
7—阳极体　8—玻璃管壳　9—散热体

数毫米。

阳极主要由阳极体、阳极靶和阳极罩组成。阳极体为具有高热传导性的金属电极，阳极靶紧密镶嵌在阳极体上，与阳极体具有良好的接触。典型的阳极体由无氧铜制作，工业用射线管阳极靶用钨制作而成，这是因为阳极靶直接承受高速电子的撞击，电子绝大部分能量在它上面转换为热量，因此阳极靶必须耐高温。此外，阳极靶应具有高的原子序数，以获得较高的 X 射线转换效率。通常 X 射线机的转换效率仅为百分之几。阳极靶的表面应磨成镜面，并使之与 X 射线管轴成一定角度，靶面与管轴垂线所成的角度常称为靶面角。阳极罩常用铜制成，它可以吸收高速电子撞击阳极靶时产生的二次电子。阳极罩在朝向阴极方向有一小孔，阴极发射的电子从这个小孔进入，撞击阳极靶；阳极罩的侧面也有一个小孔，常用原子序数很低的薄铍板覆盖，称为窗口，阳极靶产生的 X 射线从此窗口辐射出来。

阳极和阴极可以采用不同的结构。前面讲过的 X 射线的最大强度辐射方位是与电子运动方向接近于垂直的方向上，因此，定向 X 射线机的阳极靶常做成楔形，周向 X 射线机的阳极靶常做成锥形。常见的周向辐射 X 射线管阳极靶的结构如图 3-3 所示，图 3-3a 所示为平面形靶，图 3-3b 所示为锥形靶，它们都可以产生周向辐射的 X 射线，可供周向曝光时使用。

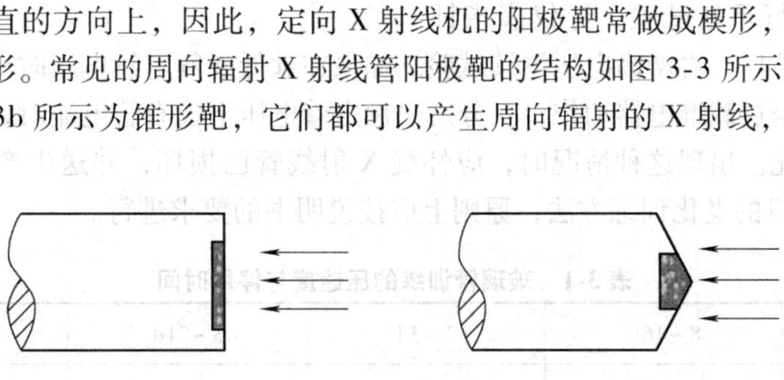

图 3-3　周向辐射 X 射线管阳极靶的结构
a）平面形靶　b）锥形靶

图 3-4 所示为旋转阳极 X 射线机，它具有靶的阳极冷却速度快，额定管电流大的特点。

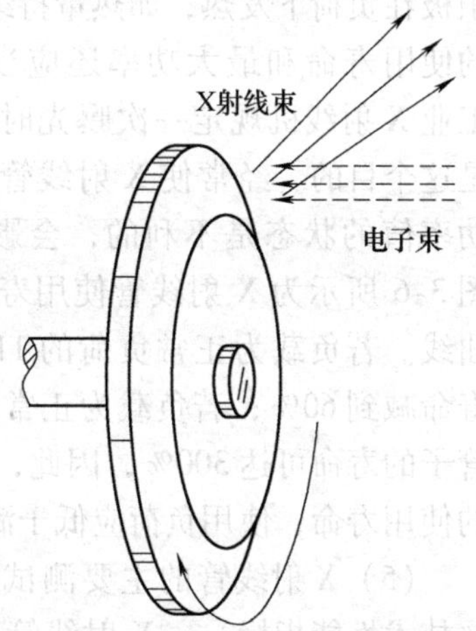

图 3-4　旋转阳极 X 射线机

玻璃壳 X 射线管是易损零件，运输、移动和使用中要注意保护。

（2）金属陶瓷射线管　现在广泛使用的另一类 X 射线管是金属陶瓷 X 射线管，以不锈钢管代替玻璃管壳，用陶瓷材料绝缘，能耐高压、抗振性能好、强度高。这种 X 射线管结构的示意图如图 3-5 所示。与玻璃管壳的 X 射线管相比，它的主要特点是结构简单，装置质量轻，使用寿命长（玻璃管的寿命一般在 400h 左右，而金属陶瓷管的寿命可达 1 000h以上。在此期间 X 射线辐射剂量不应低于其初始值的 80%），现在它已经是 X 射线管中的重要类型。

（3）X 射线管的老化训练　新购置的或长期停用的 X 射线机，使用前应对 X 射线管进行老化训练。老化训练时，首先使 X 射线机的接线、运行条件、射线防护等处于能正常工作的状态，然后起动检测机，调整管电压到约三分之一额定管电压值，如管电流调整到 1 ~ 2mA（X 射线管的管电压和管电流是可以分别独立调整的）。同时，严密监视 X 射线机的管电流、管电压仪表，如果仪表指针指示稳定，可以将管电流增大到额定值并工作数分钟。停机 3～5min，然后，提高管电压 10～20kV，按上述方法继续训练。逐步提高管电压，直到达到额定管电压，并在额定管电压、管电流条件下稳定工作数分钟至半小时，如此，老化训练完毕。一般来说，整个训练时间约需 1h 左右。管电压的增加速度与停用时间见表 3-1。

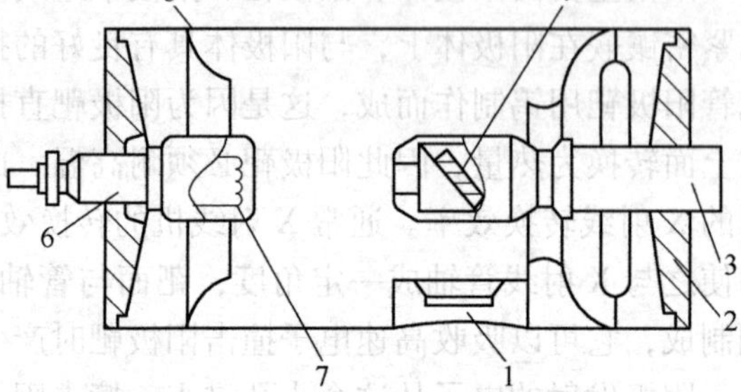

图 3-5　金属陶瓷 X 射线管结构示意图

1—窗口　2—陶瓷绝缘体　3—阳极

4—阳极靶　5—金属外壳　6—阴极　7—灯丝

在训练过程中，X 射线管中的吸气剂不断吸收管内残留的气体和析出的气体，以保持射线管内足够的真空度。如果在某一管电压下，仪表指针出现明显的摆动，应降低管电压进行重新试验，待仪表指针稳定并工作数分钟后，再增高电压继续试验。如果在远低于额定管电压时试验，仪表指针总是剧烈摆动，甚至过载继电器动作，三分之一额定管电压下没有管电流时，能从管头窗口观察到淡蓝色的辉光。出现这种情况时，应怀疑 X 射线管已损坏，并送生产厂或维修部门检修。各种 X 射线机的老化训练方法，原则上应按说明书的要求进行。

表 3-1　玻璃管训练的压速度与停用时间

停用时间	8～16h	2～3d	3～21d	>21d
增压速度	10kV/30s	10kV/60s	10kV/2.5min	10kV/5min

（4）X 射线管的功率和寿命　最大功率 = 最大管电压 × 最大管电流，但由于 X 射线管的阳极在负荷下发热，如热量持续上升则会损坏靶面，缩短管子的使用寿命。因此，X 射线管的使用寿命和最大功率还应当有时间的限制。工业 X 射线机规定一次曝光时间不允许过长就是这个目的。经常使 X 射线管的负荷处于最大功率值的状态是不利的，会影响其使用寿命。图 3-6 所示为 X 射线管使用寿命和负载的关系曲线。若负载为正常负荷的 110%，则管子的寿命减到 60%；若负载为正常负荷的 80%，则管子的寿命可达 300%，因此，要延长 X 射线机的使用寿命，使用负荷应低于满负载的 90%。

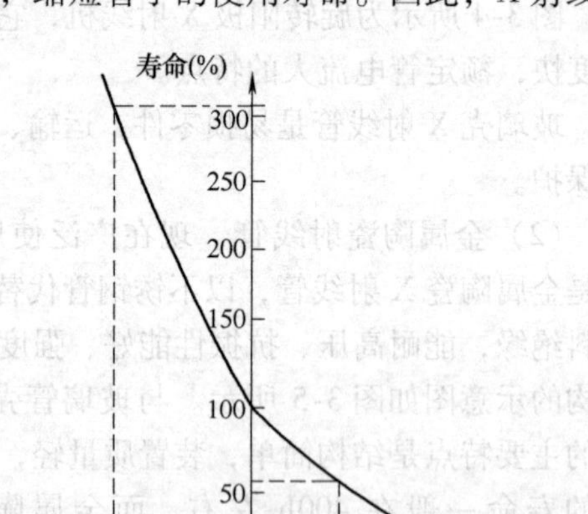

图 3-6　X 射线管使用寿命和负载的关系曲线

（5）X 射线管的主要测试项目（或者说主要技术性能指标）　X 射线管是一台 X 射线机的核心部件，它实际上就是一个大的二极管。因此，X 射线管的主要测试项目也就代表了 X 射线机的主要技术性能，它们分别是 X 射线管的工作特性，包括阴极特性和阳极特性；X 射线管的管电压和管电流；X 射线管的真空度；X 射线管的焦点尺寸；X 射线管的功率和寿命；X 射线管的辐照场范围等。详细内容请见 3.1.9 节。

3.1.3　高压发生器

高压发生器提供 X 射线管的加速电压——阳极与阴极之间的电位差和 X 射线管的灯丝电压。在高压发生器中主要有高压变压器、高压整流管及灯丝变压器，它们共同装在一个机壳中，里面充满了耐高压的绝缘介质。

高压变压器的结构与一般变压器相同，其特点是二次电压很高，但功率不大。为保证高压变压器具有足够的绝缘强度，在制造过程中，应进行严格绝缘处理，以防止以后发生高压击穿。

灯丝变压器必须保证的是一次绕组与二次绕组之间的绝缘。由于 X 射线管的阴极处于高压之中，而灯丝变压器的一次绕组处于低压线路之中，所以必须防止它们之间的高压击穿。正是由于这个原因，灯丝变压器必须置于高压绝缘介质中。

高压发生器中注满的高压绝缘介质，目前主要是高抗电强度的变压器油，其抗电强度应不低于 30kV/2.5mm。在便携式 X 射线机中，现在常充填氟化硫（SF_6）气体，气体的气压应不低于 0.34MPa（3.5kgf/cm^2），但也不能过高，以防机壳爆裂，通常不应超过 0.49MPa（5kgf/cm^2）。小型轻便携带式 X 射线机，一般采用 X 射线管整流线路。X 射线管和高压变压器置于同一个容器中。这样，仪器的质量较轻，又能自由搬动。图 3-7 和图 3-8 所示分别为半波自整流线路和接有整流管的半波整流线路。

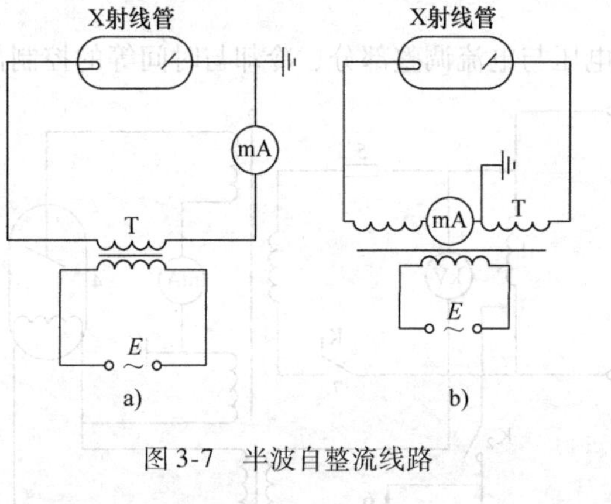

图 3-7　半波自整流线路

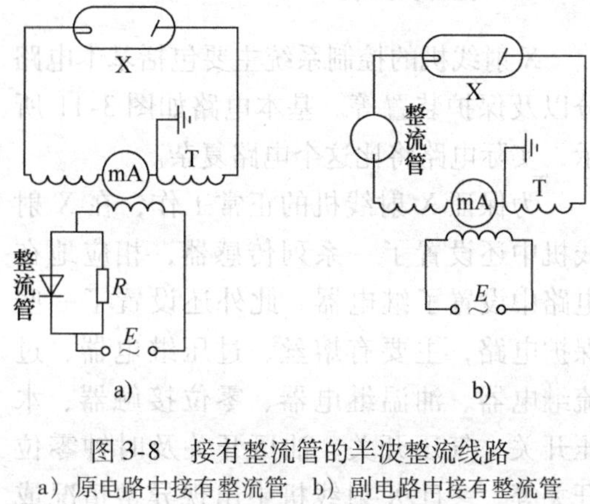

图 3-8　接有整流管的半波整流线路
a）原电路中接有整流管　b）副电路中接有整流管

移动式 X 射线机的高压发生器线路较为复杂，除高压变压器之外，还装有整流器进行全波整流，以便提高 X 射线的发生率，节省电能。图 3-9 所示为全波桥式整流线路，图 3-10所示为恒电压倍压线路。

3.1.4　冷却系统

X 射线机工作时，X 射线管最多只能将 2% 的电子能量转换为 X 射线，而大多数能量在阳极靶上转换为热量，使阳极靶和阳极发热。因此，为了使 X 射线管能正常工作，X 射线机必须有良好的冷却系统，否则，阳极靶将被烧损。X 射线机采用的冷却方式大致可分为如下三种：

1）油循环冷却。这种方式采用油循环系统，冷却油从油箱泵流到 X 射线管的阳极端，进入机头（X 射线管及其保护外壳），从阴极端离开机头，带走热量，返回油箱。为了

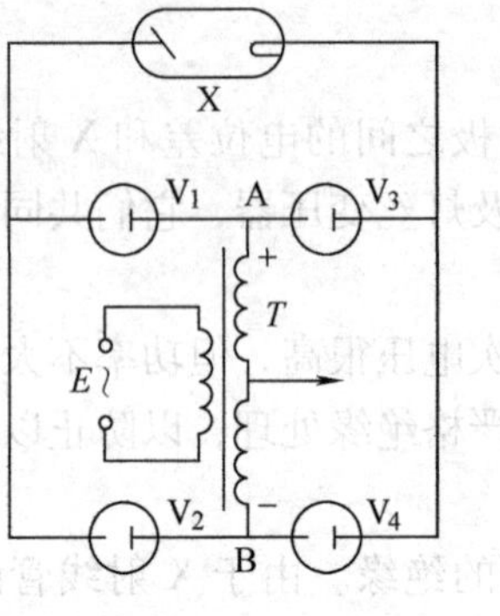

图 3-9 全波桥式整流线路

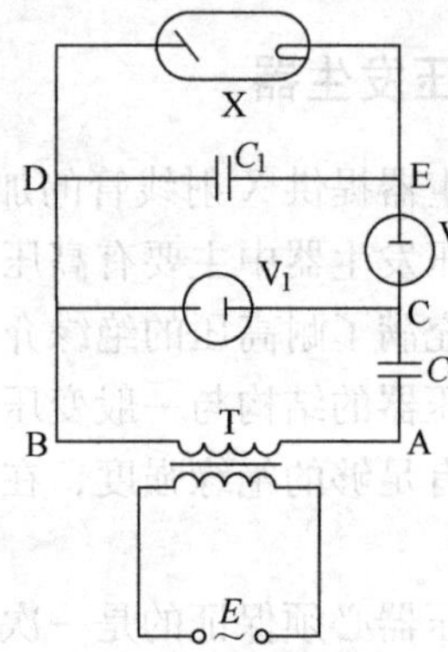

图 3-10 恒电压倍压线路

增强冷却效果，又采用流动水冷却循环油。这种方式主要应用在移动式和固定式 X 射线机。

2）水循环冷却。这种方式采用循环（流动）水直接进入射线发生器中 X 射线管的阳极空腔，水流出时带走热量。这种冷却方式只能用在阳极接地电路的情况。

3）辐射散热冷却。这种方式主要应用在便携式 X 射线机。它是在射线发生器的阳极端装上散热器，通过散热器辐射散热冷却。一般还装备风扇，加速散热。

3.1.5 控制系统

X 射线机的控制系统主要包括基本电路、电压与电流调整部分、冷却与时间等的控制部分以及保护装置等。基本电路如图 3-11 所示，实际电路将比这个电路复杂。

为保证 X 射线机的正常工作，在 X 射线机中还设置了一系列传感器，相应地在电路中设置了继电器。此外还设置了一些保护电路，主要有熔丝、过压继电器、过流继电器、油温继电器、零位接触器、水压开关、气压开关、油压开关及时钟零位开关等。一旦 X 射线机中出现异常情况或工作条件不符合要求，这些保护装置将工作，这时 X 射线机将不能加上高压或高压将被切断。

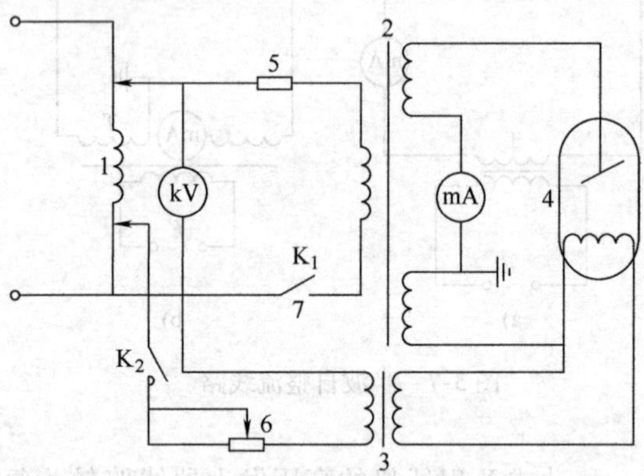

图 3-11 X 射线机的基本电路（中点接地）

1—调压器 2—高压变压器 3—灯丝变压器 4—X 射线管 5—升压降压器 6—管电流调节电阻 7—高压开关

3.1.6 X 射线机的工作过程

X 射线机的工作过程可以概括为以下六个阶段。

（1）通电 接通外电源，调压器带电，冷却系统同时被起动，开始工作。

（2）灯丝加热 接通灯丝加热开关，灯丝变压器开始工作，灯丝变压器的二次电压（一般为 5 ~ 20V）加到 X 射线管的灯丝两端，灯丝被加热逸出电子。X 射线机处于预热状态。便携式 X 射线机在接通外电源后，灯丝变压器即被通电开始工作，灯丝被加热发射电子。

（3）高压加载　接通高压变压器开关，高压变压器开始工作，二次高压加在 X 射线管阴极与阳极之间，灯丝发射的电子在这个高压作用下被加速，高速飞向阳极并与阳极靶发生撞击，X 射线管开始辐射 X 射线。

（4）管电压、管电流调节　接通高压以后，同时调节调压器和电流调节器，得到所需要的管电压和管电流，使 X 射线机在设定状态下工作。调节时应保持电压调节在前，电流调节稍后。现在许多 X 射线机已改为高压可以预置，高压加载后，X 射线机能自动达到所需要的高压。便携式 X 射线机的管电流常固定为 5mA，高压加载后也不需要进行调节。

（5）中间卸载　一次透照完成后，先降低管电压和管电流，再切断高压，按照 X 射线机规定的工作方式进行空载冷却，准备再次高压加载进行透照。

（6）关机　按照中间卸载方式卸载后，经过一定的冷却时间冷却后，断开灯丝开关，再断开电流开关。

3.1.7　X 射线的强度与转换效率

1. X 射线的强度

实验证明，X 射线管辐射的 X 射线强度近似与管电压的平方成正比、与管电流成正比、与靶物质的原子序数成正比，这个关系可以用下式表示

$$I = \alpha i ZU^2 \tag{3-1}$$

式中　I——X 射线强度，单位为 Sv；

i——管电流，单位为 mA；

Z——靶物质的原子序数；

U——管电压，单位为 kV；

α——比例系数，$\alpha = (1.1 \sim 1.4) \times 10^{-6}$。

2. X 射线管的转换效率

设输入 X 射线管的功率为 iU，所以 X 射线管的转换效率为

$$\eta = \alpha iZU^2 / iU = \alpha ZU \tag{3-2}$$

从式（3-2）可以看到，输入 X 射线管的能量只有很少部分转换为 X 射线，例如，钨（$Z = 74$）靶 X 射线管在管电压为 100kV（$\alpha = 1.2 \times 10^{-6}$）时，其转换效率仅为 1% 左右。

例　X 射线机的靶材料为钨，当管电压为 200kV 时，该机的转换效率是多少（已知 $Z = 74$，$\alpha = 1.2 \times 10^{-6}$）？

解　根据式（3-2），该机的转换效率为

$$\eta = \alpha ZU = 1.2 \times 10^{-6} \times 74 \times 200 \times 100\% = 1.776\%$$

综上所述，X 射线管的转换效率是很低的，一般情况下不会超过 2%，可见有 98% 以上的能量都转换成了热能，这样 X 射线管是很容易烧损的，因此，要求 X 射线机要有很好的冷却系统。结合前面讲过的内容，选择阳极靶的基本原则是：靶材料的原子序数要高、熔点要高、散热性要好。例如，钨靶原子序数为 74，熔点为 3 500℃左右，金属材料的散热性均好。另外，X 射线管就是一个大的二极管，应该注意击穿问题。

3.1.8　侧倾效应

X 射线管辐射的 X 射线强度，在空间的不同方向是不同的，X 射线管轴线上相对强度的

分布如图 3-12 所示。从图中可以看出，靠近阴极侧的射线强度分布大于阳极一侧，这种现象常称为侧倾效应，在实际操作时应引起注意。

3.1.9 X 射线机的主要技术性能

X 射线机的主要技术性能为管电压、管电流、焦点尺寸、工作方式，此外还有其他一些指标，如辐射角、辐射量等，这些性能都直接影响射线照相工作，在选取 X 射线机时应考虑上述性能是否适应所进行的检测工作。

(1) 管电压　X 射线机的管电压直接决定了产生的 X 射线的能量，因此，也决定了其适宜检测的材料和厚度范围。不同电压适宜检测的钢材厚度见表 3-2。

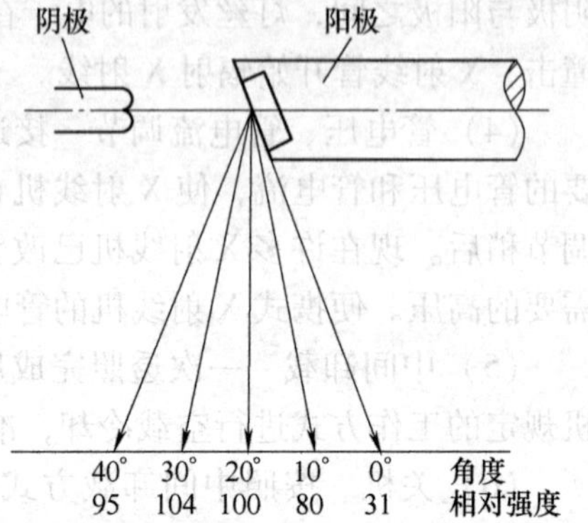

图 3-12　X 射线管辐射的 X 射线相对强度分布

表 3-2　不同电压适宜检测的钢材厚度

U/kV	100	160	200	250	320	420
T_{max}/mm	≤5	≤15	≤20	≤30	≤40	≤50

X 射线机的管电压范围由 X 射线管与高压发生器决定，限制提高管电压的主要因素是应考虑高压击穿。额定设计的 X 射线管和高压系统只能工作在一定的高压范围，过高的管电压将导致阳极与阴极之间的高压击穿，或阳极、阴极与管壳之间的击穿，也可能在高压发生器中或高压电缆处发生击穿。

(2) 管电流　管电流不仅与灯丝的加热电流相关，而且也与所施加的管电压相关。在一定的管电压下，X 射线管的管电流与灯丝电流的关系如图 3-13 所示，这个关系称为灯丝发射特性。从图中可见，对于同样的灯丝加热电流，较低的管电压只能得到较低的管电流；在较低的管电压下，如果为了得到较高的管电流而过分加大灯丝加热电流，将导致灯丝过热而损坏。

在一定的灯丝加热电流下，管电流与管电压之间的关系如图 3-14 所示，这个关系称为阳极特性曲线。从图中可见，在一定的灯丝加热电流下，即使采用较高的管电压也只能得到一定限度的管电流。

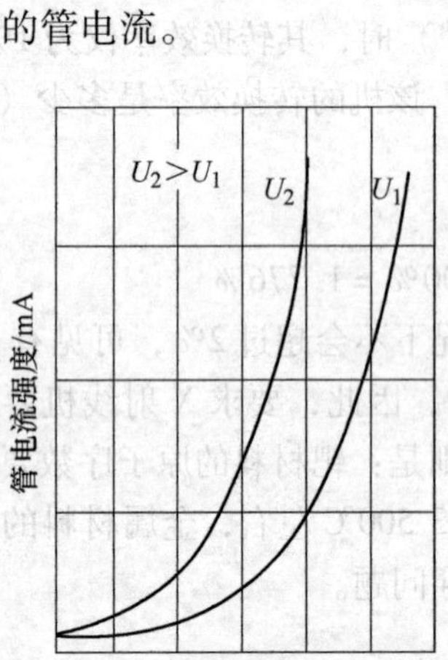

图 3-13　X 射线管灯丝发射特性

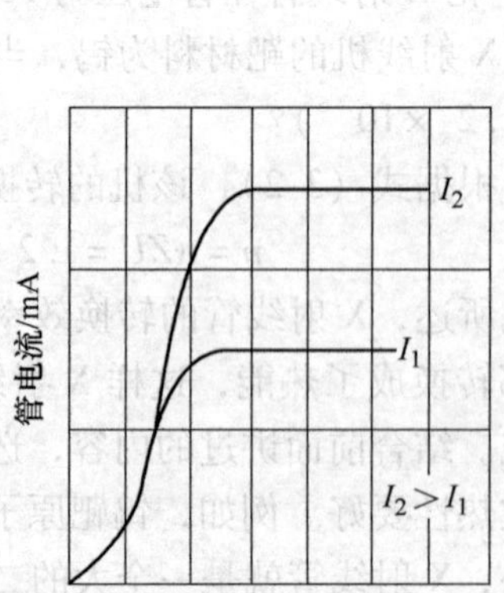

图 3-14　X 射线管阳极特性曲线

X 射线机的管电流不能任意提高，如常见的便携式 X 射线机的管电流，一般不超过 5mA，移动式 X 射线机的管电流一般不超过 20mA。这是由于 X 射线机的管电流除了受到灯丝电流、管电压的限制外，还要受到 X 射线管功率的限制。输入 X 射线管的绝大部分能量转化为热能，使阳极靶急剧加热，过高的输入功率将使阳极靶损坏，甚至熔化。

（3）焦点　X 射线管的焦点也就是 X 射线机的焦点，焦点是阳极靶上产生 X 射线的区域。由于焦点的形状、尺寸直接影响射线照相所得到的影像质量，所以它是 X 射线机的一个重要技术指标。焦点有实际焦点和有效焦点之分，而在实际应用及讨论问题时，往往用到的都是有效焦点。

X 射线机的实际焦点是指电子束所撞击的阳极靶面的面积。如图 3-15 所示，由于 X 射线管的阳极靶面与管轴具有一定的角度，因此从不同方向观察 X 射线机的实际焦点，则可以看到不同的形状与大小。X 射线机的有效焦点是指 X 射线机的实际焦点在辐射的射线束的中心方向观察到的焦点形状和尺寸，也就是实际焦点在垂直于管轴方向的投影，它总是小于实际焦点，即

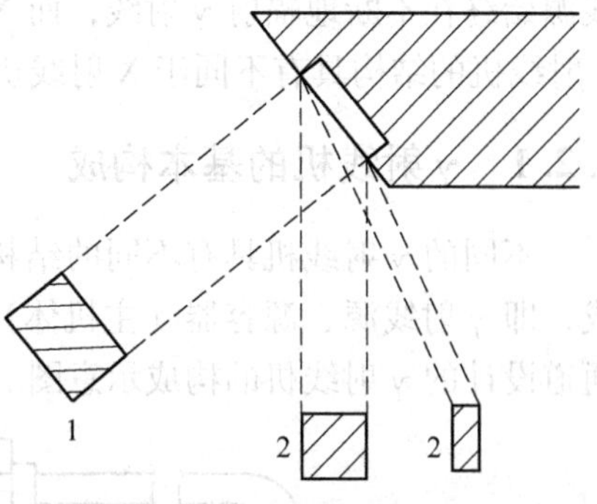

图 3-15　焦点不同方向的变化
1—实际焦点　2—有效焦点

$$S_1 = S\sin\alpha$$

式中　S——实际焦点，单位为 mm；

S_1——有效焦点，单位为 mm；

α——电子束方向与靶平面之间的夹角（°）。

焦点的形状取决于灯丝绕制的形状。如果灯丝为圆形，焦点也为圆形；如果灯丝为长条螺旋管形，则焦点将为长方形。国际标准化组织把常用的 X 射线机的焦点形状归纳为四种基本形状，即正方形，长方形、圆形及椭圆形，各种形状焦点的有效焦点尺寸 d 的计算公式如下

正方形：$d = a$

长方形：$d = (a + b)/2$

圆形：$d = a$

椭圆形：$d = (a + b)/2$

式中各值的意义如图 3-16 所示。

测定焦点的尺寸有两种方法：针孔成像法和几何不清晰度法。针孔成像法是利用小孔成像方法测定焦点的尺寸；几何不清晰度法是利用计算的方法，从测量得到的几何不清晰度计算焦点的尺寸。针孔成像法适用于常见焦点尺寸的测定，几何不清晰度法适用于较小焦点尺寸的测量。不同的标准对测定方法的规定存在一些差异。然而，在实际的应用中，常用两个数相乘的形式来表示焦点的尺寸，例如，3mm × 3mm，3mm × 5mm 等。

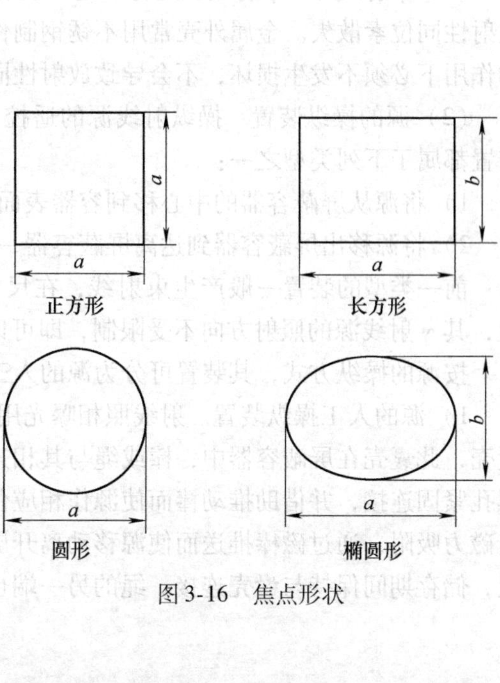

图 3-16　焦点形状

那么，焦点的尺寸应该如何选用呢？两个相同的数相乘时，可以把焦点看成是圆形或正方形的，取其一个数作为焦点的尺寸，如 3mm × 3mm，则焦点的尺寸为 3mm；两个不相同的数相乘时，可以把焦点看成是椭圆形或长方形的，取两个数之和的一半作为焦点的尺寸，如 3mm × 5mm，则焦点的尺寸为(3 + 5) mm/2 = 4mm。

3.2 γ射线机

γ射线机用人工放射性同位素作为γ射线源。它与X射线机的一个重要不同点是：γ射线源始终在不断地辐射γ射线，而X射线机仅仅在开机并加上高压后才产生X射线。因此，γ射线机的结构具有不同于X射线机的特点。

3.2.1 γ射线机的基本构成

不同的γ射线机具有不同的结构，但概括起来，各种γ射线机大体上都是由四部分构成，即γ射线源、源容器（主机体）、输源导管及驱动机构（控制机构）。图3-17所示为弯通道设计的γ射线机的构成示意图。

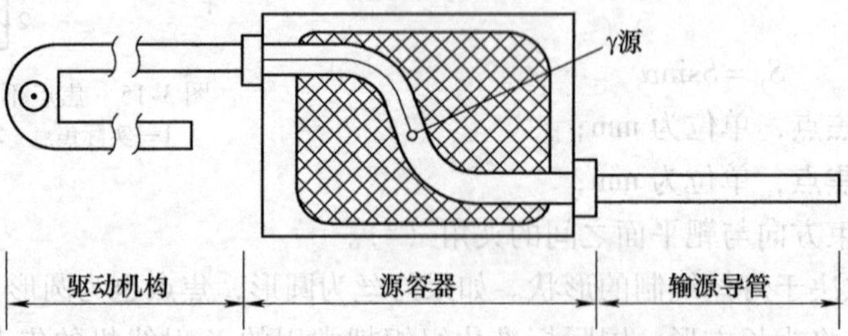

图3-17 弯通道设计的γ射线机的构成示意图

（1）γ射线源 γ射线源是将一定形状和尺寸的放射性同位素密封在金属外壳中，防止放射性同位素散失。金属外壳常用不锈钢制作，其结构在一定的温度、压力、振动及冲击等的作用下必须不发生损坏，不会导致放射性同位素外泄。

（2）源的操纵装置 操纵射线源的遥控设备有许多类型。目前所用的大多数遥控曝光装置都属于下列类型之一：

1）将源从屏蔽容器的中心移到容器表面。

2）将源移出屏蔽容器到达离屏蔽容器一定距离的曝光位置。

前一类型的装置一般产生束射线，在尺寸和方向上都受到一些限制。而后一类型的装置，其γ射线源的照射方向不受限制，即可以实现全方位（全景）曝光。

按源的操纵方式，其装置可分为源的人工操纵装置和源的远程操纵装置。

1）源的人工操纵装置。射线照相曝光用的最简单装置是一根棒或绳子控制的装有源的囊壳，此囊壳在屏蔽容器中，棒或绳与其相连接。棒的一端一般制有螺纹，以便与囊壳端的螺孔紧固连接，并借助推动棒而使源作相应位移。也有采用磁性棒的，此时棒与囊的连接是借磁力吸附，通过磁棒推送而使源移动离开屏蔽容器。控制用绳子将其一端系在源囊壳的环上，储存期间保持与囊壳连接。绳的另一端也有环，操纵人员可在离源 2m 处用棒插入环中将源从屏蔽容器中吊出，在无屏蔽条件下将源放在曝光位置。可以人工操纵的典型源是小于或等于 1Ci 的 ^{60}Co 和 2Ci 的 ^{192}Ir。在源到位期间，操纵人员处于 500mR/h（5mSv/h）γ 射线场中，故应限制每天的曝光次数不得多于 10 次。对经常的射线照相来说，即使是更小的源，也不提倡这种操纵，或者应该禁止。

2）源的远程操纵装置。目前工业现场射线照相，要求使用的源大多比人工操作的源强 100 倍，在实验室或移动的射线照相设备中，甚至可能使用 1 000Ci 的源，这只允许采用远程操作。其设备可以是手控或遥控的，使射线照相人员离开射线源比人工操纵远 2～10 倍的距离。采用现代的设备，既可以操作更强的源，又不会使工作人员受照射量超过限度（目前允许的照射量为早期的三分之一）。

以下介绍两种典型的操纵装置。

1）Ⅰ—型装置。这种装置可将源的囊壳从屏蔽容器的储存位置转移到外表面的某一位置（见图 3-18）。

装有源的偏心圆筒可用下列两种方法旋转：①操作人员站在源可以出现一侧的对面屏蔽容器之后，手动转动；②用金属传动缆来转动与该装置连接的曲柄。屏蔽材料通常是贫化铀（去除了几乎所有的可裂变 ^{235}U，剩下 ^{238}U），因为每单位质量贫化铀的屏蔽效果比同量的铅屏蔽材料好；用于 100Ci ^{192}Ir 的铅屏蔽层质量要超过 30kg，而贫化铀屏蔽层的质量只有 20kg。屏蔽材料封闭于铝或钢容器中，而源则在屏蔽位置或曝光位置。这种装置广泛用于管材的射线照相。

2）Ⅱ—型装置。这种装置可使源的囊壳从屏蔽容器的储存位置移到离屏蔽容器好几米远的曝光位置（见图 3-19 和图 3-20）。

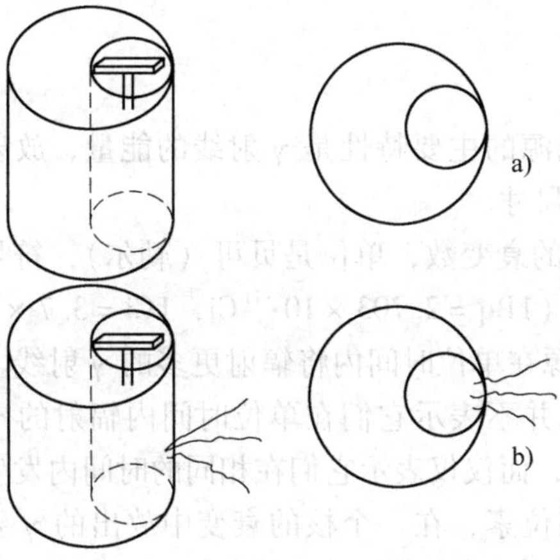

图 3-18　Ⅰ—型射线源控制装置图
a）射线储存位置　b）射源曝光位置

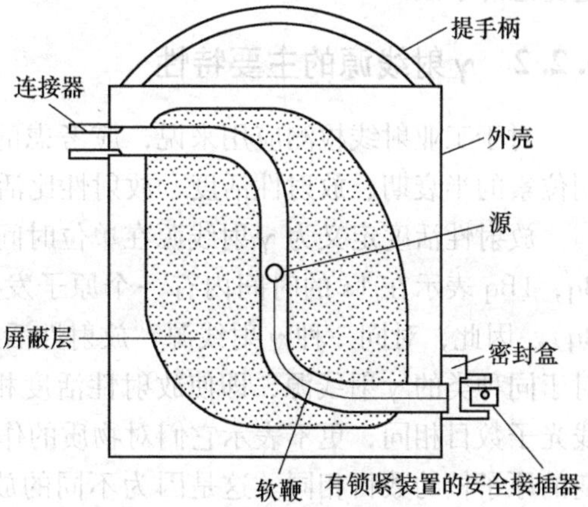

图 3-19　Ⅱ—型射线源控制装置剖面图

源的结构是这样的，即源的囊壳与一根很短的金属软轴的一端接牢，软轴的另一端有特殊的插口，当源的囊壳位于屏蔽容器中心时，此插口正好伸在屏蔽装置的外面，导源管内的金属驱动芯缆端插头的上述插口，使软轴和芯缆牢固相接，这样便可通过驱动芯缆将源送出或收回。驱动组件包括罩盖、驱动芯缆、金属编织的输源软管、驱动芯缆用的手摇柄，以及导源管与屏蔽容器连接用的特殊连接器和连接源轴与芯缆用的接插件等。通常，还设有锁紧装置，安装于屏蔽容器和驱动芯缆组件的连接处，以防止源的囊壳意外地离开屏蔽装置。

顺时针方向摇动手柄时，源管芯缆伸出，推动源囊在曲率较小的类似S形的光滑管子中移动，穿过贫化铀的屏蔽层，进入输源管。S形管子用锆或其他能经受铀铸造温度的类似金属制成。位于铀屏蔽内的S形管出口端有一连接器，用来连接输源管。输源管引导源囊和驱动芯缆到曝光位置。输源管用金属编织管或厚壁塑料管制成，其另一端部是金属制动器，可使射线源准确地定位于射线照相曝光位置。

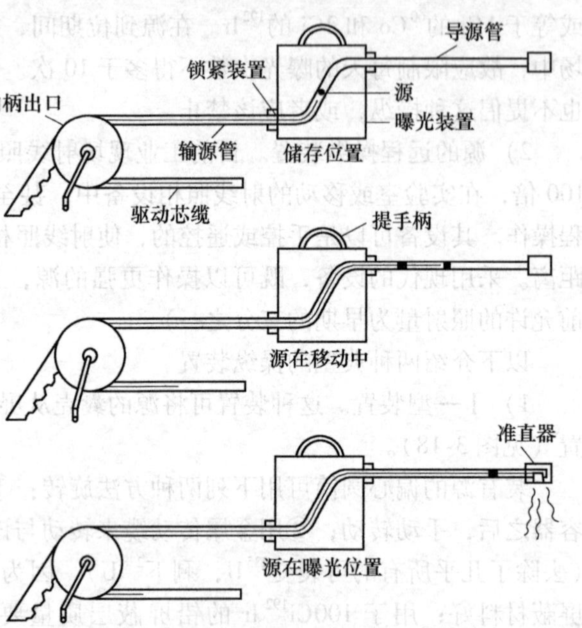

图 3-20 Ⅱ—型射线源控制装置操纵示意图

（3）源容器　源容器是γ射线源的储存装置。在不曝光时，γ射线源被收回置于源容器中。为了减少γ射线辐射的外透，源容器内部都装有屏蔽材料，早期它是在钢或黄铜铸造的外壳中浇注铅，近年来主要采用贫化铀代替铅作为屏蔽材料，更好的材料是钨合金，它的密度约为16g/cm^3，可用机床加工，但其价格昂贵。源容器上一般都设计有一套安全连锁机构，保证γ射线源安全地送出和收回，避免意外事故。

3.2.2 γ射线源的主要特性

对于工业射线检测应用来说，应考虑的γ射线源的主要特性是γ射线的能量、放射性同位素的半衰期、放射性活度、放射性比活度及源尺寸。

放射性活度定义为γ射线源在单位时间内发生的衰变数，单位是贝可（勒尔），符号是Bq，1Bq表示在1s的时间内有一个原子发生衰变（$1Bq = 2.703 \times 10^{-11}Ci$，$1Ci = 3.7 \times 10^{10}Bq$）。因此，对同一种γ射线源，放射性活度大的源在单位时间内将辐射更多的γ射线。但对于同种类的γ射线源，即使放射性活度相同，也并不表示它们在单位时间内辐射的γ射线光子数目相同，更不表示它们对物质的作用相同，而仅仅表示它们在相同的时间内发生衰变的原子核的数目相同。这是因为不同的放射性同位素，在一个核的衰变中放出的γ射线光子数目可以不同，光子的能量也可能不同。例如，^{60}Coγ射线源在一个核的衰变中将放出2个能量不同光子；而^{170}Tm衰变时，约只有总衰变数的8%产生γ射线，即并不是每个原子核的衰变都放出γ射线光子。所以，放射性活度并不等于γ射线源的强度，但两者存在一定的关系。对同一种放射性同位素源，放射性活度大的源，其辐射的γ射线强度也大；但对于不同种类放射同位素的源，则不能简单地这样说。

放射性比活度定义为单位质量放射源的放射性活度，单位是贝可/克，符号为Bq/g。比活度不仅表示放射源的放射性活度，而且表示了放射源的纯度。实际上，任何γ射线源中总伴有一些杂质，不可能完全由放射性同位素组成。因此，比活度更能表明γ射线源辐射γ

射线的情况。

目前，工业射线照相检测中使用的γ射线源主要是人工放射性同位素，如^{60}Co、^{192}Ir、^{137}Cs、^{170}Tm等，它们的主要特性列于表3-3中。

表3-3　常用γ射线源的主要特性

γ射线源	^{60}Co	^{192}Ir	^{137}Cs	^{170}Tm	^{75}Se
主要能量/MeV	1.17、1.33	0.662	0.3、0.31、0.32、0.47	0.052、0.084	0.121、0.136、0.265、0.280
半衰期	5.3a	74d	33a	128d	120d
K_γ（$m^2R/h\cdot Ci$）	1.30	0.55	0.32	0.001 4	0.001 6
半价层（铅）/mm	12	6.5	6	1	2
透照厚度（钢）/mm	20～150	15～100	6～75	2.5～20	3～60

由于各种γ射线源的能量是固定的，所以应按照被检验工件的材料和厚度，选择适当的γ射线源。而γ射线源的能量是否适当，直接关系到检验的灵敏度。

在射线照相法检测中，总是希望源的尺寸比较小，而辐射的强度又比较大。为实现这一要求，应选取放射性比活度大的γ射线源。

半衰期直接影响源活度的稳定程度和能够使用的时间，过短的半衰期将给使用带来不利影响。但半衰期是放射性同位素固有的特性，人为的外界因素不能改变它，因此只能综合地考虑它的影响，依据检验工作的情况适当选择。

3.2.3　γ射线机与X射线机比较

γ射线机在应用方面与X射线机比较，具有下列一些特点。

（1）能量　如前所述，X射线机辐射的是连续X射线，X射线的能量分布在一个相当宽的范围。因此，在X射线穿透物体时产生了射线的不断“硬化”。在讨论X射线的有关问题时，常需引入等效波长（等效能量）。但γ射线源辐射的γ射线是单一能量或绝大部分能量集中在几个波长上，因此大致可以认为γ射线源的能量是单一的，在进行透照物体时不存在线质“硬化”现象。

（2）强度　X射线机辐射的射线强度是可以人为控制的，也可以说它是相对固定的。此外，在任何时候开机都可得到所需要的X射线强度。对于γ射线机来说，情况很不相同：由于γ射线源的放射性衰变不受人为因素的控制，所以γ射线源的放射性活度随着时间不断地减小，也就是说γ射线源的强度是不断变化的。所以即使使用同一γ射线机、透照同一工件，如果相隔了一段时间，则必须重新计算透照所需的时间。

（3）应用特点　上述两个方面使得γ射线机在应用上也与X射线机具有不同的特点。X射线机的能量可以人为调整，因此一台X射线机可应用于不同材料、不同厚度。γ射线机辐射的射线具有固定的能量，因此它只适合于一定材料和对应的厚度范围。X射线机只在开机时产生X射线辐射，它的工作寿命是开机时间的累加。由于γ射线源始终在进行着放射性衰变，所以不管是否使用γ射线机，γ射线源的可使用时间都在不断减少。γ射线机与X射线机相比具有设备简单、便于操作、不用水电等特点，因而它便于在高空、野外等场所工作。另外，它的射线能量比一般的X射线机高，穿透能力比较强，有向整个空间辐射的特点，所以，对于某些特殊应用，如球罐形工件的射线照相具有明显的优越性。

3.3　高能 X 射线机

当采用高压变压器和 X 射线管来产生 X 射线时，由于受到材料绝缘性能的限制，一般只能在 X 射线管两端产生数百千伏的电位差，它所发生的 X 射线光量子能量在数百千电子伏以内。这样的 X 射线机适用于对厚度较小的工件进行射线探伤。例如，400kV X 射线机一般只能对厚度为 50mm 以内的钢铁材料进行射线照相。为了满足更大厚度工件的射线探伤要求，四十年以来，人们设计制造了能产生更高能量的 X 射线装置。它们能把电子加速到具有 1～30MeV 的动能，产生具有很强贯穿能力的高能 X 射线，使 X 射线检测检查钢铁材料的厚度扩大到 500mm 左右。高能 X 射线机采用电子加速器来加速电子，这样的加速器有静电电子加速器、电子感应加速器、电子直线加速器及电子回旋加速器等。

3.3.1 静电电子加速器

静电电子加速器如图 3-21 所示，其工作原理是通过一个绝缘传送带，将电荷机械地传递至高压终端，该高压终端由一个处于接地电位的外壳罩住，电子枪发射的电子在高压终端和外壳（阳极靶）间穿越，高压终端和外壳间的电位差使电子加速至非常高的速度。

电子一旦撞击阳极靶，由于所有高能发射器均具有较高的转换效率（10% 或更高），从而产生强度很高的 X 射线，每分钟每米可达到几百伦琴的 X 射线输出。高能静电电子加速器一般可提供高达 8MeV 的能量，但由于装备的尺寸太大，一般只制造 2.5MeV 以下的加速器。更大的装置只用于科学研究，也有用于加速其他粒子而不是电子的。

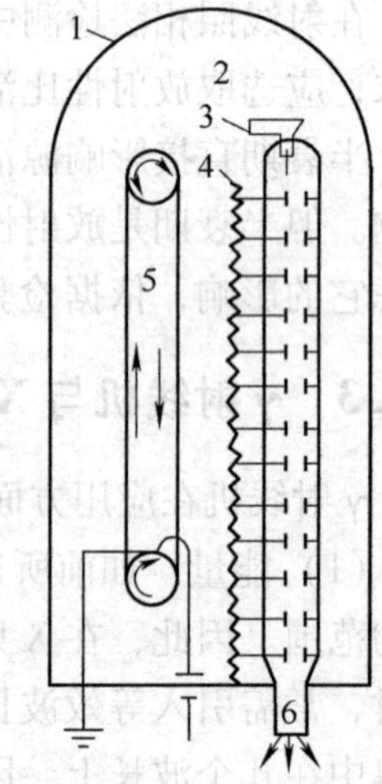

图 3-21　静电电子加速器

1—外壳　2—绝缘气体

3—电子枪　4—高压终端

5—传送带　6—阳极靶

3.3.2　电子感应加速器

电子感应加速器的原理是利用随时间变化的磁场及其产生的感应电场，使电子沿圆形轨道运动，进行加速。当加速结束时，电子脱离圆形轨道，撞击在靶上，产生 X 射线。电子感应加速器结构简单，造价比较低，能量范围比较宽（15～35MeV），焦点尺寸也较小。但它的电子束流强度小，一般不超过 1μA，因此产生的射线强度低。电子感应加速器的原理如图 3-22 所示。

以数百赫兹的交流电对巨大的电磁铁 N、S 励磁。在电磁铁两极之间装有抽成接近真空的环形室，也称为真空盒。当励磁电流交变变化时，磁场的大小和方向也发生相应变化。如果在磁场强度开始增大的瞬间，将环形室壁上电子枪发射的电子束射入环形室内，在磁场的作用下，电子在真空盒内将沿环形轨道运动。在磁场强度由 0 变为极大值的 1/4 周期内，由于磁通量的增大，运动着的电子将不断获得能量而被加速。在这段时间内，电子在真空盒中运动可达数十万圈左右，获得了巨大的能量，运动速度接近于光速。当电子获得的动能达到预期的大小时，电子运动的轨道突然扩大，电子则轰击到真空盒侧壁上的靶（内靶），或者

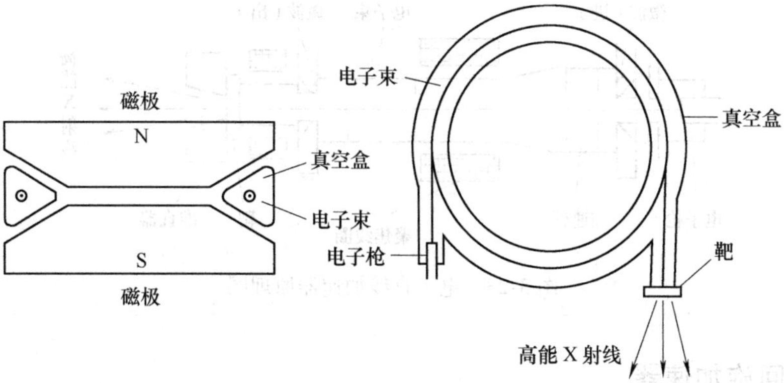

图 3-22　电子感应加速器的原理

通过窗口将电子引出真空盒去轰击靶（外靶），从而产生高能 X 射线。

电子感应加速器设计制造得十分精细，在不到 1ms 的时间内，要保证电子束沿着相同的轨道运动数十万圈。特别是还要考虑到电子与电子之间的相互排斥，以免焦点太大；要考虑高速运动的电子的质量必须按相对论公式予以修正，电子质量再也不能视为一个常数。只有解决了这些较复杂的问题，才能使电子感应加速器产生能量足够、照射量率高的高能 X 射线。

电子感应加速器可以将电子加速到数百兆电子伏的能量，但是，工业高能 X 射线探伤机用电子感应加速器的加速能量一般在 30MeV 以内。因为能量更高时，由于电子对效应发生几率急剧增大，射线在多数材料中，衰减显著增强，有效贯穿材料的厚度反而减小。

3.3.3　电子直线加速器

电子直线加速器是建立在超高频微波技术基础之上的。它利用电磁场在波导管内不断供给电子能量，使电子加速。电子在加速管内沿直线运动，加速到一定能量后撞击在靶上产生 X 射线。直线加速器的工作过程是将超高频高压脉冲振荡电源激发的电磁波，导入加速管内传播。当加速管两端封闭时，电磁波可以在加速管内形成驻波。但是，这样的驻波其相速度比光还快，更不大于电子的运动速度，因而，它起不到不断加速电子的作用。只有当电磁波的相速度与变化着的电子运动速度相同时，电子才能被电磁波的电场分量不断加速。因此，在加速管内安装一些中心有圆孔的圆片，这些圆片使加速管内传播的电磁波曲折行进，在加速管的轴线上，电磁波的传播速度与电子运动的速度一致。电子在这样的加速管中运动，不断地从电磁波得到能量而被加速。注入加速管的电子，预先要使它获得数百千电子伏的动能，并将注入电子束聚焦。当被加速的电子轰击到靶上时，将产生高能 X 射线。图 3-23 所示为电子直线加速器原理图。

电子直线加速器的性能更适合于工业射线检测。工业射线检测的能量为 1 ~ 15MeV，在这个能量范围内，它可以制造得更为轻巧，因此，操作方便，其焦点约为 $\phi 2 \sim \phi 3$mm。与电子感应加速器相比，它的体积稍大，但它的电子束流强度大，产生的 X 射线强度也大，约为电子感应加速器的 10 ~ 100 倍。这对提高射线探伤的效率、扩大可以检测的工件厚度范围都是有利的。因此，目前电子直线加速器是高能 X 射线探伤中，应用最多、效果较好的一种设备。

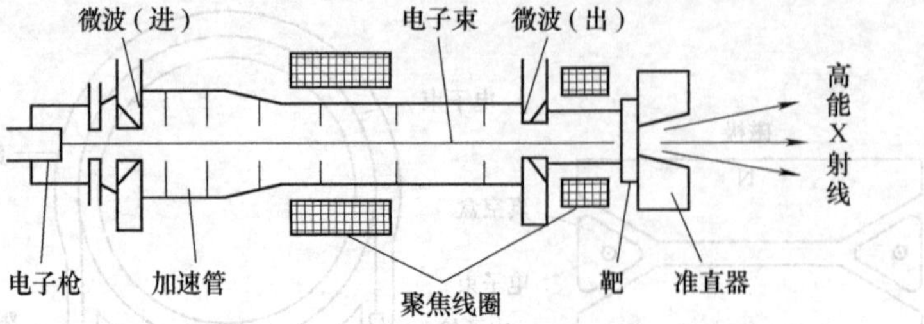

图 3-23 电子直线加速器原理图

3.3.4 电子回旋加速器

电子回旋加速器与电子直线加速器相同，也是利用微波来加速电子的。另一方面它又与电子感应加速器一样，加速电子的过程都是在强磁场中进行的，电子沿着圆形轨道运动。电子回旋加速器的原理如图 3-24 所示。

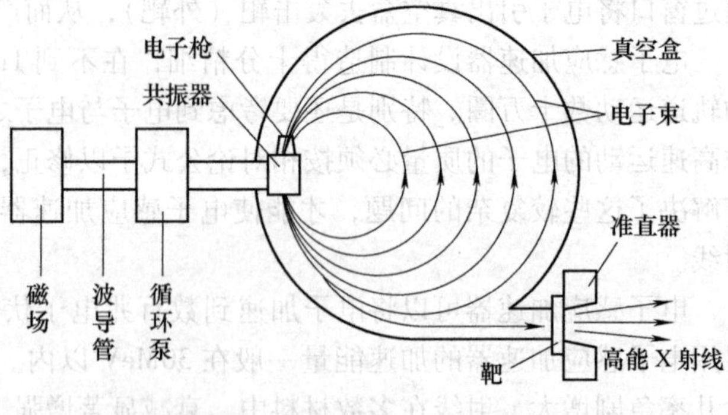

图 3-24 电子回旋加速器的原理

由磁控管发生的大功率脉动微波，通过矩形波导管和循环泵传入共振器，共振器置于真空盒中，整个真空盒处于电磁铁形成的均匀恒定磁场内。由电子枪发射的电子，当它通过共振器时，由于微波的电场作用，将获得相应的能量。电子在均匀恒定的磁场中作圆周运动，当它运动一周之后，又将回到共振器，被再一次加速，加速后的电子仍然沿圆周运动，但圆周的直径更大。如此过程进行下去，电子被逐步加速。在回旋加速器中，电子在真空盒中作圆周运动，而这些圆周的直径随电子能量的增加而增大，然而，电子运动的轨道圆周有共同的切点，这个切点都在共振器的位置。电子每转动一周，从共振器获得一个相应的能量，此过程反复进行，电子就能获得很高的动能。当电子的能量达到预期的要求时，可以施加偏转电压，将电子引出真空盒，再用磁场予以聚焦，轰击靶而产生高能 X 射线。

电子回旋加速器用于射线检测时，其能量为 6～25MeV，焦点尺寸小，束流强度较大，性能也好，因此，实用效果良好。但制造这种加速器需要较高的工艺和技术能力。

3.3.5 高能 X 射线探伤

高能 X 射线探伤机就是以加速器的名字来命名的。以上简单介绍了四种加速器的原理。在探伤应用中，它们的共同点是首先将电子加速，使电子获得 1～30MeV 的动能，同时将电子束予以聚焦。把聚焦后的高能电子束引导去轰击靶，产生高能 X 射线。高能 X 射线光子能量具有连续谱，而特征 X 射线十分弱。X 射线光子最高能量等于电子被加速的能量。由于电子具有很高的动能，在发生韧致辐射时，电子束转变为 X 射线能量的转换效率达 20% 左右，比一般 X 射线探伤机的 X 射线的转换效率高一个数量级。因此，高能 X 射线探伤机不仅可以获得更大剂量率的 X 射线，而且，焦点可以做得很小，从而达到较高的探伤灵敏度。一般直线加速器高能X射线探伤机的焦点直径小于5mm，而多数这样的设备的焦点直径仅为1mm。

由于电子被加速到很高的能量，在发生X射线时，X射线强度分布很集中，而且强度分布很不均匀。图3-25所示为几种能量的加速器产生的高能X射线强度分布图。

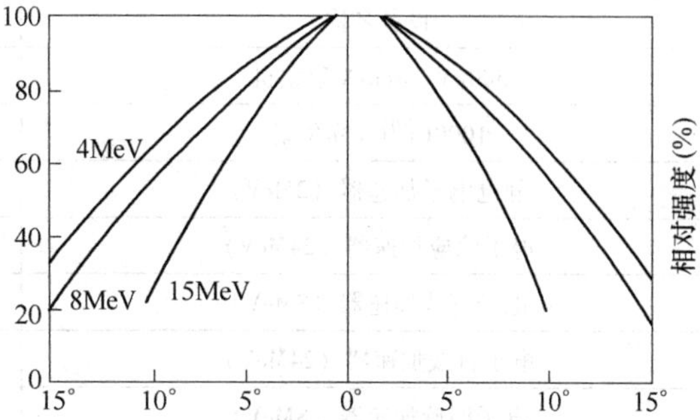

图3-25 高能X射线强度分布图

为了在射线辐射场内获得强度大体相同的X射线，通常采用整匀器。将靶上产生的X射线，预先贯穿一个吸收体——整匀器。整匀器各部位的厚度随辐射于其上的X射线强度的增减而增减，射线贯穿整匀器后，在整个辐射场内可获得强度基本相同的射线束。

电子被加速的能量越高，发生的X射线强度分布越集中，有足够射线强度的辐射场锥角也越小。例如，当锥角为10°时，8MeV直线加速器发生的X射线强度在边缘处仅为中心处的一半。因此，从设计上来说，高能X射线机不宜采用过高的加速能量。从探伤工艺来说，应适当加大焦距，使每次曝光的辐照场范围不致太小。高能X射线与物质相互作用中，电子对效应随入射光子能量的增高而成为射线与物质的主要相互作用。电子对效应发生的几率随光子能量的增大而线性地增大，因此，不能用无限制地提高加速能量的方法来提高射线的穿透能力。实际上，光子能量过高，射线的贯穿能力反而减小。因此，探伤用加速器的加速能量一般确定在30MeV以内。

高能X射线与物质的相互作用中，光电效应发生的几率很小，因此，探伤中均不用荧光增感屏增感，而用金属屏增感。铅屏的厚度为0.5～3mm。

目前，高能X射线透照检测钢铁材料的厚度可达500mm。探伤的相对灵敏度为1%左右。X射线、γ射线、高能X射线照相时，用金属丝像质计测得的相对灵敏度如图3-26所示。

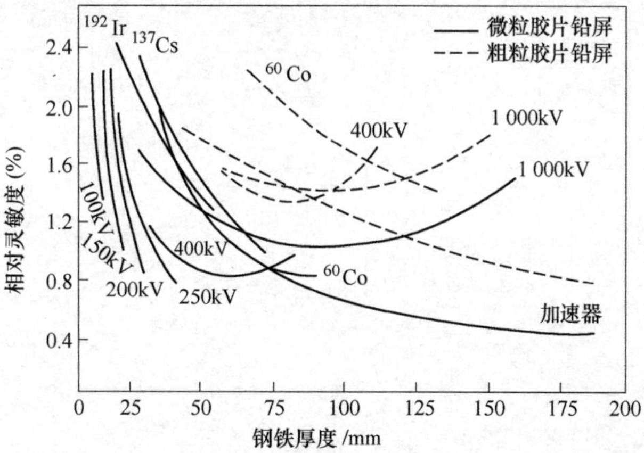

图3-26 X射线、γ射线、高能X射线照相的相对灵敏度

各种典型的 X 射线、γ 射线和高能 X 射线设备发生的射线照射量率见表 3-4。

表 3-4　各种典型射线的照射量率

设备名称	照射量率/(R/m · min)
300kV、8mAX 射线机	40
1000Ci^{60}Co 同位素	20
静电电子加速器（2MeV）	35
电子感应加速器（24MeV）	18
电子直线加速器（8MeV）	150 ~ 600
电子直线加速器（24MeV）	2500
电子回旋加速器（8MeV）	150 ~ 600

高能 X 射线探伤虽然提高了穿透厚度。但是，到目前为止，我国应用高能 X 射线探伤的单位还是非常少的。这是因为高能 X 射线探伤设备制造工艺繁杂，体积大，噪声大，价格昂贵。

第4章 射线检测器材

4.1 射线胶片

4.1.1 射线胶片的结构

射线照相检测法所用胶片构造如图4-1所示。射线胶片与普通胶片除了感光乳剂成分有所不同外，它的主要不同点是射线胶片一般是双面涂布红色色盲乳剂层（普通胶片是单面涂布全色乳剂层），其厚度远大于普通胶片，这主要是为了增加卤化银含量，以吸收较多的穿透能力很强的X射线和γ射线，从而提高胶片的感光速度，增加底片的黑度。

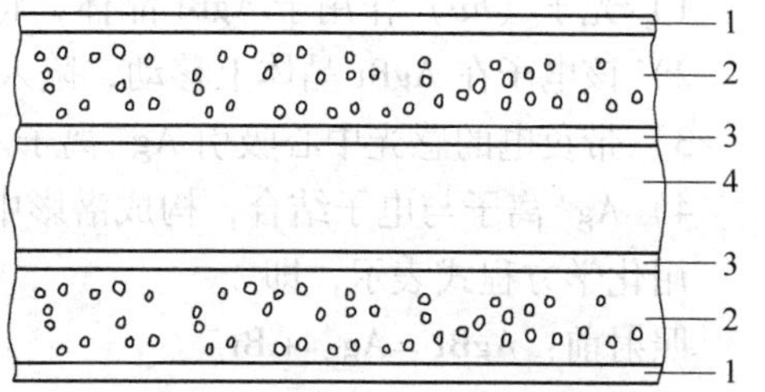

图4-1 X光胶片的构造

1—保护膜 2—乳剂层 3—结合层 4—片基

在射线照射下，胶片乳剂层中的卤化银感光微粒将发生变化，可以形成潜在的影像，称为“潜影”。经过显影处理，潜影可转化为可见的影像。

对射线胶片的结构具体叙述如下：

（1）片基 片基是胶片其他成分的支持体，在胶片中起骨架作用，因此，对片基的基本要求是：具有一定的机械强度，透明度要高，厚度要小，安全性要好（不易着火）。其厚度约为0.175~0.20mm，大多由醋酸纤维或聚酯材料（涤纶）制成。聚酯片基较薄、韧性好，强度高，更适用于自动冲洗。为了改善照明下的观察效果，通常射线胶片片基采用淡蓝色。

（2）结合层 其作用是使感光乳剂层和片基牢固地粘结在一起，防止感光乳剂层在冲洗时从片基上脱落。结合层由透明的明胶、水、表面活性剂（润湿剂）及树脂（防静电剂）组成，厚度约为1~2μm。对结合层的总体要求是透明度要高。

（3）乳剂层（又称感光药膜） 每个乳剂层厚度约为10~20μm，一般是金属银盐的卤族化合物，而通常由AgBr微粒在明胶中的混合体构成。乳剂中加入少量碘化银，可改善感光性能，碘化银含量按摩尔质量（摩尔质量，单位是g/mol）计，一般不大于15%（加入乳化剂中的量）。碘化银颗粒大小一般为1~5μm。此外，乳剂中还加进防灰剂（三氮吲哚嗪，羟基四氮唑、苯肼三氮唑、苯肼四氮唑）、明胶及蛋白等稳定剂和坚膜剂。对感光乳剂层的总体要求是一定要均匀。

明胶是用动物的皮毛、骨骼等组织中的纤维蛋白——骨胶原经过处理后制成的。明胶可以使卤化银颗粒在乳剂中分布均匀，并对银盐也起一些增感作用，明胶对水有极大的亲和力，使胶片在暗室处理时，药液能均匀地渗透到乳剂层内部与卤化银粒子起作用。

感光乳剂在生产过程中，在化学熟化过程后还要进行物理熟化（二次成熟），以改变卤化银颗粒团的表面状况，并增加接收光子的能力。感光乳剂中卤化银的含量、卤化银颗粒团的大小、形状决定了胶片的感光速度。射线胶片的含银量大致为10～20g/m²。

（4）保护层（又称保护膜）　保护层是一层厚度为1～2μm、涂在感光乳剂层上的透明胶质，用于防止感光乳剂层受到污损和机械划伤，其主要成分是明胶、坚膜剂（甲醛及盐酸萘的衍生物）、防腐剂（苯酚）及防静电剂。为防止胶片粘连，有时在感光乳剂层上还涂布毛面剂。

4.1.2　感光原理及潜影的形成

胶片受到可见光或X射线、γ射线的照射时，在感光乳剂层中会产生肉眼看不到的潜在影像，即所谓的“潜影”。潜影的形成可分为如下四个阶段：

1）光子（$h\upsilon$）作用于AgBr晶体，将Br^-离子中的电子逐出。

2）该电子在AgBr晶体上移动，陷入感光中心。

3）带负电的感光中心吸引Ag^+离子。

4）Ag^+离子与电子结合，构成潜影中心，由无数多个潜影中心组成“潜影”。

用化学方程式表示，即

照射前：$AgBr = Ag^+ + Br^-$

照射后：$Br^- + h\upsilon \rightarrow Br + e$

$Ag^+ + e \rightarrow Ag$

由此可见，潜影的产生是银离子接受电子还原成银的过程，此过程如图4-2所示。

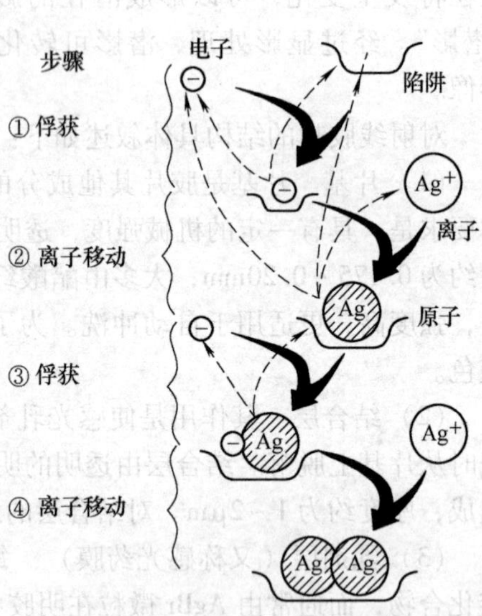

图4-2　潜影形成示意图

潜影形成后，若相隔很长时间才显影，得到的影像比及时冲洗得到的影像要淡，此现象称为“潜影衰退”（研究指出，具有1个银原子的潜影中心的寿命只有0.1s，具有2～3个银原子的潜影中心的寿命可以达到几个小时）。潜影衰退实际上是构成潜影中心的银原子又被空气氧化而变成Ag^+离子的逆变过程。胶片所处的环境温度越高、湿度越大，则氧化作用越强，潜影的衰退越厉害。

这里给出一个光化学作用的基本规律，即本森-罗斯克倒数定律

$$M = kIt \tag{4-1}$$

式中　M——摄影所生成物质的量，单位为g；

k——比例系数；

It——曝光量，单位为mA · min（X射线）。

4.1.3　底片黑度

射线胶片产生潜影后，经过显影、定影化学处理，胶片上的潜影成为永久性的可见图像，此后就称为射线照相底片（简称为底片）。底片上的影像是由许多微小的黑色金属银微

粒组成的。影像各部位黑化程度的大小与该部位含银量的多少有关，含银量多的部位比含银量少的部位难于透光，即黑化度高。底片黑化程度通常用黑度（或称为光学密度）D 表示。

黑度 D 是照射光强与穿过底片的透射光强之比的常用对数值，即

$$D = \lg(I_0/I) \tag{4-2}$$

式中　I_0——照射光强，单位为 cd/m^2；

I——透射光强，单位为 cd/m^2。

由式（4-2）可知，当 $D=0.3$ 时，照射光只有 1/2 透过；当 $D=1.0$ 时，照射光只有 1/10 透过；当 $D=2.0$ 时，照射光只有 1/100 透过；当 $D=3.0$ 时，照射光只有 1/1 000 透过。

以上黑度关系如图 4-3 所示。

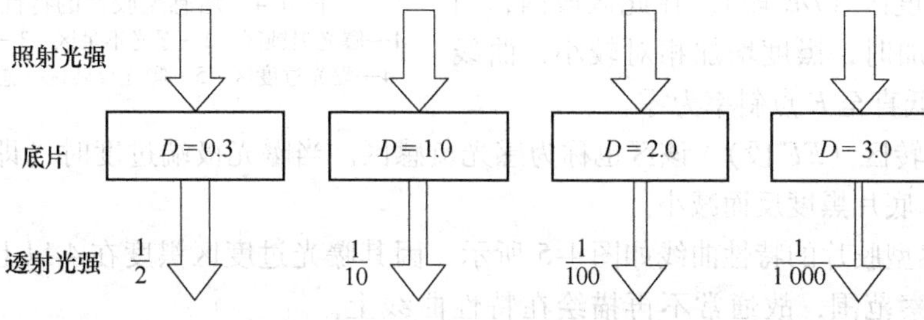

图 4-3　底片黑度不同时，透射光强与照射光强的关系

例 4-1　已知观片灯亮度为 100 000cd/m²，用来观察黑度 $D=3.5$ 的底片，求透过底片的光强。

解　由式（4-2）得

$$I = I_0/10^D = 100\,000\ (cd/m^2)\ /10^{3.5} = 31.6\ (cd/m^2)$$

因此，透过底片的光强为 31.6cd/m²。

GB/T 3323—2005 标准要求，A 级、AB 级像质的射线底片黑度 D 为 1.2 ~ 3.5，B 级像质的射线底片黑度 D 为 1.5 ~ 3.5，γ 射线底片黑度 D 为 1.8 ~ 3.5。GB/T 3558—2011 标准规定，X 射线普通级黑度为 1.2 ~ 4.0，特级为 1.5 ~ 4.0；γ 射线为 1.8 ~ 4.0。

4.1.4　射线胶片特性

描述射线胶片感光特性的主要物理量有感光度（S，可以理解为感光速度）、本底灰雾度（D_0）、梯度（G）或称胶片反差系数（γ）、厚度宽容度（L）、颗粒度（M，可以认为是 AgBr 微粒的粗细）、解像力（R）和最大黑度（D_{max}）等，这些特性可在胶片特性曲线上定量地显示。

（1）胶片特性曲线　它是表示曝光量与底片黑度之间关系的曲线。在特性曲线图中，横坐标表示 X 射线的曝光量的对数值 $\lg E$，纵坐标表示胶片显影后所得到的相应黑度 D。

1）增感型胶片的特性曲线如图 4-4 所示。它由以下几个区域组成：

① 本底灰雾度（D_0 值）。它指特性曲线原点至纵轴 A 点的距离，表示胶片在未经曝光下，经显、定影处理后也会有一定的黑度，此黑度值称为灰雾度 D_0，通常所指灰雾度也包括了片基本身的不透明度。

② 曝光迟钝区（*AB* 段）。此区段内，当曝光量增加时，底片黑度不增加或有少许增加（反应迟钝），因此又称为不感光区。当曝光量超过 *B* 点时，才能使胶片感光，*B* 点称为曝光量的阈值。

③ 曝光不足区（*BC* 段）。此区段内，随着曝光量的增加，底片黑度只是缓慢增加。此区域不能正确表现被透照工件的厚度差或黑度差。

④ 曝光正常区（*CD* 段）。在此区段内，底片黑度值随曝光量对数值的增加而呈线性地增大。该区域就是射线检验时所要利用的区域。

⑤ 曝光过度区（*DE* 段）。在此区段内，当曝光量继续增加时，黑度增加相对较小，曲线的斜率逐渐降低直至 *E* 点斜率为零。

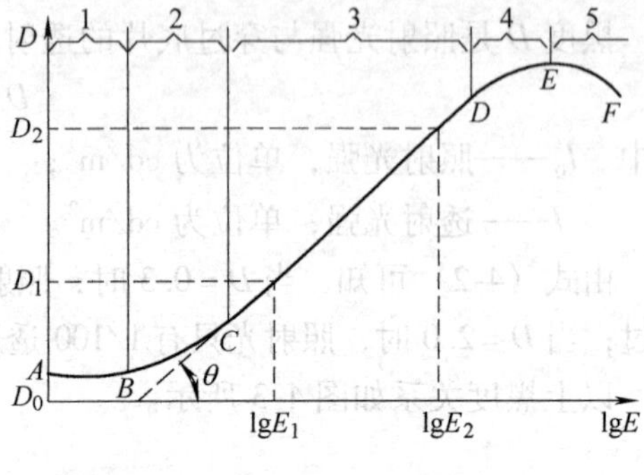

图 4-4 增感型胶片的特性曲线
1—曝光迟钝区 2—曝光不足区 3—曝光正常区
4—曝光过度区 5—曝光反转区（感光负感区）

⑥ 曝光反转区（*EF* 段）。该区也称为感光负感区。当曝光极端过度时（即随着曝光量继续增加时），底片黑度反而减小。

2）非增感型胶片的特性曲线如图 4-5 所示。因其曝光过度区黑度在 4 以上，超过了一般观片灯的观察范围，故通常不再描绘在特性曲线上。非增感型胶片也没有明显的负感区。

（2）射线胶片特性参数

1）感光度（*S*）。感光度指的是在特定的曝光、暗室处理和图像测量条件下，射线胶片对照射辐射能响应程度的一种定量测量。一般把射线胶片上产生一定黑度所需曝光量的倒数定义为感光度。ISO 7004 标准规定，以达到净黑度（不包括胶片灰雾度）为 2.0 时所需曝光量的倒数作为该胶片的感光度，即

$$S=1/E$$

其中，*E* 为曝光量。它用产生比胶片本底灰雾度 D_0 大 2.0 的黑度所需的曝光量来表示。

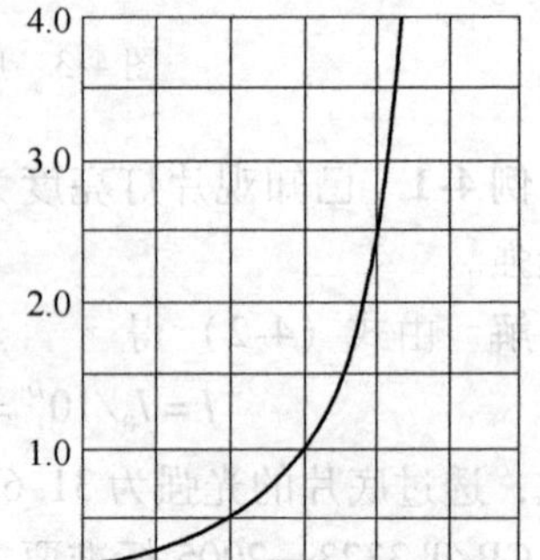

图 4-5 非增感型胶片的特性曲线

射线胶片感光度与乳剂层中的含银量、明胶成分、增感剂含量、银盐颗粒大小及形状等参数有关。感光度的测定结果还受到射线能量、显影液配方、温度、时间以及增感方式的影响。对同一类型的胶片来说，银盐粒度越粗，其感光度越高。有时可把感光度理解成感光速度。

2）本底灰雾度（D_0）。未经曝光的胶片，显、定影后也会有一定的黑度，此黑度称为灰雾度（D_0），也称为本底灰雾度。灰雾度小于 0.3 时，对射线底片的影像影响不大，灰雾度过大会损害影像对比度和清晰度，进而降低了照相的灵敏度。

灰雾度由两部分组成，即片基光学密度和胶片乳剂经化学处理后的固有光学密度。通常，感光度高的胶片要比感光度低的胶片灰雾度大。保存条件不当和保存时间过长也会使灰雾度增大。此外，底片所显示的灰雾度不仅与胶片灰雾特性有关，而且与显影液配方、显影温度及显影时间等因素有关。

3）梯度（G）。胶片的梯度即胶片对不同曝光量在底片上显示出不同黑度差别的固有能力，它可用胶片特性曲线上某一点切线的斜率表示，此斜率称为胶片梯度 G 或称为胶片反差系数 γ。如图 4-6 所示，特性曲线 AB 两点间的胶片梯度为

$$G=\tan\theta=\Delta D/(\lg E_2-\lg E_1)$$

由于特性曲线上各点的 G 值不同，所以常用特性曲线上两点连线的斜率来表示梯度，称为胶片的平均梯度（$\overline{G}$）或平均反差系数（$\overline{\gamma}$）。图 4-6 中特性曲线上与 D_2、D_1 相对应的 A、B 两点间的平均梯度为

$$\overline{G}=\tan\theta=(D_2-D_1)/(\lg E_2-\lg E_1)$$

ISO 7004 标准规定，以特性曲线上底片净黑度 1.5（$D_1=1.5+D_0$）和底片净黑度 3.5（$D_2=3.5+D_0$）两点间连线的斜率作为胶片的平均梯度，即

$$\overline{G}=(D_2-D_1)/(\lg E_2-\lg E_1)=2.0/(\lg E_2-\lg E_1)$$

式中　D_1——比灰雾度大 1.5 的一点的黑度；

D_2——比灰雾度大 3.5 的一点的黑度；

E_1——产生 D_1 所需的曝光量；

E_2——产生 D_2 所需的曝光量。

射线胶片的 G 值，与胶片的种类、型号有关。增感型胶片（适宜与荧光增感屏联用的胶片）的 G 值在较低的黑度范围内，随黑度的增大而增大，但当黑度超过一定数值时，黑度再增大 G 值反而减小。增感型胶片 G 值与黑度 D 的关系如图 4-7 所示。

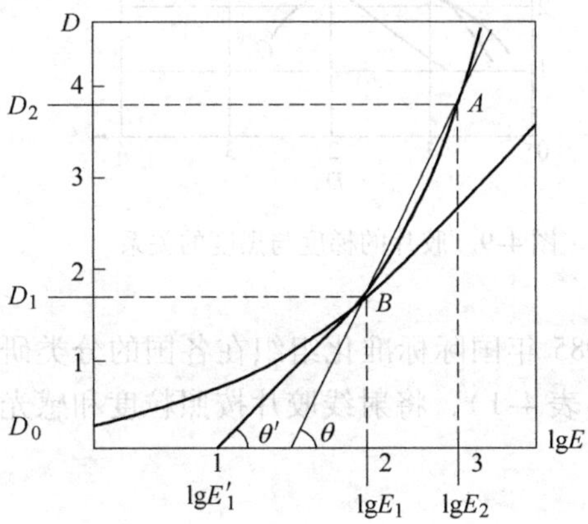

图 4-6　G 和 $\overline{G}$ 的求法

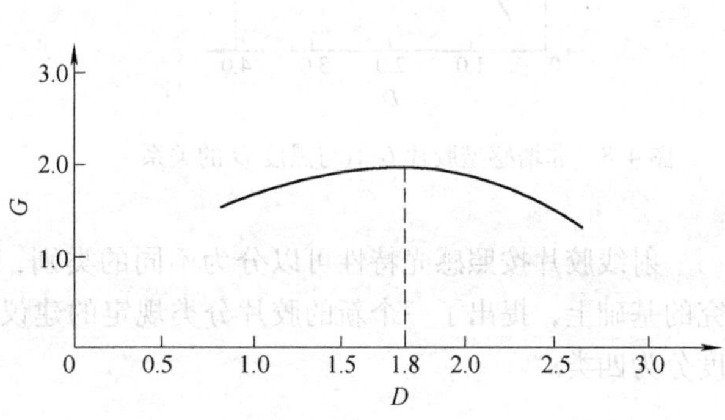

图 4-7　某种增感型胶片 G 值与黑度 D 的关系

在射线照相应用范围内，非增感型胶片的 G 值随着黑度的增大而增大。这种胶片的 G 值与黑度 D 的关系如图 4-8 所示。此外，胶片 G 值的测定结果与显影条件有关，显影液配方、时间、温度都会使特性曲线所显示的 G 值发生改变。

4）宽容度（L）。宽容度指与胶片有效黑度范围相对应的曝光范围。在胶片特性曲线上，用接近直线部分的起点和终点在横坐标上相对应的曝光量对数值之差（CD 段的横坐标宽度）表示，即

$$L=\lg E_2-\lg E_1$$

显然梯度大的胶片其宽容度必然小。

正确选用胶片，直接关系到射线照相的影像质量。在工业射线检测中，使用增感型胶片和非增感胶片两种类型的胶片。增感型胶片适合与荧光增感屏一起使用，非增感型胶片适合与金属箔增感屏一起使用或不用增感屏直接照相。增感型胶片也可与金属增感屏一起使用，这时与感光度近似的非增感型胶片相比，它所得到的影像的对比度要低一些。按照近年来射线检测技术发展的情况，一般不使用增感型胶片。

图 4-9 所示为不同类型胶片的梯度与黑度之间的关系。图中曲线 A 为增感型胶片与增感屏一起使用的结果，曲线 B 为中等感光度的非增感型胶片的结果，曲线 C 为细颗粒增感型胶片的结果。从图中可见，对增感型胶片，在黑度为 1.0～1.5 之间可以得到最大的梯度值，所以对增感型胶片在使用时才规定黑度应为 1.5 左右。非增感型胶片的梯度随黑度的增加持续增加，至少可以延续到黑度为 12～16 左右，特别是对细颗粒的胶片。正因为这样，近年来对射线底片的黑度都倾向于提高。

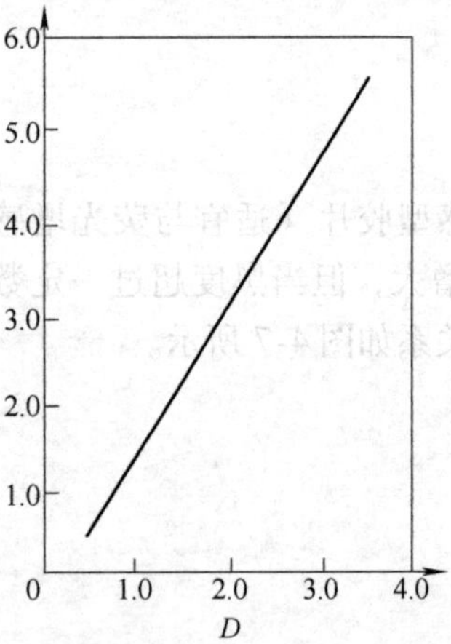

图 4-8 非增感型胶片 G 值与黑度 D 的关系

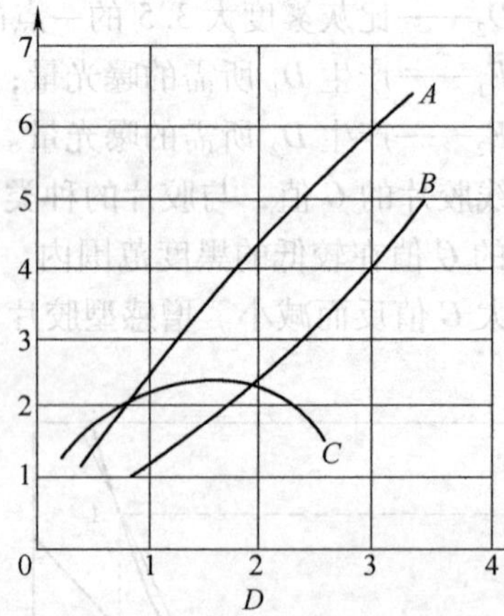

图 4-9 胶片的梯度与黑度的关系

射线胶片按照感光特性可以分为不同的类别，1985 年国际标准化组织在各国的分类研究的基础上，提出了一个新的胶片分类规定的建议（表 4-1），将射线胶片按照粒度和感光度分为四类。

表 4-1 ISO 5579 的射线胶片分类

胶片类型	粒度	感光度
GⅠ	微粒	很低
GⅡ	细粒	低
GⅢ	中粒	中
GⅣ	粗粒	高

各类胶片具有不同的特点，在射线照相中应按照胶片的特点、被检测物体的特性以及检测的要求选用胶片。表 4-2 列举了各类胶片一般的适用范围，可在选用胶片时参考。

表 4-2　各类胶片的适用范围

类型	主要应用范围
GⅠ	电子元件，结构照相，薄壁焊件，复合材料，非金属材料
GⅡ	电子元件，轻金属焊件，铸件，钢焊件
GⅢ	钢焊件，铸件，轻金属厚焊件
GⅣ	厚壁焊件，铸件

4.2　像质计

4.2.1　简述

所谓像质计是一种用来衡量射线照相质量的器件。目前，测定射线照相底片的射线照相灵敏度采用像质计（或称为像质指示器、透度计），使用得最广泛的像质计主要有丝型像质计、阶梯孔型像质计、平板孔型像质计以及槽式像质计等。各种像质计设计了自己特定的结构和细节形式，规定了自己的测定射线照相灵敏度的方法，因此不同像质计给出的射线照相灵敏度不能简单互换。

用像质计测定的射线照相灵敏度也称为细节灵敏度，它表示某种特定形状的细节在使用射线照相技术下，可被发现的程度，但它不完全等同于同样尺寸的自然缺陷可被发现的程度。射线照相灵敏度的表示有两种，一种称为相对灵敏度，另一种称为绝对灵敏度（定义为射线照相能发现最小缺陷的能力，它很难用一个统一的“度”来衡量，因此，射线照相灵敏度通常都采用相对灵敏度）。相对灵敏度以百分比表示，即以射线底片上可以识别的像质计的最小细节的尺寸与被透照工件的厚度的百分比表示。绝对灵敏度则以射线底片上可识别的像质计的最小细节尺寸表示，平板针孔型像质计以特殊的方式规定灵敏度。对丝型像质计有些标准中还同时以“像质指数”表示灵敏度，像质指数就是丝型像质计中含金属丝直径的相应编号。

4.2.2　像质计的主要类型

如上所述，现在广泛使用的像质计主要有三种：丝型像质计、阶梯孔型像质计、平板孔型像质计。丝型像质计由于结构简单、易于制作，已被世界各国广泛采用，国际标准化组织也将丝型像质计纳入其制订的射线照相标准中。丝型像质计的形式、规格已逐步统一。阶梯孔型像质计主要在欧洲地区应用，有试验报告显示，在射线照相技术变化对影像质量的影响方面，它比丝型像质计更灵敏一些。平板孔型像质计主要在美国使用，其他国家很少采用，对射线照相灵敏度它作出了特殊的规定，单纯从结构形式上看，它可以看作是一种特殊的阶梯孔型像质计。

（1）丝型像质计　丝型像质计的基本结构如图 4-10 所示，它采用与被透照材料相同或相近的材料制作的金属丝，按其直径大小的顺序，以规定的间距平行排列，封装在对射线吸收系数很低的透明材料中，或直接安装在一定的框架上，并配备一定的标志说明字母和数字。不同国家的标准对丝的直径与允许的偏差、长度、间距、一个像质计中的丝的根数及标志说明等都作出了各自的规定，且存在一些差异。丝型像质计主要应用在金属材料的检测上。

关于丝的直径，现在各个同家一般都采用公比为 $\sqrt[10]{10}$（近似为1.25）的等比数列决定的一个优选数列，并对丝径给予编号。我国标准 JB/T 7902—2006 的规定见表4-3。丝型像质计的像质指数 Z（丝径的号数）和金属丝直径 d 之间有如下关系：

$$Z = 6 - 10\lg d$$

或

$$d = 10^{\frac{6-Z}{10}}$$

丝型像质计将上述16根丝分成三组：1～7为Ⅰ组(1/7)、6～12为Ⅱ组(6/12)、10～16为Ⅲ组(10/16)，每个像质计包含其中一组丝，适用于不同的厚度和不同的级别。

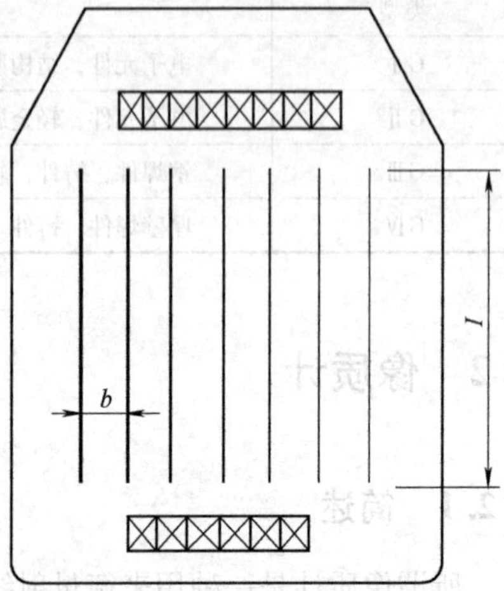

图4-10 丝型像质计的基本结构

表4-3 JB/T 7902—2006 关于 R′10 系列的规定

丝号	1	2	3	4	5	6	7	8
丝径	3.2	2.5	2	1.6	1.25	1	0.8	0.63
偏差	±0.03			±0.02				
丝号	9	10	11	12	13	14	15	16
丝径	0.5	0.4	0.32	0.25	0.2	0.16	0.13	0.1
偏差	±0.01					±0.005		

丝型像质计的选择。一般是根据射线照相的质量级别和透照厚度来确定标准要求达到的像质指数，再来选用相应的组别。例如，透照母材厚度为10mm的单面焊焊缝，按标准规定的AB级进行照相。那么应该选用哪一组像质计呢？此时，透照厚度为12mm（母材厚度+焊缝余高)；照相级别为AB级，据此，按照相应的标准规定，要求达到的像质指数是13，所以，应该选用10/16这一组。在这里，还需要说明一点的是，每组丝型像质计都有一个重复的问题，即1/7组里包含有第6、第7根丝，6/12组里也包含有第6、第7根丝；6/12组里包含有第10、第11、第12根丝，10/16组里也包含有第10、第11、第12根丝。这时人们在选用时，通常应避免出现“边缘”问题。例如，依照要求应该达到的像质指数为10，应尽量选择6/12这组。

丝型像质计的具体摆放数量、位置、方向等应按相关的标准要求来进行。

丝型像质计的相对灵敏度规定为：在射线照相底片上，最小可识别的金属丝直径与工件的透照厚度的百分比，即

$$S_w = (d_{min}/T_A) \times 100\% \tag{4-3}$$

式中 S_w——丝型像质计射线照相灵敏度（%）；

d_{min}——射线照相底片上可识别的金属丝最小直径，单位为mm；

T_A——工件的透照厚度，单位为mm。

如何判断射线底片上的金属丝影像是否为可识别的，不同的标准规定有所不同。有的标准规定应清晰看到金属丝影像的全长，有的标准规定清晰看到 10mm 长的金属丝影像即认为该金属丝是可识别的。因此，在确定可识别的金属丝最小直径时应按具体标准的规定。

举例说明，若在射线底片上能够清晰可见的最细丝直径是 0.2mm，被检件的透照厚度为 12mm，则丝型像质计的相对灵敏度为

$$S_w = (d_{min}/T_A) \times 100\% = (0.2/12) \times 100\% = 1.67\%$$

在透照厚度确定的情况下，在底片上可识别的金属丝最小直径越小，即像质指数越大，丝型像质计的相对灵敏度就越高。换句话讲，百分数越小，灵敏度越高。丝型像质计的相对灵敏度一般都不超过 2%。

(2) 阶梯孔型像质计　该像质计的基本结构是在阶梯块上钻上直径等于阶梯厚度的通孔，孔应垂直于阶梯表面，不做倒角。常用的阶梯形状是矩形和正六边形，典型的设计如图 4-11 所示。为了克服小孔识别的不确定性，常在薄的阶梯上钻上两个孔。

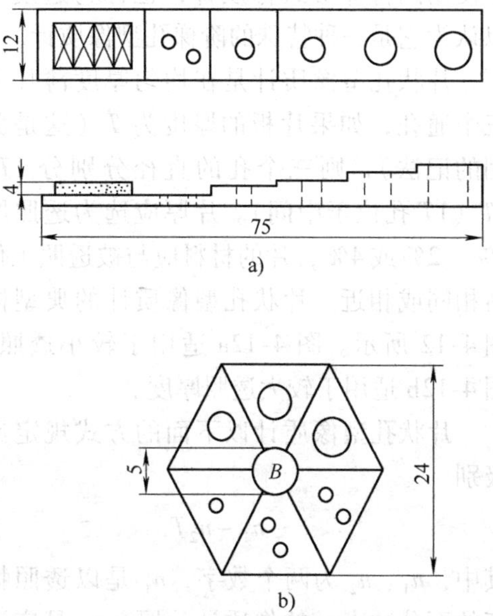

图 4-11　阶梯孔型像质计的典型模式

与丝型像质计一样，阶梯的材料应与被检工件的材料相同或相近，阶梯的厚度尺寸与丝型像质计的金属丝直径尺寸相同。阶梯孔型像质计的射线照相对灵敏度规定为：在射线的底片上可识别的最小孔所在的阶梯的阶梯厚度与工件的透照厚度的百分比，即

$$S_h = (h/T_A) \times 100\% \tag{4-4}$$

式中　S_h——阶梯孔型像质计的射线照相灵敏度（%）；

h——可识别的最小孔所在的阶梯的厚度，单位为 mm；

T_A——工件的透照厚度。

由于在射线底片上丝的可识别性与孔的可识别性不相同，因此，即使丝型像质计灵敏度与阶梯孔型像质计灵敏度相同，也并不表示射线照相灵敏度相同。表 4-4 给出的是采用完全相同的射线照相技术透照同一工件所得到的丝型像质计灵敏度和阶梯孔型像质计灵敏度。既然采用的是相同的射线照相技术，又是透照同一工件，那么应该得到相同的影像质量，也就是得到相同的射线照相灵敏度，但不同的像质计给出的值却不同。显然，如果丝型像质计灵敏度与阶梯孔型像质计灵敏度相同，那么采用的射线照相技术一定不同，而且应当是采用阶梯孔型像质计的那次透照的影像质量更好。它同时也提醒人们，在射线照相中，不同形状的缺陷（性质相同）其可检测性将存在差异。

表 4-4　丝型像质计和阶梯孔型像质计相对灵敏度比较

钢厚度/mm	S_w/(%)	S_h(%)
12.5	1.0	2.7
20	0.8	2.0

（续）

钢厚度/mm	S_w/(%)	S_h(%)
25	0.8	2.0
30	0.8	1.7

（3）片状孔型像质计　它是一种在美国广泛使用的特殊形式像质计，也称为透度计。可以认为它是一种特殊的阶梯孔型像质计。

片状孔型像质计是在均匀厚度薄片上钻上三个通孔，如果片板的厚度为 T（这是美国采用的记法），则三个孔的直径分别分 $1T$、$2T$、$4T$（$1T$ 孔位于中间）。片厚应选为透照厚度的1%、2%或4%，片的材料应与被透照工件的材料相同或相近。片状孔型像质计的典型样式如图4-12 所示。图4-12a 适用于较小透照厚度，图4-12b 适用于较大透照厚度。

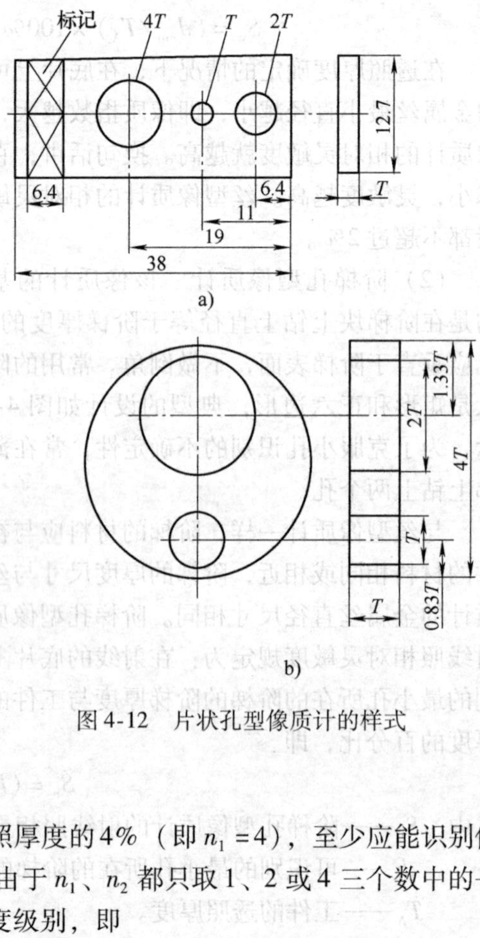

图4-12　片状孔型像质计的样式

片状孔型像质计以下面的方式规定灵敏度级别

$$n_1-n_2T$$

其中，n_1、n_2 为两个数字，n_1 是以透照物体厚度的百分数表示的像质计片厚，n_2 是应识别的最小孔径为像质计片厚 T 的倍数。n_1、n_2 都只取1、2或4。例如

$$4-2T$$

这个灵敏度级表示所使用的像质计片厚 T 应是透照厚度的4%（即 $n_1=4$），至少应能识别像质计上直径为像质计片厚2倍的孔（即 $n_2=2$）。由于 n_1、n_2 都只取1、2或4 三个数中的一个，所以片状孔型像质计共可以规定出9个灵敏度级别，即

$$1-1T;\quad 1-2T;\quad 1-4T;$$
$$2-1T;\quad 2-2T;\quad 2-4T;$$
$$4-1T;\quad 4-2T;\quad 4-4T。$$

在射线检测中，以规定应达到的灵敏度级别来规定照相技术级别要求。通常设立五个级别，即 $1-1T$、$1-2T$、$2-1T$、$2-2T$、$2-4T$。

对于片状孔型像质计，在美国还规定了一个特殊的灵敏度——等效透度计灵敏度，简记为 *EPS*。所谓等效透度计灵敏度是指对于每个灵敏度级别，采用与达到这个灵敏度级别相应的射线照相技术。$2T$ 孔正好是像质计片厚与透照厚度的百分比可识别的最小孔。这是类似于阶梯孔型像质计灵敏度的一种规定，但是两者之间存在很大的不同。

按照 *EPS* 的规定，为得到片状孔型像质计灵敏度级别对应的 *EPS* 灵敏度值，必须改变片状孔型像质计的片厚，使得在改变后的片厚（这时候片厚不再是透照厚度的1%、2%或

4%）上刚好孔径为片厚 2 倍的孔是最小可识别的孔。以改变后的片厚与透照厚度的百分比表示的灵敏度即是等效透度计灵敏度（*EPS*）。对任一灵敏度级别，其相应的等效透度计灵敏度可按下式计算

$$EPS=\frac{\sqrt{d\cdot T/2}}{x}\times 100\% \tag{4-5}$$

式中　x——透照物体厚度，单位为 mm；

T——片状孔型像质计的片厚，单位为 mm；

d——可识别的片状孔型像质计的最小孔径，单位为 mm。

若可识别的最小孔径与片厚的关系为 $d=n_2T$，则式（4-5）可改写为

$$EPS=\frac{\sqrt{n_2/2}}{x}\times T\times 100\%$$

表 4-5 列出了片状孔型像质计各个灵敏度级别对应的等效透度计灵敏度值。

表 4-5　各灵敏度级别的等效透度计灵敏度

灵敏度级别	EPS/(%)
1－1T	0.7
1－2T	1.0
1－4T	1.4
2－1T	1.4
2－2T	2.0
2－4T	2.8
4－1T	2.8
4－2T	4.0
4－4T	5.6

应该注意的是，*EPS* 灵敏度既不等于阶梯孔型像质计灵敏度，也不等于丝型像质计灵敏度。例如，对 2－1T 灵敏度级别，其 *EPS* 灵敏度为 1.4%，而对应的阶梯孔型像质计灵敏度却是 2.0%。

4.3　射线照相灵敏度

射线照相灵敏度是评价射线照相影像质量的重要指标。所谓射线照相灵敏度，从定量的方面来说，是指在射线底片上可以观察到的最小缺陷的尺寸；从定性的方面来说，是指发现和识别最小影像的难易程度。

在射线照相底片上所能发现的沿射线穿透方向上的最小缺陷尺寸称为绝对灵敏度（如用像质计某金属丝表示一定透照厚度范围的灵敏度就是绝对灵敏度），此最小缺陷尺寸与射线透照厚度的百分比称为相对灵敏度。

在实际应用中，用自然缺陷来评价射线照相灵敏度显然是不现实的，为便于定量评价射线照相灵敏度，常用与被检工件的厚度有一定百分比关系的像质计作为底片影像质量的监测

标准工具，由此得到的灵敏度称为像质计灵敏度。需要注意的是，底片上显示的像质计灵敏度并不等于自然缺陷灵敏度，但像质计灵敏度的提高，表示底片像质水平也相应地提高，因而也能间接地反映出射线照相对最小自然缺陷检出能力的提高。

缺陷检出能力或缺陷检出率与射线照相灵敏度是两个不同的概念，如对裂纹之类方向性很强的平面状缺陷，即使底片上显示的像质计灵敏度很高，黑度、不清晰度符合标准要求，有时也难以检出甚至完全不能检出的情况。平面状缺陷检出灵敏度与像质计灵敏度存在较大的差异。造成这种差异的影响因素很多，例如，射线透照方向与缺陷平面有一定的夹角而造成透照厚度差减小的影响，几何条件因素的影响等。要提高此类缺陷的检出率，还必须考虑其他工艺措施。

射线照相灵敏度是射线照相对比度（缺陷影像与其周围背景的黑度差）、不清晰度（影像轮廓边缘黑度过度区的宽度）和颗粒度（影像黑度的不均匀程度）三大要素的综合结果，而此三大要素又分别受到不同工艺因素的影响。

射线照相灵敏度的影响因素见表4-6，其具体内容在以后各节中详细阐述。

表4-6 射线照相灵敏度的影响因素

射线照相对比度 ΔD $\Delta D=-0.434G\mu\Delta T/(1+n)$		射线照相不清晰度 U $U=\sqrt{U_g^2+U_i^2}$		射线照相颗粒度 $\sigma_D=\left[\sum_{i=1}^{N}\frac{D_i-\overline{D}}{N-1}\right]^{1/2}$
主因对比度 $\frac{\Delta I}{I}=-\frac{\mu\Delta T}{1+n}$	胶片对比度 $G=\frac{\Delta D}{\Delta \lg E}$	几何不清晰度 $U_g=\frac{db}{f}$	固有不清晰度 $U_i=0.0013(\mathrm{kV})^{0.79}$ （100～400kV）	
取决于： 1）由缺陷造成的透照厚度差 ΔT（缺陷高度、形状、透照方向） 2）射线的线质 μ（或 λ，kV_P，MeV） 3）散射比 n（$n=I_S/I_P$）	取决于： 1）胶片类型（或梯度 G） 2）显影条件（配方、时间、温度、搅动） 3）底片黑度 D	取决于： 1）源的焦点尺寸 d 2）被检工件上表面至胶片的距离 b 3）源焦点至被检部位工件上表面的距离 f	取决于： 1）射线的线质 μ（或 λ，kV_P，MeV） 2）增感屏的种类（Pb，Au，Sb） 3）件、屏、片贴紧程度	取决于： 1）胶片系统（胶片型号、增感屏、冲洗条件） 2）射线的线质 μ（或 λ，kV_P，MeV） 3）底片的黑度 D 4）曝光量

4.3.1 射线照相对比度

如果工件中存在厚度差，那么射线穿透工件到达胶片就产生强度差，经暗室处理的底片上就会产生黑度差，把底片上相邻区域的黑度差称为底片对比度，又称为底片反差。显然，底片对比度越大，小的缺陷就越容易识别。因此，必须设法提高底片对比度。但在提高底片对比度的同时，底片的宽容度减小。

1. 射线照相对比度的概念

（1）主因对比度　相邻区域射线强度存在的差异所产生的对比度称为主因对比度（又称为工件对比度），其数学表达式为

$$\Delta I/I=-\mu\Delta T/(1+n) \tag{4-6}$$

式中　ΔI——因工件中存在厚度为 ΔT 的缺陷而引起的透射射线强度之差（$\Delta I=I_P'-I_P$），单

位为 Sv；

I——无缺陷处透过射线总强度，包括一次射线和散射线（$I=I_P+I_S$），单位为 Sv；

μ——工件材料的线衰减系数，单位为 cm^{-1}；

ΔT——缺陷处和相邻母材在射线透过方向的厚度差值，单位为 cm；

n——散射比，是散射线强度与一次射线强度之比，即 $n=I_S/I_P$。

由式（4-6）可以看出，主因对比度取决于透照厚度差、射线的质（衰减系数）以及散射比。

（2）胶片对比度　改变胶片的曝光量所引起的相应底片上黑度差的固有能力称为胶片对比度。胶片对比度就是胶片梯度，即

$$G=\frac{\Delta D}{\Delta \lg E}=\frac{\Delta D}{\lg E_2-\lg E_1} \tag{4-7}$$

式中　G——胶片平均反差系数；

ΔD——底片对比度；

$\Delta \lg E$——曝光量对数值的增量（E_1、E_2 分别为产生 D_1、D_2 所需的曝光量，$E_2>E_1$）。

由式（4-7）可以看出，胶片对比度取决于胶片类型、底片黑度、显影条件和增感方式。

（3）射线照相对比度　由公式 $G=\Delta D/\Delta \lg E$ 得

$$\begin{aligned}\Delta D&=G\Delta \lg E=G(\lg E_2-\lg E_1)=G\lg(E_2/E_1)\\&=G\lg(I_2t/I_1t)=G\lg(I_2/I_1)\\&=G\lg[(I+\Delta I)/I]=G\lg(1+\Delta I/I)\\&=G\ln(1+\Delta I/I)/\ln 10\end{aligned}$$

由 $\ln(1+x)\approx x$，得

$$\Delta D=G(\Delta I/I)/2.3$$

将式（4-6）代入上式，得出的射线照相对比度公式为

$$\Delta D=-0.434G\mu\Delta T/(1+n) \tag{4-8}$$

2. 射线照相对比度的影响因素

射线照相对比度 ΔD 是主因对比度 $-\mu\Delta T/(1+n)$ 和胶片对比度 G 共同作用的结果，主因对比度是构成底片对比度的根本因素，或称主因对比度是底片对比度的先决条件。胶片对比度可以看做是主因对比度的放大系数，通常这个系数为 3～8。

（1）影响主因对比度的因素　影响主因对比度的因素有透照厚度差 ΔT、射线的质（衰减系数 μ）以及散射比 n。

1）透照厚度差与缺陷尺寸有关，某些情况下还与透照方向有关。工件中的缺陷，其几何尺寸一定，但在不同方向上形成的厚度差可能不同，方向性强的平面状缺陷，如裂纹、未熔合等，透照方向与 ΔT 透照厚度差的关系特别明显。为提高射线照相对比度，就必须考虑选择适当的透照方向或控制一定的透照角度，以便得到较大的 ΔT。例如，在实际检测中，为检出坡口未熔合，往往选择沿坡口的透照方向；为保证裂纹检出率，必须控制射线束与工件表面法线的角度不得过大，如实际检测中 K 值的控制。

2）衰减系数 μ 与试件材质和射线能量有关。在工件材质给定的情况下，透照的射线能量越低，线质越软，μ 值越大。所以，在保证射线穿透力的前提下，选择能量较低的射线进行射线透照，是增大对比度的常用方法。

3）减小散射比 n 可以提高对比度。因此实际透照时应采取有效的措施控制前方散射线，如在射线机窗口加限光器，加大增感屏的厚度以及加滤板等，以减小 n。但背部散射线不可小视，它使底片增加附加黑度，降低底片的灵敏度，可背衬铅板吸收和屏蔽散射线。

（2）影响胶片对比度的因素　影响胶片对比度的因素有胶片类型、底片黑度、显影条件和增感方式。

1）不同类型的胶片有不同的梯度，一般来说，非增感型胶片的梯度比增感型胶片的梯度大。非增感型胶片中，不同种类的胶片梯度也不一样，检测时若想提高对比度，可以选择梯度较大的胶片，应注意使用梯度较大的胶片使射线照相对比度提高的同时，会使底片的宽容度减小。

2）由胶片的特性曲线可知，胶片的梯度随底片的黑度增加而增大，即同样的射线强度差 ΔI 或 $\Delta \lg E$，在高黑度范围产生的 ΔD 远远大于低黑度范围产生的 ΔD。为提高对比度，通常对底片采取较大的黑度值。一般底片的最小黑度是受控的，JB/T 4730.2—2005 等标准均对底片最小黑度值提出了限制。

3）显影条件的变化可以显著改变胶片特性曲线的形状，如采用高反差的显影配方、适当提高显影温度以及使用活度大的新鲜显影液都会增大胶片的梯度。

（3）底片的宽容度　在介绍底片对比度的同时，必然要涉及底片的宽容度。所谓底片的宽容度是指在底片有效评定区规定的黑度范围内可容纳的黑度范围。对于焊缝而言，在底片的搭接标记范围内，黑度均在标准规定的范围内焊缝和母材的厚度差，即底片的宽容度。这个厚度差越大，底片的宽容度也越大。增大底片宽容度通常是提高管电压。由此可知，增大底片宽容度就会降低底片对比度。所以，对于截面厚度差较大的工件，透照时还应兼顾底片的宽容度。

4.3.2　射线照相不清晰度

用一束射线垂直透照一个金属阶梯试块，如图 4-13 所示。理想的射线底片将由两部分黑度区域组成，一部分是由试件 *AO* 形成的高黑度均匀区，另一部分是由试件 *OB* 形成的低黑度均匀区，两部分交界处的黑度差是突变的，不连续的，如图 4-13a 所示。但实际底片上的黑度变化并不是突变的，试件的“阶边”影像是模糊的，影像的黑度变化如图 4-13b、c 所示，存在着一个黑度过渡区，黑度变化的区域越大，影像的轮廓就越模糊，即影像越不清晰，用来定量描述清晰度的量是“不清晰度”。把黑度变化区域分界线的宽度称为射线照相不清晰度，用 U 表示，构成射线照相不清晰度主要有两方面因素，即由于射线源有一定尺寸而引起的几何不清晰度 U_g 以及由于电子在胶片乳剂中散射而引起的固有不清晰度 U_i。射线照相不清晰度 U 是几何不清晰度 U_g 和固有不清晰度 U_i 的综合结果，其关系为

$$U = \sqrt{U_g^2 + U_i^2}$$

1. 几何不清晰度

如图 4-14 所示，由于 X 射线管焦点或 γ 射线源都有一定尺寸，所以透照工件时，工件

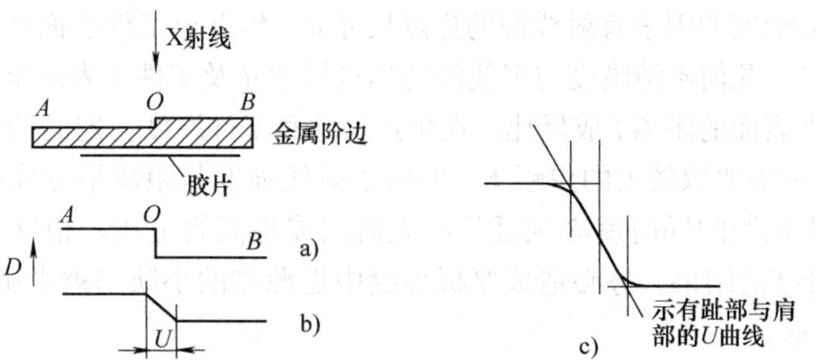

图 4-13　“阶边”影像的射线照相不清晰度

中的缺陷在底片上的影像边缘会产生一定宽度的半影，此半影宽度就是几何不清晰度。几何不清晰度 U_g 值可用下式计算

$$U_g = db_0/(F - b_0) \tag{4-9}$$

式中　d——射线源的焦点尺寸，单位为 mm；

F——焦距（射线源至胶片的距离），单位为 mm；

b_0——缺陷至胶片距离，单位为 mm。

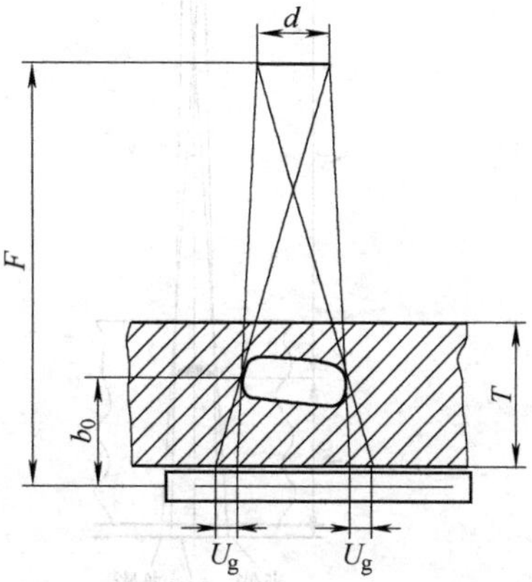

图 4-14　工件中缺陷的几何不清晰度

通常技术标准中规定的射线照相必须满足的几何不清晰度是指工件中可能产生的最大几何不清晰度 U_{gmax}，相当于射线源侧表面缺陷或射线源侧放置的像质计金属丝产生的几何不清晰度，如图 4-15 所示，计算公式为

$$U_{gmax} = db/(F - b) = db/f \tag{4-10}$$

式中　d——射线源的焦点尺寸，单位为 mm；

b——透照部位工件上表面至胶片的距离，单位为 mm；

f——射线源至透照部位工件上表面的距离，单位为 mm。

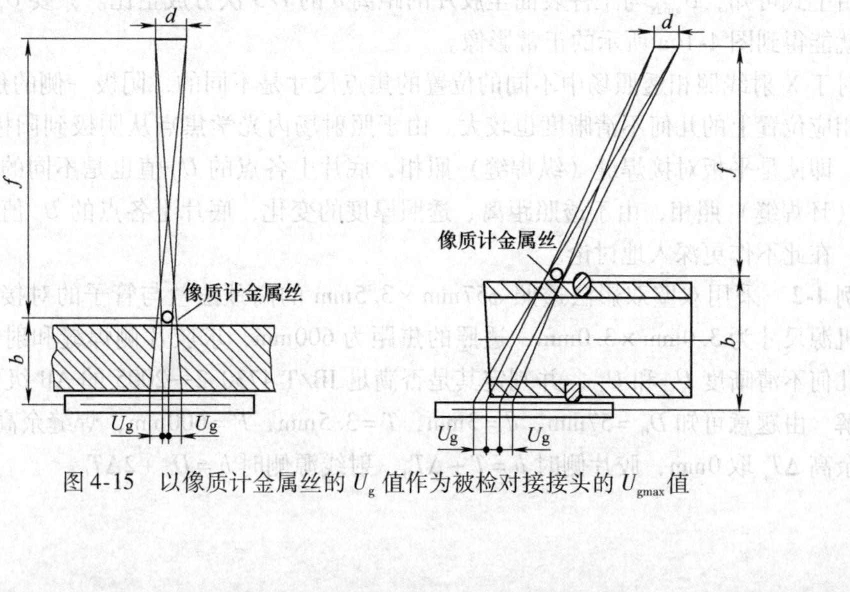

图 4-15　以像质计金属丝的 U_g 值作为被检对接接头的 U_{gmax} 值

影响几何不清晰度的因素有射线源的焦点尺寸 d、焦点至工件表面的距离 f 及工件表面至胶片的距离 b 等。几何不清晰度与射线源的焦点尺寸 d 及工件上表面至胶片的距离 b 成正比，与焦点至工件表面的距离 f 成反比。在焦点尺寸和工件厚度一定的情况下，为获得较小的 U_g 值，透照时就需要取较大的焦距 F，但由于射线强度与距离平方成反比，要保证底片黑度不变，在增大焦距的同时就必须延长曝光时间或提高管电压。相反，为了提高检测速度，无限制地减小 f 的结果，势必造成厚板焊缝中近源侧的小缺陷被半影淹没，产生漏检，如图 4-16b、c 所示。

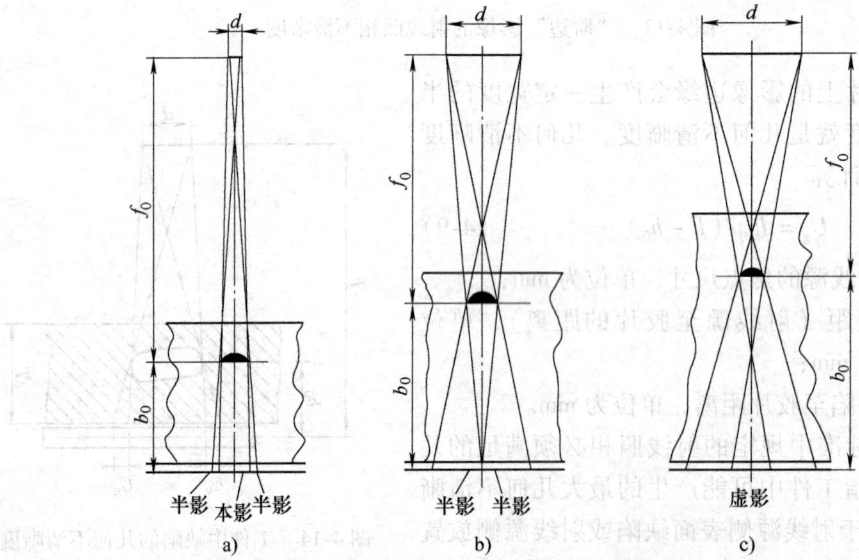

图 4-16　射线照相几何条件对小缺陷的影响

a）正常影像　b）临界情况　c）本影消失

因此，所有射线检测标准都对几何不清晰度有明确规定，如标准 JB/T 4730.2—2005 的 AB 级要求是 $f \geqslant 10d \cdot b^{2/3}$，代入式（4-10）可得

$$U_{gmax} \leqslant b^{1/3}/10$$

由上式可知，U_{gmax} 与工件表面至胶片的距离 b 的 1/3 次方成正比。只要 U_{gmax} 满足标准要求，就能得到图 4-16a 所示的正常影像。

对于 X 射线照相透照场中不同的位置的焦点尺寸是不同的，阴极一侧的焦点尺寸较大，因此相应位置上的几何不清晰度也较大。由于照射场内光学焦点从阴极到阳极都是变化的，因此，即使是平板对接焊缝（纵焊缝）照相，底片上各点的 U_g 值也是不同的；而曲面对接焊缝（环焊缝）照相，由于透照距离、透照厚度的变化，底片上各点的 U_g 值变化更大，更复杂，在此不作更深入地讨论。

例 4-2　采用双壁双影法透照 ϕ57mm×3.5mm 的高颈法兰与管子的对接焊缝，已知 X 射线机源尺寸为 3.0mm×3.0mm，透照的焦距为 600mm，求胶片侧焊缝和射线源侧焊缝的照相几何不清晰度 U_{g1} 和 U_{g2}，并判定其是否满足 JB/T 4730.2—2005 的 AB 级要求。

解　由题意可知 $D_0 = 57$mm，$d = 3$mm，$T = 3.5$mm，$F = 600$mm，焊缝余高 ΔT_0 取 2mm，根部余高 ΔT_i 取 0mm，胶片侧时 $b = T + \Delta T_0$，射线源侧时 $b = D_0 + 2\Delta T_0$。

由于条件限制，只能采用双壁双影垂直重叠透照法，则胶片侧焊缝的几何不清晰度为

$$U_{g1} = \frac{db}{f} = \frac{db}{F-b} = \frac{d(T+\Delta T_0)}{F-(T+\Delta T_0)} = \frac{3\times(3.5+2)}{600-(3.5+2)}\text{mm} = 0.028\text{mm}$$

射线源侧焊缝的几何不清晰度为

$$U_{g2} = \frac{db}{f} = \frac{db}{F-b} = \frac{d(D_0+2\Delta T_0)}{F-(D_0+2\Delta T_0)} = \frac{3\times(57+2\times2)}{600-(57+2\times2)}\text{mm} = 0.339\,5\text{mm}$$

$$U_{gmax} \leqslant b^{1/3}/10 = (61^{1/3}/10)\,\text{mm} = 0.39\text{mm}$$

因此，胶片侧焊缝的几何不清晰度 $U_{g1}=0.028\text{mm}<0.39\text{mm}$，射线源侧焊缝的几何不清晰度 $U_{g2}=0.340\text{mm}<0.39\text{mm}$，几何不清晰度满足 JB/T 4730.2—2005 的 AB 级要求。

2. 固有不清晰度

固有不清晰度是由照射到胶片上的射线在乳剂层中激发出的电子的散射所产生的。固有不清晰度的大小就是散射电子在胶片乳剂层中作用的平均距离。当光子穿过乳剂层时，会在乳剂层中激发出电子。射线光量子能量越高，激发出的电子的动能就越大，在乳剂层中的射程也就越长，这些电子向各个不同的方向散射，作用于邻近的卤化银颗粒，动能较大的电子甚至可穿过多个卤化银颗粒。由于电子的作用，使卤化银颗粒产生潜影，因此一个射线光子不只影响一个卤化银颗粒，而可能在乳剂层中产生一小块潜影银，其结果是不仅光量子直接作用的点能被显影，而该点附近区域也能被显影，这就造成了影像边界的扩散和轮廓的模糊。

固有不清晰度主要取决于射线的能量，在 100～400kV 范围内，固有不清晰度的经验公式为

$$U_i = 0.001\,3(U)^{0.79} \tag{4-11}$$

式中　U——管电压，单位为 kV。

固有不清晰度随射线能量的提高而连续递增，在低能区固有不清晰度增大速率较慢，但在高能区固有不清晰度增大速率较快。

射线照相使用的金属增感屏能吸收射线的能量，发射出电子，作用于胶片的卤化银，增加感光。由增感屏发射出的电子，在乳剂层中也有一定的射程，同样产生固有不清晰度。增感屏的材料种类、厚度以及使用情况都会影响固有不清晰度。例如，中低能量射线照相中，使用铅增感屏的胶片比不使用铅增感屏的胶片的固有不清晰度有所增大；随着铅增感屏厚度的变化，固有不清晰度也将有所改变。在 γ 射线和高能 X 射线照相中，使用铜、钽、钨制作的增感屏可得到比铅增感屏更小的固有不清晰度；在使用增感屏时，如果增感屏与胶片贴合不紧，留有间隙，也将使固有不清晰度明显增大。这是由于增感屏吸收射线能量发射出电子脱离增感屏表面后，未立即进入胶片乳剂层，而是在空气中经过一段距离后进入乳剂层，电子通过空气时的动能损失较小，这样总的作用距离将大于那些完全在乳剂层中穿行的电子的作用距离，因此导致固有不清晰度增大。

射线照相固有不清晰度可采用铂-钨双丝像质计测定。

4.3.3　射线照相颗粒度

射线照相颗粒度是指射线底片上叠加在工件影像上的黑度的随机涨落，即影像黑度的不

均匀程度。颗粒性是指均匀曝光的射线底片上影像黑度分布不均匀的视觉印象。实际上颗粒的视觉印象是由许多银粒交互重叠组成的颗粒团产生的，而颗粒团的黑度则是由这些单个银粒的随机分布造成的。胶片乳剂中，每吸收一个 X 射线或 γ 射线光量子，会使乳剂中一个以上的溴化银晶体感光，这一现象是随机存在的。被感光的颗粒是随机分布的，即从一个区域到另一个区域，曝光的颗粒数有统计变化，影响射线照相颗粒度的因素有下述几方面。

1. 胶片的银盐粒度和感光速度

慢速感光胶片的溴化银的晶体小，曝光、显影后产生的光吸收银较少，因而，要产生一定的黑度，慢速胶片中的吸收光子数要比快速胶片的多，射线照相的影像颗粒性就越不明显，故胶片的颗粒性较弱。

2. 射线的能量

在低能量下，吸收一个光子只使一个或几个溴化银颗粒感光，而在高能量下，一个光子能使许多个颗粒感光，这样就使随机分布的黑度起伏变大，显示出颗粒增大的倾向。

3. 曝光量和底片的黑度

曝光量和底片黑度增大都使得更多的光子到达底片，大量的光子的叠加作用将使黑度的随机变化起伏降低，所以减小了颗粒性。

一般来说，颗粒度随胶片速度和射线能量的增大而增大，随曝光量和底片黑度的增大而减小，另外也与显影条件（配方、时间、温度）等因素有关。

颗粒度限制了影像能够记录的细节的最小尺寸。一个尺寸很小的细节，在颗粒度较大的影像中，或者不能形成自己的影像，或者其影像被黑度的起伏所掩盖，无法识别出来。

4.3.4 最小可见对比度（识别界限对比度）ΔD_{min}

底片上的缺陷是人们在评片室靠观片灯来观察的，这里仅对最小可见对比度及影响因素作一介绍。

在底片上能够识别的某一尺寸影像的最小黑度称为最小可见对比度，又称为识别界限对比度。射线照相对比度与最小可见对比度是两个不同的概念，射线照相对比度是底片上客观存在的量值，而最小可见对比度是反映一定条件下肉眼对底片影像黑度的辨别能力及识别灵敏度。最小可见对比度的值越小，意味着肉眼对底片影像的辨别能力就越强，对缺陷影像识别灵敏度越高。射线照相对比度与最小可见对比度的关系为：当射线照相对比度大于等于最小可见对比度时，影像能够识别，反之则不能识别。

最小可见对比度在很大程度上取决于观片灯的亮度，在合适的观片灯条件下最小可见对比度数值较小，而观片条件变差则最小可见对比度数值变大。

1. ΔD_{min}与底片黑度、颗粒度、金属丝影像宽度的关系

观片条件适当而且是在固定的条件下，通过实验测定 ΔD_{min}与底片的黑度、颗粒度和金属丝影像宽度的相对变化关系如下。

（1）ΔD_{min}与底片黑度的关系　在低黑度区，ΔD_{min}大致是一定的；在高黑度区，ΔD_{min}随 D 的增加而增大，但是，在高黑度区随黑度的增大，G 增大，ΔD 也增大，且 ΔD 的增长比 ΔD_{min}大，易识别，如图 4-17 所示。

（2）ΔD_{min}与金属丝影像宽度的关系　在金属丝影像宽度较大时，ΔD_{min}不随宽度变化而变化；在金属丝影像宽度较小时，ΔD_{min}随金属丝影像宽度减小而增大，且底片黑度越高，增大的比例越大。

（3）ΔD_{min}与颗粒度的关系　对于宽度相同的金属丝影像来说，颗粒较细的胶片与增感屏组合后得到的 ΔD_{min} 要比颗粒度粗的胶片小。

2. ΔD_{min}与肉眼敏锐度的关系

经研究表明，肉眼对底片上影像的识别能力与透过底片的光亮度有关。实验表明，透过底片的光亮度超过 30cd/m^2 时，肉眼对底片影像有较好的识别能力；在 30cd/m^2 至 10cd/m^2 区间，随着透过底片的光亮度减弱，肉眼对底片上影像的识别能力逐步下降，但下降速度较慢；透过底片的光亮度低于 10cd/m^2 时，肉眼对底片上影像的识别能力随着透过底片的光亮度减弱急剧下降。

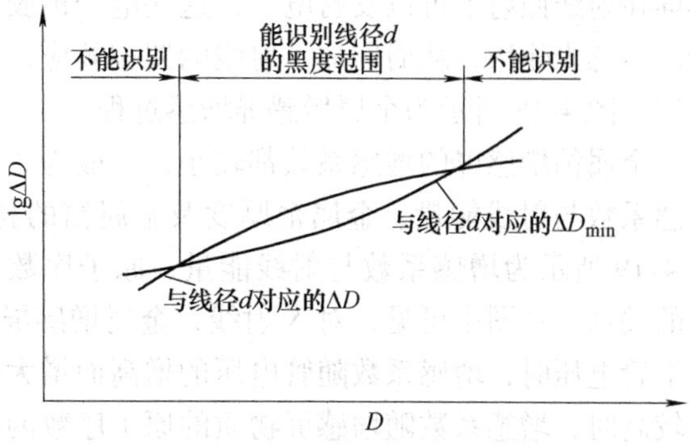

图 4-17　D 与 ΔD 及 ΔD_{min} 的关系（观片条件一定，观片灯亮度有限）

从以上的分析可以看出，要评定高黑度底片，应提高缺陷的对比度 ΔD，减小识别界限对比度 ΔD_{min}，就必须采用高亮度的观片灯。

4.4　增感屏

4.4.1　基本概念

由于射线胶片吸收入射射线的能量很少，一般仅为 1% 左右。为了达到更好的透明效果，缩短曝光时间，常使用增感屏与胶片一起进行射线照相。

在前面已经讲过，很多增感材料的增感机理都是缘于光电效应的。同时，某些盐类物质在射线的作用下可以发射荧光，金属在高能量射线作用下可以发射电子和荧光 X 射线，荧光和电子都有使射线胶片感光的作用。增感屏就是将这些盐类物质涂布在支持物上或将金属箔粘接在支持物上制成的屏。描述增感屏增感作用强弱的主要指标为增感系数 K，它定义为

$$K = E_0/E$$

式中　E_0——射线底片达到一定黑度不用增感屏时所需的曝光量，单位为 mA · min；

E——射线底片达到一定黑度使用增感屏时所需的曝光量，单位为 mA · min。

增感系数 K 是在同样的透照条件下和同样的暗室处理条件下，射线底片得到同一黑度所需的以上两个曝光量之比。不同类型的增感屏其增感机理不同，增感系数不同。同一类型的增感屏在不同能量的射线下使用，增感系数也不同。

4.4.2　增感屏的种类与特点

增感屏的类型主要有三种，即金属增感屏、荧光增感屏、复合增感屏（金属荧光增感屏）。

金属增感屏是将厚度均匀、平整的金属箔粘贴在一定的支持物（如硬纸片、胶片片基

等）上构成的。金属箔目前主要是采用铅合金箔，并与非增感型胶片一起使用。金属箔增感屏在射线照射下可以发射电子，这些电子被胶片吸收也能产生感光作用，从而增加了射线的照相效应，起到增感作用。图 4-18 所示为金属增感屏增感过程。

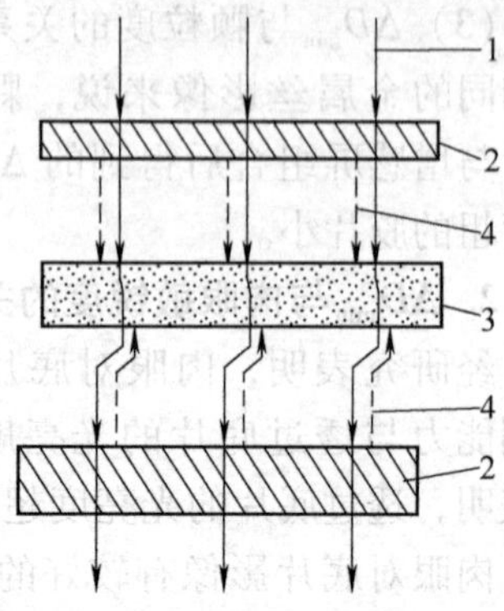

图 4-18　金属增感屏增感过程
1—射线　2—金属箔
3—胶片　4—电子

金属箔增感屏的增感系数都较小，一般为 2 ~ 8 左右。增感系数与射线能量、金属箔厚度及金属箔的材质有关。图 4-19 所示为增感系数与射线能量、原子序数、屏的厚度的关系。从图中可见，对 X 射线，金属增感屏在 300kV 以下管电压时，增感系数随管电压的增高而增大；在管电压较高时，增感系数随增感屏物质的原子序数的增大而增大，但在管电压较低时，在增感屏原子序数为 50 左右时存在增感系数的最大值。实验指出，对 X 射线，当管电压低于 80 ~ 90kV 时，铅箔增感屏的增感系数小于 1，即无增感作用。

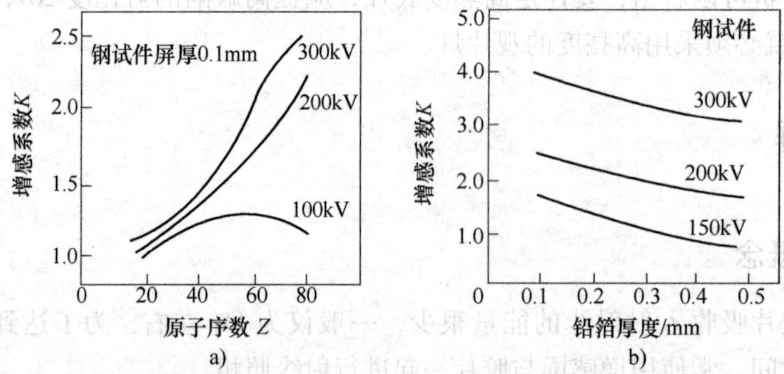

图 4-19　增感系数与射线能量、原子序数、屏的厚度的关系

金属增感屏的另一个重要特点是，它除了具有增感作用之外，还具有吸收散乱射线的作用。一次射线能量较高，能够穿透金属箔并激发金属箔发射电子实现增感。当工件中产生的散射线能量较低时，大部分能被金属箔吸收，这将大大地降低散射比，提高射线底片的影像质量。

荧光增感屏也称为盐增感屏，它是在支持物上均匀涂布一层荧光物质，上面再涂布一薄层保护物质构成的。荧光增感屏与增感型胶片一起作用，当受到射线照射时，荧光物质被激发，辐射荧光，胶片吸收了荧光，实现增感作用。荧光增感屏的增感系数较大，通常可达 10 ~ 60。增感系数主要取决于荧光物质的颗粒大小，在一定的范围内，颗粒越大，发射的荧光越强，增感系数也越大。增感系数与射线能量相关，也与增感屏的厚度相关。

荧光增感屏的主要缺点是：荧光物质的颗粒性将产生一个新的不清晰度——“屏不清晰度”，其值常大于其他不清晰度；荧光增感屏不但不能吸收散乱射线，而且它本身还将产生较强的散射线；荧光增感屏会使“互易定律”失效。这些都将损害射线照相的影像质量。正是由于荧光增感屏存在上述缺点，近年来，大多数射线检测标准都规定不采用荧光增感屏。

金属荧光增感屏的结构如图 4-20 所示，实际上它是金属增感屏和荧光增感屏的组合，所以又称为复合增感屏。金属箔一般都是铅箔，它的作用是吸收散射线；荧光物质在一次射线的照射下发射荧光，产生增感作用。金属荧光增感屏的增感系数介于金属增感屏和荧光增感屏之间。因此，金属荧光增感屏除了能够吸收工件产生的散射线外，不能克服荧光增感屏的其他缺点，所以在射线照相中也未得到广泛应用。

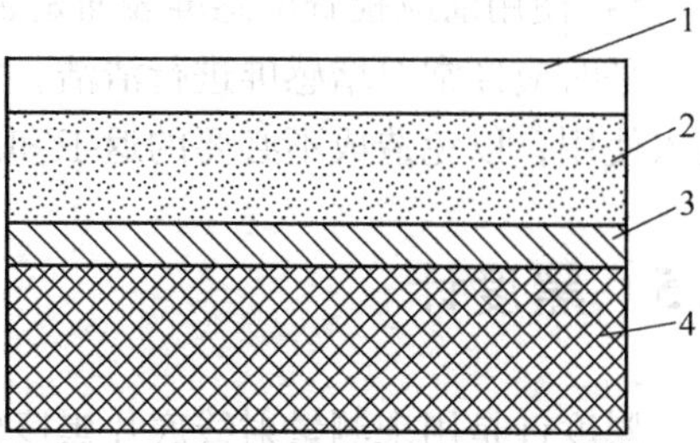

图 4-20　金属荧光增感屏结构
1—保护层　2—荧光物质
3—金属箔　4—支持物

4.4.3　增感屏的使用

使用增感屏时主要应注意以下几点：

1）正确选取增感屏的类型和规格。

2）使用方法要正确。

3）保持经常的维护。

三种类型增感屏各具有不同的特点，适应不同的要求。在一般检测技术和较高检测技术中都应采用金属增感屏。在特殊的情况下（如特厚工件透照），当能够达到检测质量要求时，才使用荧光增感屏或金属荧光增感屏。

每一张胶片在进行射线照相时通常都使用一组增感屏，每组增感屏分为前屏和后屏。前屏厚度较薄，后屏厚度较大，即前屏薄、后屏厚（目前，一般可使用合适的等厚的一组屏，即不再分前、后屏）。使用时，前屏应置于胶片朝向射线源一侧，后屏置于另一侧。前屏和后屏具有各种厚度，适用于不同能量的射线和不同的透照对象。常用金属增感屏的规格和它们适用的能量见表 4-7。

表 4-7　常用金属增感屏材料与厚度

射线能量	增感屏材料	前屏厚度/mm	后屏厚度/mm
X 射线 80 ~ 120kV	铅	0.02 ~ 0.04	≥0.1
X 射线 120 ~ 250kV	铅	0.025 ~ 0.05	≥0.1
X 射线 250 ~ 400kV	铅	0.05 ~ 0.15	≥0.1
X 射线 1MV	铅	1.5 ~ 2.0	≥1
X 射线 5 ~ 10MV	铜	1.5 ~ 2.0	≥1.5 ~ 2.0
X 射线 15 ~ 31MV	钽或钨	1.0 ~ 1.5	无
γ 射线 ^{192}Ir	铅	0.05 ~ 0.15	≥0.15
γ 射线 ^{137}Cs	铅	0.05 ~ 0.15	≥0.15
γ 射线 ^{60}Co	铜或钢	0.5 ~ 2.0	≥0.25 ~ 1.0

进行射线照相时应根据工件的特点、质量要求及透照条件，正确选用增感屏，具体使用时应注意：

1）增感物质表面（金属箔、荧光物质）应朝向胶片。

2）增感物质表面与胶片表面之间应直接接触，不能放置其他物品，如纸张等。

3）射线照相过程中应保证增感屏与胶片紧密接触，但不能过分弯曲和挤压。

4）在向前、后屏之间装入胶片或从它们之间取出胶片时，应尽量避免摩擦。

5）使用前应检查增感屏表面是否受到污染或损坏，受到污损的增感屏不能使用。

平时应经常对增感屏进行清洁，定期检查增感屏是否损坏，只有未被污损的增感屏才能投入使用，以免造成不必要的返工和浪费。

4.5　黑度计

黑度计是用来测量射线底片黑度的设备，也称为光学密度计。图4-21所示为光电直读式黑度计的构造原理，它是将光电池所感受的光量变成电能，根据产生的电流大小，使微安表指针偏转，指示出黑度的量值。此外还有较先进的数显式黑度计，光孔直径可选用1mm，便于评片人员通过底片上有关部位的黑度测定，求出工件中某种缺陷在壁厚方向的尺寸。

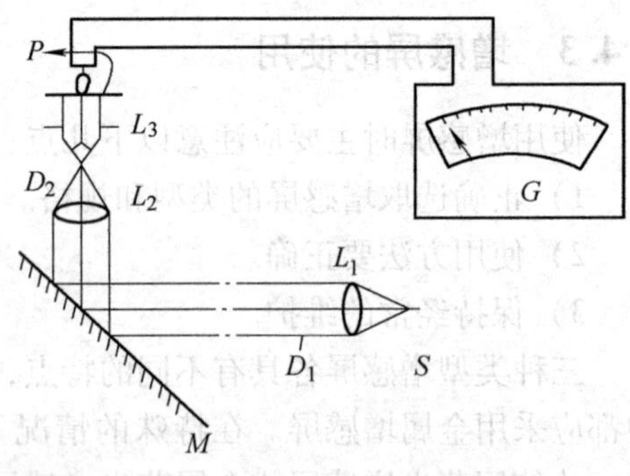

图4-21　光电直读式黑度计的构造原理

用光电直读式黑度计测量底片黑度前，应先调整“0”点，即让通过 D_2 的光直接照在光电池 P 上，使 P 偏转，调节 D_1 的光孔大小，校正 G 的指针在“0”点。然后在 P 处放置标准阶梯黑度片，使光孔先对准阶梯黑度部位，再对准高黑度部位，通过梯度校正，使微安表上的显示数值与标准片上的标注黑度值一致，然后将被测底片对准光孔，即能显示出该部位的黑度值。

因为测定底片黑度是评定底片影像质量的必要步骤，为使黑度计的测定值准确、可靠、有重复性，要求对黑度计和作为校验标准的阶梯黑度片定期由计量部门进行校验。

第 5 章　射线的辐射防护

射线具有生化效应，能够杀死、杀伤有机机体的细胞组织，对人体有害。故此，应对射线进行辐射防护。本章将详细介绍防护的基本原则和方法。

5.1　辐射剂量及其单位

描述射线辐照场本身性质的物理量主要有活度（在前面射线检测的基础知识内容中已经介绍过）、照射量、吸收剂量和剂量当量。

5.1.1　照射量（X）

照射量是描述 X 射线或 γ 射线使空气产生电离能力的物理量，其定义为：X 或 γ 射线在一定体积的空气中产生的全部电荷被完全阻留在空气中时，产生任一种符号的电荷的绝对值与这个体积空气质量之比，即 X 或 γ 射线在单位质量的空气中所能产生的电荷数量。照射量常用符号 X 表示，其国际（SI 制、法定）计量单位是 C/kg（库仑/千克）。专用（工程）单位制中照射量的单位是 R（伦琴）。它们的换算关系是

$$1\mathrm{C/kg} = 3.876 \times 10^{3}\mathrm{R}$$

$$1\ \mathrm{R} = 2.58 \times 10^{-4}\mathrm{C/kg}$$

单位时间的照射量称为照射量率，常用符号 $\dot{X}$ 表示，单位常用 C/(kg · h)、R/h 来表示（h 为小时）。

照射量真正的意义实际上就是前面讲过的射线强度，但是，它是 X 射线或 γ 射线对空气定义的，它不适于其他辐射，也不适于其他物质。

5.1.2　吸收剂量（D）

当射线辐照物体时，可以将它的能量的一部分或全部传递给被辐照的物体，即被辐照物体吸收电离辐射的一部分或全部能量。在同样的条件下，不同的物质吸收射线能量的情况并不相同。照射量仅仅表示了空气吸收 X 射线或 γ 射线能量的情况，而吸收剂量表示的是各种物质吸收电离辐射能量的情况。

吸收剂量定义为：电离辐射传递给小体积中物质的能量与该体积中物质质量之比。它表示电离辐射传递给单位质量的被辐照物质的能量。

吸收剂量常用符号 D 表示，其国际计量单位是 Gy（戈瑞）。

$$1\mathrm{Gy} = 1\mathrm{J/kg}\ （焦耳/千克）$$

工程单位制中吸收剂量的单位是 rad（拉德）。它们的换算关系是

$$1\mathrm{Gy} = 100\mathrm{rad} \qquad 1\mathrm{rad} = 10^{-2}\mathrm{Gy}$$

戈瑞的单位较大，在实际使用中常用较小的单位，如 mGy（毫戈瑞）等。

单位时间的吸收剂量称为吸收剂量率，常用符号 $\dot{D}$ 表示，单位为 Gy/h、rad/h。

吸收剂量适用于任何类型的电离辐射，也适用于任何物质。但必须注意的是，吸收剂量的大小不仅与电离辐射本身的类型和能量有关，也与被辐照的物质有关。同样的电离辐射辐照不同的物质时，产生的吸收剂量可能是不同的。例如，辐照场中某点，照射量为 2.58×10^{-4}C/kg 时，在该点传递给空气的能量为 8.69×10^{-3} J/kg，而传递给人体的能量则为 9.6×10^{-3}J/kg。

在辐射防护中，吸收剂量常简称为剂量，吸收剂量率则简称为剂量率。

5.1.3 剂量当量（H）

不同类型的电离辐射和不同的照射条件，对生物体产生的辐照损伤即使是在相同的吸收剂量之下也可能是不同的。为了统一评价不同类型的电离辐射对生物体产生的辐照损伤，在研究辐射防护时，必须考虑不同辐射的辐照损伤的差别。因此，引入辐射的品质因数（常记为 Q），表示吸收能量微观分布对辐射生物效应的影响；又引入修正因子（常记为 N），表示吸收剂量空间、时间等分布不均匀性对辐射生物效应的影响。

剂量当量定义为：吸收剂量与辐射品质因数及修正因子之积，常用符号 H 表示，即

$$H = DQN \tag{5-1}$$

剂量当量的法定计量单位是 Sv（希沃特）。

$$1\text{Sv} = 1\text{J/kg}$$

工程单位制中剂量当量的单位是 rem（雷姆）。它们的换算关系是

$$1\text{Sv} = 100\text{rem} \qquad 1\text{rem} = 10^{-2}\ \text{Sv}$$

希沃特的单位很大，实际应用中常用 mSv 和 μSv 等。

当辐射具有一定能谱时，可以给出平均品质因数，通常也简单地表示为 Q_0，一些射线的平均品质因数见表 5-1。从表中可知，X 射线、γ 射线不管是外照射还是内照射，它们的 $Q_0 = 1$，修正因子 N 一般都取 1。因此，对于 X 射线、γ 射线而言，$H = D$。

单位时间的剂量当量称为剂量当量率，常用符号为 $\dot{H}$ 表示，单位为 Sv/h、rem/h。

表 5-1 射线的平均品质因数

照射类型	射线类型	Q_0
外照射	X 射线，γ 射线，β 射线	1
	热中子	3
	中能中子（0.02～0.1MeV）	5～8
	快中子（0.5～10MeV）	10
内照射	X 射线，γ 射线，β 射线	1
	α 射线	10

5.1.4 吸收剂量与照射量的关系

直接测量吸收剂量是比较困难的，但可以通过仪器测量照射量来计算被辐照物体的吸收剂量。

（1）空气的吸收剂量与照射量的关系　设辐照场中某点的照射量为 X，该点空气的吸收剂量为 D_a，由于一个电子（一个离子）的电荷是 1.6020×10^{-19}C，因而在 1kg 空气中产生 lC 电荷时，产生的离子对数是 6.24×10^{18}，空气中产生一个离子对所需要的平均能量是 5.4×10^{-18}J，因此当照射量为 1C/kg 时，传递给 1kg 空气的能量是 33.7J，即照射量为 1C/kg 时，在空气中产生的吸收剂量为 33.7Gy，这样，得到空气吸收剂量与照射量的关系为

$$D_a = 33.7X \quad (\text{Gy}) \tag{5-2}$$

如果照射量的单位为 R，则它们的关系为

$$D_a = 8.69\times10^{-3}X \quad (\text{R})$$

只要知道了辐照场中某点的照射量，就可以按照式（5-2）计算该点的吸收剂量。

（2）物体的吸收剂量与照射量的关系　在一定的条件（电子平衡）下，不同物质的吸收剂量之间存在一定的关系，因此可以通过空气的吸收剂量求出其他物体的吸收剂量。实际应用中常直接将这种关系写成物体的吸收剂量与照射量的关系，即

$$D_m = fX \tag{5-3}$$

式中　D_m——物体的吸收剂量，单位为 Gy；

X——物体所在处的照射量，单位为 C/kg；

f——换算因子，单位为 Gy · kg/C。

换算因子的值与射线的能量有关，也与被辐照的物体的性质有关。表 5-2 列出了部分能量下人体某些部分的换算因子值。

表 5-2　部分能量光子的 f 值

光子能量 /MeV	水		骨骼		肌肉组织	
	Gy · kg/C	Gy/R	Gy · kg/C	Gy/R	Gy · kg/C	Gy/R
0.010	35.35	0.009 12	137.21	0.035 4	35.85	0.009 25
0.015	34.46	0.008 89	153.86	0.039 7	35.50	0.009 16
0.020	34.15	0.008 81	163.95	0.042 3	35.50	0.009 16
0.030	33.68	0.008 69	170.15	0.043 9	35.27	0.009 10
0.040	34.03	0.008 78	160.46	0.041 4	35.62	0.009 19
0.050	34.57	0.008 92	138.76	0.035 8	35.89	0.009 26
0.060	35.08	0.009 05	112.79	0.029 1	36.01	0.009 29
0.080	36.12	0.009 32	74.03	0.019 1	36.39	0.009 39
0.10	36.74	0.009 48	56.20	0.014 5	36.74	0.009 48
0.15	37.29	0.009 62	40.70	0.010 5	37.05	0.009 56
0.20	37.71	0.009 73	37.95	0.009 79	37.33	0.009 63
0.30	37.44	0.009 66	36.36	0.009 38	37.09	0.009 57
0.40	37.44	0.009 66	35.97	0.009 28	36.98	0.009 54
0.50	37.44	0.009 66	35.85	0.009 25	37.09	0.009 57
1.0	37.40	0.009 65	35.74	0.009 22	37.05	0.009 56

5.2 射线的辐射生物效应

5.2.1 概述

射线作用于物体时由于电离作用，将造成生物体的细胞、组织、器官等的损伤，引起病理反应，这称为辐射生物效应。射线对生物体的作用是一个极其复杂的过程，生物体从吸收射线能量开始到产生生物效应，要经历许多不同性质的变化，一般认为将经历四个阶段的变化，即物理变化阶段、物理—化学变化阶段、化学变化阶段和生物变化阶段。

1）物理变化阶段。持续约10^{-16}s，细胞被电离。

2）物理—化学变化阶段。持续约10^{-6}s，离子与水分子作用，形成新产物。

3）化学变化阶段。持续约几秒，反应产物与细胞分子作用，可能破坏复杂分子。

4）生物变化阶段。持续约几十分钟至几十年，上述化学变化可能破坏细胞或其功能。

辐射生物效应可以表现在受照者本身，也可以出现在受照者的后代。表现在受照者本身的称为躯体效应，出现在受照者后代时称为遗传效应。躯体效应按照显现的时间早晚又分为近期效应和远期效应。

根据辐射防护的观点，全部辐射生物效应可以分为随机效应和非随机效应两类。

随机效应是指效应的发生率不存在剂量阈值的效应，效应的严重程度也与剂量无关。对于正常的低剂量照射情况，从辐射防护的目的出发，常假定随机效应的发生率与剂量之间存在线性关系，即剂量越大随机效应的发生率越大。对随机效应进行定量描述的重要概念是危险度和权重因子。

危险度定义为：单位剂量当量在受照器官或组织诱发恶性疾患的死亡率，或出现严重遗传疾病的发生率。

权重因子定义为：各器官或组织的危险度与全身受到均匀照射的危险度之比，记为W。人体各器官和组织的危险度和权重因子见表5-3。

表5-3 器官和组织的危险度和权重因子

器官、组织	效应	危险度	W（权重因子）
生殖腺	二代重大遗传疾病	4×10^{-3}	0.25
乳腺	乳腺病	2.5×10^{-3}	0.15
红骨髓	白血病	2×10^{-3}	0.12
肺	肺病	2×10^{-3}	0.12
骨	骨病	5×10^{-4}	0.03
甲状腺	甲状腺病	5×10^{-4}	0.03
其他组织	癌	5×10^{-3}	0.30
全身	诱发癌病	1×10^{-2}	—
	一代遗传疾病	4×10^{-3}	—

非随机效应是指存在阈值的效应，这种生物效应只有当剂量超过一定值之后才能发生，效应的严重程度也与剂量的大小有关。因此，只要限制剂量当量就可以避免非随机效应的发

生。一些器官或组织的非随机效应的剂量阈值见表 5-4。

表 5-4　非随机效应的剂量阈值

器官、组织	效应	单次照射的剂量阈值/Gy	多次照射的剂量阈值/Gy
生殖腺	永久性不育	3	—
眼晶体	晶体混浊	0.5 ~ 2.0	>15
红骨髓	造血机能损伤	1.5	>20
皮肤	难以接受的变化	—	>20

5.2.2　辐射损伤

辐射损伤就是电离辐射产生的各种生物效应对人体造成的损伤。它可以来自人体之外的辐射照射，也可以产生于吸入体内的放射性物质的照射。辐射损伤过程主要有两种，即急性损伤和慢性损伤。

急性损伤是短时间内全身受到大剂量，如数戈瑞剂量的照射产生的辐射损伤。典型的急性损伤常表现为如下三个阶段：

1）前驱期：受照者出现恶心、呕吐等症状，约持续 1 ~2 天。

2）潜伏期：一切症状消失，可持续数日或数周。

3）发症期：表现出辐射损伤的各种症状，如呕吐、腹泻、出血、嗜睡以及毛发脱落等，严重者导致死亡。

急性损伤主要是中枢神经系统损伤、造血系统损伤及消化系统损伤，也可以造成性腺损伤、皮肤损伤等。由于急性损伤将造成严重后果，所以必须防止短时间大剂量的照射情况发生。急性损伤的主要效应特点见表 5-5。

表 5-5　急性损伤的主要效应

剂量/Gy	可能产生的效应
0 ~ 0.25	无可检出效应，可能无迟发效应
0.5	血象轻度暂时变化，可能有迟发效应
1	恶心、疲劳
2	受照后 24h 内出现恶心、呕吐，一周潜伏期后出现毛发脱落、厌食、虚弱等情况（如腹泻、喉炎）
4（半致死剂量）	受照几小时后出现恶心、呕吐、两周内可见毛发脱落、厌食、虚弱、体温增高，第三周出现紫斑、口腔和咽部感染，第四周出现苍白、腹泻、迅速消瘦，50% 个体可能死亡
≥6（致死剂量）	受照后 1 ~2h 出现恶心、腹泻，一周出现呕吐、体温升高、迅速消瘦，第二周出现死亡，死亡率可达 80% ~100%

慢性损伤是长时间受到超过允许水平的低剂量的照射，在受照后数年甚至数十年后出现的辐射生物效应。对慢性损伤目前尚难以判定辐射与损伤之间的因果关系。目前认为慢性损伤主要有白血病、癌症（皮肤癌、甲状腺癌、乳腺癌、肺癌和骨癌等）、再生不良性贫血、白内障及寿命缩短等。国际放射防护委员会的第 26 号出版物指出："寿命缩短效应，除了由于诱发肿瘤所造成的以外，缺乏确凿的证据，不能用于定量估计"。

除了上述两种情况外，实际上存在的另一种情况是慢性小剂量照射，即长时期受到低于最大容许剂量的照射。对于这种照射的辐射生物效应，过去是从高剂量、高剂量率的效应进行评估的，近年来的资料表明，低剂量、低剂量率引起的辐射生物效应低于从高剂量、高剂量率得出的结果。慢性小剂量照射产生的辐射损伤可能会诱发癌症。一种观点认为，由于机体对辐射损伤具有修复功能，因此当辐射损伤轻时，机体的修复作用将使辐射损伤的症状表现不出来。慢性小剂量照射情况对于人的影响的直接经验很少，尚需要进一步研究。

5.2.3 辐射损伤的相关因素

辐射损伤与许多因素相关，主要是辐射性质、剂量、剂量率、照射方式、照射部位和范围等。

（1）辐射性质　不同类型、不同能量的辐射传给受照机体的能量不同，使机体产生的电离不同，因而产生的生物效应也不同。品质因数也定量地说明了这点。

（2）剂量　从随机效应和非随机效应的发生情况可以看到，剂量与生物效应之间存在复杂的关系，但一般可以认为，吸收剂量越大，辐射生物效应发生的可能性越大。

（3）剂量率　在总剂量相等的情况下，可以认为剂量率越高，产生的辐射生物效应越严重。由于机体对辐射损伤具有修复功能，所以小剂量率的照射可能不会产生辐射损伤。

（4）照射方式　照射方式包括外照射、内照射，一次照射和多次照射，也包括多次照射的时间间隔等。外照射是来自机体之外的辐射照射，内照射是进入机体的放射性物质产生的辐射照射。照射方式不同，机体的吸收不同，产生的辐射生物效应也不同。射线检测人员主要为外照射产生的辐射生物效应。

（5）照射部位与范围　机体的不同部位对辐射的敏感程度不同，因此，在同样的辐射照射下产生的辐射生物效应可以不同。不同部位的敏感性从高向低的次序是腹部、盆腔、头部、胸部及四肢。在相同的剂量下，受照的范围越大，引起的辐射生物效应越强。

5.3 辐射防护标准

5.3.1 防护的基本原则

辐射防护的目的是防止发生有害的非随机效应，限制随机效应的发生率在被认为是可以接受的水平范围之内，从而尽量降低辐射可能造成的危害。为了实现上述的防护目的，在辐射防护中应遵循三项原则：正当化原则、最优化原则和限值化原则。

（1）正当化原则　正当化原则要求在任何包含电离辐射照射的实践中保证该实践对人群和环境产生的危害小于其给人群和环境带来的利益，即获得的利益必须超过付出的代价，否则不应进行这种实践。

（2）最优化原则　最优化原则要求避免一切不必要的照射。在符合正当化原则的前提下，任何伴随电离辐射照射的实践应保持在可以合理达到的最低水平照射。

（3）限值化原则　限值化原则要求在符合正当化原则和最优化原则下进行的实践中保证个人所接受的照射剂量当量不超过规定的相应限值。

辐射防护中所谓的“可以接受的水平”，是把放射性工作的危险度与其他被认为安全标准比较高的职业的危险度相比较提出的。任何职业都具有一定的危险度，国际上公认的比较安全行业的危险度是 10^{-4}。放射性工作全身均匀照射时，按照目前辐射防护标准中常规定的年剂量当量限值为 50mSv，其致癌的危险度为 1×10^{2}/Sv，从此可以得到放射性工作的职业危险度（发生癌症的几率）为 5×10^{-4}，这个危险度与许多行业（石油、化工、冶金等）的危险度是相近的。实际上接近剂量当量限值的人数是很少的，多数人接受的年剂量当量不超过 5mSv，这应是比较低的危险度。

按照上述原则，辐射防护标准关于剂量当量的限值规定如下：

1）对非随机效应：规定了不同器官或组织的最大容许剂量当量限值。

2）对随机效应：依据可以接受的水平，以危险度为基础，规定全身均匀照射时的年剂量当量限值和非均匀照射时各器官和组织容许的有效剂量当量限值。

有效剂量当量为器官或组织一年接受的剂量当量与该器官或组织的相对危险度权重因子之积。对整个人体在非均匀照射时，年有效剂量当量为

$$H_E = \sum W_T H_T \tag{5-4}$$

上述对随机效应非均匀照射的规定为

$$H_E \leqslant H_E \cdot L \tag{5-5}$$

式中　H_T——器官或组织 T 在一年中接受的剂量当量，单位为 Sv；

H_E——全身一年的有效剂量当量，单位为 Sv；

$H_E \cdot L$——全身均匀照射时的年剂量当量限值，单位为 Sv；

W_T——器官或组织 T 的相对危险度权重因子。

显然，这种规定意味着 $H_E \cdot L$ 仅是一个“可以接受的水平”的限值，并不是保证不发生辐照损伤的限值。因此，在实践中应遵循最优化原则，尽量降低受到的辐射照射。

5.3.2　我国辐射防护标准的有关规定

我国辐射防护的主要标准是 GB 18871—2002《电离辐射防护与辐射源安全基本标准》，针对射线检测人员，这项标准主要对剂量当量限值、特殊照射和应急照射三个方面作出了规定。

（1）剂量当量限值　放射性工作人员的年剂量当量，是指一年工作期间所受到照射的剂量当量与摄入的放射性元素所产生的累积剂量当量两者之和，但不包括天然本底照射和医疗照射。

表 5-6 列出了 GB 18871—2002 关于个人剂量当量限值的主要规定，其中的符号 H_E、H_T、W_T 的意义与上述相同，其他符号的意义如下：

I_j——放射性元素 j 的年摄入量，单位为 Bq/a；

ALI_j——放射性元素 j 的年摄入量限值，单位为 Bq/a。

某些放射性元素的年摄入量限值见表 5-7。

（2）特殊照射　对于正常工作的一些特殊情况，有时需要少数人员接受超过年剂量当量限值的照射，这种情况属于特殊照射。GB 18871—2002 对这种照射作了如下的规定：

1）这种照射事先必须经过周密的计划。

2）计划执行前必须经过单位领导及辐射防护负责人员的批准。

3）所接受的有效剂量当量在一次（照射）事件中不大于 100mSv，在一生中不大于 250mSv，并应符合非随机效应的规定。

表 5-6　GB 18871—2002 关于个人剂量当量限值的规定

<table>
<tr><th rowspan="2">效应</th><th rowspan="2">照射对象或方式</th><th colspan="2">年剂量当量限值/(mSv/a)</th><th rowspan="2">连续三个月的剂量当量限值（职业）/mSv</th></tr>
<tr><th>放射性职业人员</th><th>公众人员</th></tr>
<tr><td rowspan="2">非随机效应</td><td>眼晶体</td><td>150</td><td>15</td><td>75</td></tr>
<tr><td>其他单个器官或组织</td><td>500</td><td>50</td><td>250</td></tr>
<tr><td rowspan="3">随机效应</td><td>全身均匀外照射</td><td>50</td><td>5</td><td>25</td></tr>
<tr><td>全身非均匀外照射</td><td>$\sum H_T W_T \leqslant 50$</td><td>$\sum H_T W_T \leqslant 5$</td><td>$\sum H_T W_T \leqslant 25$</td></tr>
<tr><td>内外混合照射</td><td>$\frac{H_E}{50}+\frac{\sum I_j}{ALI_j}\leqslant 1$</td><td>—</td><td>$\frac{H_E}{50}+\frac{\sum I_j}{ALI_j}\leqslant 1$</td></tr>
</table>

表 5-7　放射性元素的年摄入量限值

放射性元素	ALI_j（食入）/Bq	单位活度的剂量当量/(Sv/Bq)
^{60}Co	1.9×10^{7}	2.7×10^{-9}
^{137}Cs	3.7×10^{6}	1.4×10^{-8}
^{192}Ir	3.5×10^{7}	1.4×10^{-9}

4）对接受这种照射的人员应进行医学观察，所接受的剂量当量及医学观察结果应详细记入健康档案。

5）孕妇、授乳妇及 16～18 岁的实习人员不能接受这种照射。

（3）应急照射　为了制止事故的扩大或进行抢救、抢修，有些工作人员需要接受超过正常剂量当量限值的照射，这种照射称为应急照射。对应急照射的剂量当量一般不应超过 250mSv，并应符合对非随机效应的规定。

5.4　辐射防护方法与监测

对于射线检测人员，主要应考虑的是外照射的辐射防护，通过防护控制外照射的剂量，使其保持在可以合理做到的最低水平，不能超过国家辐射防护标准规定的剂量当量限值。

5.4.1　外照射的基本防护方法

对外照射主要从照射时间、照射距离以及屏蔽三方面控制工作人员所受到的照射剂量。

（1）时间防护　显然，减少受到照射的时间可以减少接受的照射剂量。在照射率一定时，由于剂量 = 剂量率 × 时间，因此根据照射率的大小，可以确定容许的受照射时间。

（2）距离防护　将辐射源视为点源，则辐射场中某点的照射剂量、吸收剂量均与该点和源的距离的平方成反比（平方反比定律，它是射线在空间传播时的强度衰减规律），即

$$\frac{D_1}{D_2}=\frac{R_2^2}{R_1^2} \tag{5-6}$$

式中　R_1——源与辐照场中点 1 的距离，单位为 mm；

R_2——源与辐照场中点 2 的距离，单位为 mm；

D_1——辐射场中点 1 的剂量，单位为 Sv。

D_2——辐照场中点 2 的剂量，单位为 Sv。

显然，距离增大将更大地降低受到的照射剂量。另外，根据射线沿直线传播的性质，当射线的照射方向确定以后，可以往反方向躲避射线的照射。

（3）屏蔽防护　按照射线（在物质中）的衰减规律，如果在工作人员与源之间设置适当的屏蔽物体，则射线穿过屏蔽物体后，其强度将大大降低，必然减少产生的照射剂量。

X 射线和 γ 射线常用的屏蔽材料是铅和混凝土。图 5-1 和图 5-2 所示分别为宽束 X 射线在铅和混凝土中的衰减曲线。采用半价层概念可以近似地估计（这是因为每种材料中的各个半价层的厚度是不等的）所需要的屏蔽材料厚度。X 射线和 γ 射线的半价层厚度分别见表 5-8和表 5-9。

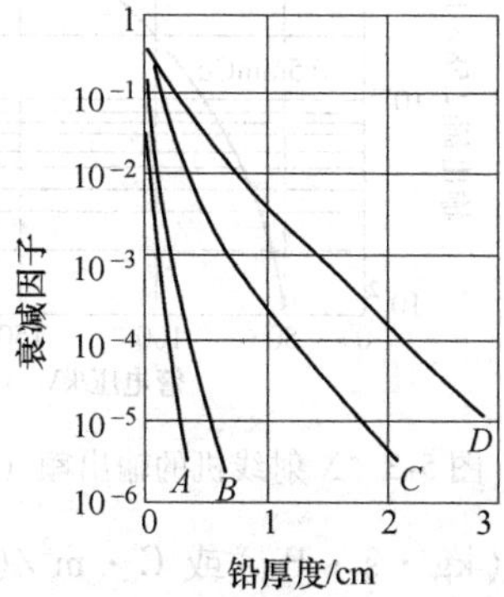

图 5-1　宽束 X 射线在铅中的衰减曲线
A—100kV　B—200kV　C—300kV　D—400kV

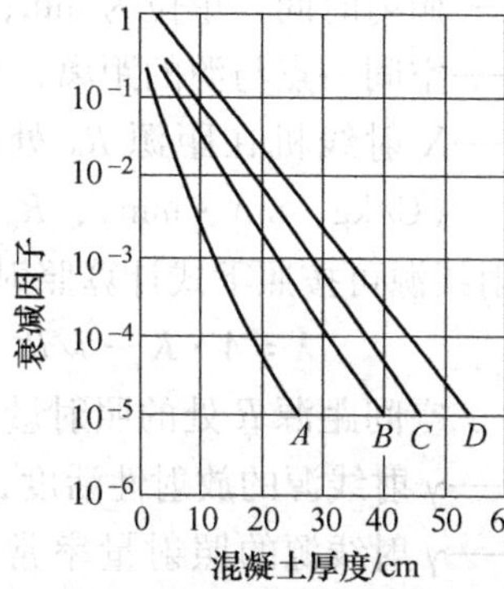

图 5-2　宽束 X 射线在混凝土中的衰减曲线
A—100kV　B—200kV　C—300kV　D—400kV

表 5-8　宽束 X 射线的近似半价层厚度　（单位：mm）

管电压/kV	铅	混凝土	管电压/kV	铅	混凝土
50	0.06	4.3	250	0.88	28.0
75	0.17	8.4	300	1.47	31.0
100	0.27	16.0	400	2.5	33.0
150	0.30	22.4	1MV	7.9	44.0
200	0.52	25.0	2MV	12.5	64.0

表 5-9　常用 γ 射线源的半价层厚度　（单位：cm）

γ 射线源	^{60}Co	^{137}Cs	^{192}Ir
铅	1.2	0.65	0.6
混凝土	6.2	4.8	4.1
铀	0.7	0.3	0.4

5.4.2　辐射防护计算

辐射防护计算是一个比较复杂的问题，下面只介绍一些简单的辐射防护计算。

（1）照射量　在进行辐射防护计算时，首先应有辐射源的输出数据，或者说源的照射量数据。对于 X 射线机，常称距源 1m 处 1mA · min 产生的照射量为 X 射线机的输出额。对于 γ 射线机，则按它的照射率常数、源的放射性活度计算照射量。

X 射线机的输出额与 X 射线机的类型、靶的材料、管电压、管电流、管电压波形及过滤等都有关，不同的 X 射线机即使工作在同样的管电压和管电流下，其输出额也可以相差很大。图 5-3 所示为某 X 射线机的输出额曲线。根据输出额可以计算 X 射线机在空间某一点的照射量，即

$$X = X_0 it\ (R_0/R)^2 \tag{5-7}$$

式中　X——空间距源 R 处的照射量，单位为 C/kg；

i——管电流，单位为 mA；

t——照射时间，单位为 min；

R——空间一点与源的距离，单位为 m；

X_0——X 射线机在距源 R_0 处的输出额，单位为（C/kg · mA · min），R_0 常为 1m。

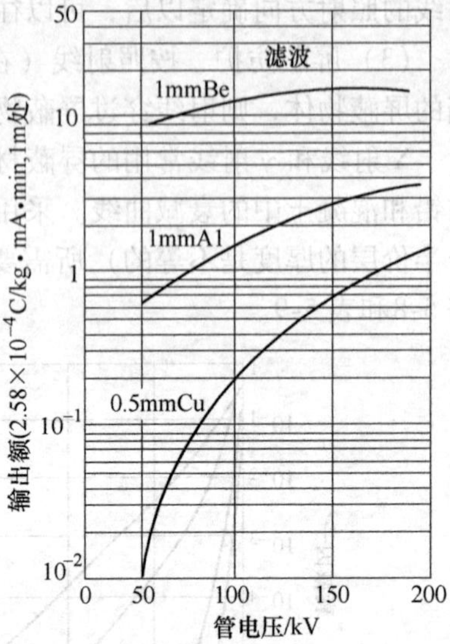

图 5-3　X 射线机的输出额（恒电位）

对 γ 射线源可按照下式计算照射量，即

$$X = A \cdot K_\gamma \cdot t/R^2 \tag{5-8}$$

式中　X——空间距源 R 处的照射量，单位为 C/kg；

A——γ 射线源的放射性活度，单位为 Bq；

K_γ——γ 射线源的照射量率常数，单位为 $C \cdot m^2/(kg \cdot s \cdot Bq)$ 或 $C \cdot m^2/(kg \cdot h \cdot Bq)$；

t——照射时间，单位为 s 或 h；

R——空间某点与源的距离，单位为 m。

照射量率常数表示源的放射性活度为 1Bq 时，距源 1m 处在 1s（或 1h）产生的照射量，它是 γ 射线源本身的特性。表 5-10 列出了常用 γ 射线源的照射量率常数。

表 5-10　常用 γ 射线源的照射量率常数（K_γ）

γ 射线源	$K_\gamma/[\times 10^{-19}, C \cdot m^2/(kg \cdot s \cdot Bq)]$	$K_\gamma/(R \cdot m^2/h \cdot Ci)$
^{60}Co	25.2	1.32
^{137}Cs	6.2	0.32
^{192}Ir	9.3	0.472
^{170}Tm	2.7×10^{-2}	0.001 4
^{169}Yb	2.4	0.125
^{75}Se	0.39	0.20

根据图 5-3 或类似的曲线及表 5-10 的数据，可以得到 X 射线机或 γ 射线源的辐照场中的照射量，在实际进行辐射防护设计时，一般采用实测的数据。

（2）时间防护计算

例 5-1　辐照场中某点的剂量当量率为 50×10^6Sv/h，按照 GB 18871—2002 标准的规定，工作人员一周可工作多少小时？

解　根据 GB 18871—2002 标准的规定，为了限制随机效应的发生率，年剂量当量限值为 50mSv，每年按照 50 周计算工作时间，则每周的剂量当量限值是 1mSv。

记 H_w——周剂量当量限值，$H_w = 1$mSv

N——每周工作的小时数。

$$\dot{H}=50\times10^{6}\text{Sv/h}$$

则 $N=H_w/\dot{H}=[1\times10^{-3}/(50\times10^{6})]\text{h}=20\text{h}$

例 5-2　工作人员每周工作时间为 24h，按照 GB 18871—2002 标准的规定，工作人员所在处辐照场的最大剂量当量率不能超过多少？

解　根据标准 GB 18871—2002 可知，周剂量当量限值 $H_w=1\text{mSv}$，每周工作的小时数 $N=24\text{h}$，则

$$\dot{H}=H_w/N=1\times10^{-3}\text{Sv/24h}=41.7\times10^{6}\text{Sv/h}$$

（3）距离防护计算

例 5-3　辐照场中距源 2m 处的剂量当量率是 $90\times10^{6}\text{Sv/h}$，若工作人员每周工作 25h，按照 GB 18871—2002 标准的规定，工作人员与源的最小距离应为多少米？

解　与前述两例题一样，可求得工作人员所在处辐照场的剂量当量率，即

$$\dot{H}=H_w/N=1\times10^{-3}\text{Sv/25h}=40\times10^{6}\text{Sv/h}$$

由题意可知，$\dot{H}_0=90\times10^{6}\text{Sv/h}$，$R_0=2\text{m}$，根据距离平方反比定律 $\dot{H}_0/\dot{H}=R^2/R_0^2$，可计算工作人员与源的最小距离，即

$$R=R_0(\dot{H}_0/\dot{H})^{1/2}=2\text{m}\times(90/40)^{1/2}=3\text{m}$$

例 5-4　辐照场中距源 2m 处的剂量当量率是 $180\times10^{6}\text{Sv/h}$，若工作人员在距源 3m 处工作，按照 GB 18871—2002 标准的规定，工作人员每周工作时间应不超过多少小时？

解　由题意可知，$\dot{H}_0=180\times10^{6}\text{Sv/h}$，$R_0=2\text{m}$，$R=3\text{m}$，$H_w=1\text{mSv}$，则根据距离平方反比定律 $\dot{H}_0/\dot{H}=R^2/R_0^2$，可得

$$\dot{H}=\dot{H}_0R_0^2/R^2=180\times10^{6}\text{Sv/h}\times4/9=80\times10^{6}\text{Sv/h}$$

若设工作人员每周工作时间应不超过 N，则有

$$N=H_w/\dot{H}=1\times10^{-3}\text{Sv/}(80\times10^{6})\ \text{Sv/h}=12.5\text{h}$$

（4）屏蔽防护计算　屏蔽防护计算较复杂一些，它既包含有时间防护计算，又包含有距离防护计算，同时还要用到射线强度的衰减规律、输出额及半价层的概念等。在进行屏蔽防护计算时，总体思路是，首先要把没有屏蔽层处射线的剂量（率）算出，其次是根据国家标准限值找到防护后的射线剂量（率），然后按照射线的衰减规律算出半价层的个数，最后用半价层的个数乘以半价层值就是所需的防护厚度值。

例 5-5　一台最高管电压为 250kV 的 X 射线机在 1m 处 1mA · min 产生的剂量是 0.02Sv，工作人员使用该机每周工作 5 天，每天开机工作时间是 4h，使用的管电流是 5mA，工作点距 X 射线机为 4m，按照 GB 18871—2002 标准的规定，求防护一次射线的混凝土墙所需的厚度。

解　由题意可知，H_0（输出额）= 0.02Sv；W（工作人员每周的工作负荷）$=5\times4\times60\times5\text{mA}\cdot\text{min}=6\,000\text{mA}\cdot\text{min}$；$H_w=1\text{mSv}$（根据 GB 18871—2002 得到的周剂量当量限值）；

$R=4\text{m}$；$T_h=28\text{mm}$（混凝土对 250kV 的 X 射线的半价层厚度，可由表 5-8 查得）。

设无防护时，在 4m 处工作人员每周接受的剂量当量为 H，则

$$H=H_0\cdot W/R^2=[0.02\times 6\,000/(4\times 4)]\text{Sv}=7.5\text{Sv}$$

设 n 为半价层的个数，则

$$H/H_w=2^n$$

所以

$$n=\lg(H/H_w)/\lg 2=\lg(7.5/0.001)/\lg 2=12.87$$

设所需的混凝土防护墙厚度为 T，则有

$$T=nT_{1/2}=12.87\times 28\text{mm}=360.4\text{mm}$$

若考虑 2 倍的安全系数，则应再加一个半价层厚度（因为射线穿透一个半价层的厚度时，其强度就衰减到原来的一半），即

$$T=360.4\text{mm}+T_{1/2}=360.4\text{mm}+28\text{mm}=388.4\text{mm}$$

例 5-6 ^{60}Co 源，其放射性活度为 1.85×10^{11}Bq，在 1m 处产生的剂量率是 3.25×10^{-13} Sv/h · Bq，工作人员在距源 6m 处工作，每周工作 20h，按 GB 18871—2002 标准的规定，求铅屏蔽层的厚度是多少？

解 由题意可知，$A=1.85\times10^{11}$Bq；K(输出额) $=3.25\times10^{-13}$Sv/h · Bq；$t=20$h；$R=6$m；$H_w=1$mSv（根据 GB 18871—2002 得到的周剂量当量限值）；由表 5-9 查得^{60}Co 源对铅的半价层厚度为 $T_{1/2}=1.2$cm。

设无防护时，在 6m 处工作人员每周接受的剂量当量为 H，则

$$H=A\cdot K\cdot t/R^2=(1.85\times10^{11}\times3.25\times10^{-13}\times20/6\times6)\text{Sv}=3.34\times10^{-2}\text{Sv}$$

设 n 为半价层的个数，则

$$H/H_w=2^n$$

$$n=\lg(H/H_w)/\lg 2=\lg(3.34\times10^{-2}/1\times10^{-3})/\lg 2=5.18$$

设铅屏蔽层的厚度为 T，则有

$$T=nT_{1/2}=5.18\times1.2\text{cm}=6.2\text{cm}$$

5.4.3 辐射防护监测

为了有效地进行辐射防护，防止事故的发生，并积累资料以及科学地进行辐射防护的评估与管理，必须进行辐射防护监测。辐射防护监测包括个人监测、场所监测、环境监测及排出物监测。

个人监测主要是测量被照射的个人所接受的剂量，通过这种测量积累工作人员接受剂量的数据，避免工作人员受到超过剂量的照射，同时也有助于分析超剂量的原因，为治疗和研究辐射损伤提供数据。

场所监测和环境监测主要是测定工作场所和周围环境的辐射水平，从而可以预测工作人员和公众人员可能受到的辐射程度，也可以为各种辐射防护设计提供准确的数据，并以此采取正确的防护措施，确保工作人员和公众人员的安全。

排出物监测是对具有放射性的工作单位的排放物进行监测，测量其排出物中可能含有的放射性元素的活度与总量，避免其对环境造成污染，对公众和社会造成危害。

对日常射线检测工作来说，主要是进行个人剂量监测和场所辐射水平监测。

辐射防护监测的原理是利用电离辐射的各种物理或化学效应。例如，射线穿过气体时的电离效应，射线与物质相互作用时产生的热效应等。具体监测应针对具体情况选用剂量仪器。在选用剂量仪器时主要考虑的因素是仪器的灵敏度、量程、能量响应、响应时间及抗干扰能力等。不同的剂量仪器适用于不同能量、不同照射量辐射的测量。目前已有适用于个人和场所监测的多种剂量仪器。

5.4.4　射线剂量检测方法及仪器

常用的射线剂量检测方法大多是利用射线的电离作用。此外，利用荧光现象和感光作用等也可以进行射线剂量测量。

（1）电离室型射线检测器　利用射线的电离作用进行射线剂量和剂量率的检测，在射线检测中应用最广泛。利用电离室来检测射线剂量和剂量率的装置有很多类型，统称为电离室型射线检测器。

电离室是一个密封的容器，其中充有稀薄的气体。电离室中装有两个电极，它们与电器测量元件相连接，电器测量元件可以定量测量两电极之间的电流或电压。

X 射线、γ 射线能从物质原子中击出电子，使原子电离。在电离室稀薄气体中，电离作用击出的电子以自由电子的状态存在，失去电子的原子则以正离子的状态存在。电离作用的强弱，即产生正离子和自由电子的多少，取决于射线剂量的大小。在一定条件下，它们有着量的对应关系。如果在电离室的两极间加上一定的电位差，电子和正离子将分别向正极和负极移动，形成电离电流。通过电器测量元件和指示仪表测量出电流，从而得到所测量的射线剂量率。电离室型射线检测器原理如图 5-4 所示。

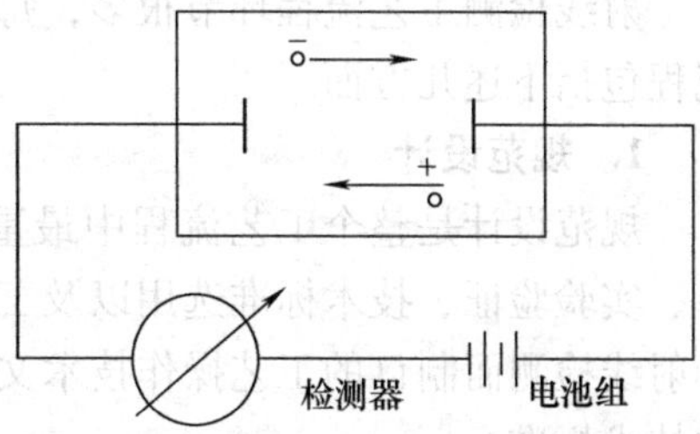

图 5-4　电离室型射线检测器原理

此外，利用电离室的两极在发生电离时收集到电荷，因而在两极之间产生脉冲式的电压降，也可以进行射线剂量测量。这种脉冲探测式射线剂量检测器应用得很广泛。利用电离室和脉冲探测器可以制成脉冲电离室、正比计数器及盖革计数器等类型的仪器，广泛用于不同大小射线剂量和不同粒子射线剂量的检测。利用电离作用和静电放电现象，可做成笔式个人射线剂量器。

（2）胶片监督和其他测量方法　利用射线对胶片的感光作用，可以用来监测个人所受到的射线照射累积剂量。胶片装在嵌有滤光板的暗袋内。工作人员在有射线辐射的环境中若干时间后，将胶片取出按标准方法进行暗室处理。由底片的黑度和胶片的感光特性曲线而求得该工作人员接受的射线照射剂量。胶片的发放、处理、剂量检定和管理，最好由专门机关执行。这种方法适用于全身照射的个人累积剂量的监督，可以较好地测出工作人员实际接受的射线剂量。但是，当发现超过安全剂量时，工作人员已受到了射线辐射的伤害，这是这种方法的缺点。

除此之外，利用荧光现象，通过光电倍增器放大，可以制成闪烁计数器。利用射线的光化学作用，也能进行射线剂量检测，但应用得很少。

第6章 射线照相法及检测工艺

6.1 概述

射线检测工艺是指为达到预期的检测目的，对检测活动的方法、程序、技术参数和技术措施等作出的书面规定，或称书面文件，包括通用工艺和专用工艺。由于不同企业的检测对象、检测环境、设备能力以及操作人员的素质等因素不同，对于相同的检测对象，不同的企业编制的检测工艺可能不同。虽然如此，编制检测工艺必须遵循一定的原则，即按现行射线检测标准编制，适用于本单位检测对象，满足相关的法规和标准的要求；技术上的先进和经济上的合理。

射线检测工艺流程环节很多，每一步都会影响检测结果，故需要认真控制，照相法工艺流程包括下述几方面。

1. 规范设计

规范设计是整个工艺流程中最重要的一步。内容包括检测方案的确定、工艺参数的选择、实验验证、技术标准选用以及工艺卡片的编制等。射线检测规范是针对某一具体产品进行射线检测而制订的工艺操作技术文件（或称作业指导书），它实际上是一种小范围内实施的技术标准。

（1）规范设计的基本要求

1）科学性。射线检测规范是依据射线检测理论和有关技术标准设计制订的，经过计算法或作图法确定规范参数。设计所用的各种参数曲线必须是近期内经过校验的实用曲线。规范所规定的各种条件（如显、定影液配方，显、定影时间及增感屏种类等）必须符合技术说明书或有理论依据。设计的规范必须经过实验验证，射线照相底片质量符合有关标准要求时才能颁布实施，只有这样才能保证检测的质量。

2）权威性。担任规范设计的人员应当具有扎实的射线检测基础理论知识和丰富的实践经验，在技术上有一定的权威。规范设计完毕，应当经过严格的审核，并经检验和设计部门的会签，最后由主管领导批准，在行政上也具有一定的权威性，一旦颁布必须严格执行。

3）严肃性。这里所说的严肃性包括两层含义，首先是对规范设计者而言，参数的选择、规程的制订必须认真进行，一旦确定不允许随意更改。其次是对操作者而言，规范是标准、是法规，必须坚决执行，操作者无权更改参数或规程。

（2）规范设计的基本原则 规范设计原则是指在规范的设计和执行过程中会产生一些具体的问题，处理这些问题必须遵循的某些具有普遍指导意义的原则。

1）质量统一原则。规范设计面临三个要素：质量、效率、效益。考核质量的主要指标是像质计灵敏度和底片黑度，这是一个综合要素，受曝光参数（焦距、电压、电流和时间）、暗室条件（显、定影液的配方、时间和温度等）、设备器材（射线源尺寸、胶片类型和增感屏等）以及工艺方法等因素的制约。在规定的黑度范围内，质量的考核指标应小于标准规定值。效率主要体现在单位时间里完成检测的产品数量，除去操作熟练等人为因素外，取决于辐射场面积（受焦距影响）、曝光时间和自动化程度。效率的考核指标是完成单件产品所需要的平均时间。效益是指经济效益，即完成单件产品所花的费用（包括设备折旧、器材损耗和水电等）。以上三个因素有密切的内在联系，但常被人们忽视，三个因素的主次也容易混淆。质量统一原则表明，质量是规范设计的核心，如果放弃质量，再高的效率和效益指标都是一种假象。只有在保证质量的前提下，才有可能求得高效率和高效益，可见效率和效益统一在质量之中。规范的优劣可用质量效益系数 α 表示，即

$$\alpha = \frac{1}{ktp} \tag{6-1}$$

式中　k——标准规定的像质计相对灵敏度（%）；

t——完成单件产品所需的平均时间，单位为 min；

p——完成单件产品所需的费用，单位为元。

显然，在式（6-1）中，灵敏度 k 只要等于标准规定值即可，可以看做常数；t 是效率，为便于考核，将它定义为完成单件产品所需的时间，而不是单位时间完成产品的数量，t 可表示为

$$t = t_1 + t_2 + t_3 \tag{6-2}$$

式中　t_1——曝光时间，单位为 min；

t_2——工艺辅助时间，单位为 min；

t_3——暗室操作时间，单位为 min。

在式（6-2）中，t_1 和 t_3 确定之后，其伸缩性很小，但 t_2 的伸缩性很大，特别是多个零件一次透照时，零件的摆放位置和射线入射方向较难严格控制。为了控制和缩短 t_2，必须设计夹具使零件位置和射线入射方向固定，排除人为操作因素，使透照效率提高。时间 t 中不包括评片时间，因为它只考核规范设计。p 是完成单件产品所需的费用，p 可表示为

$$p = p_1 + p_2 \tag{6-3}$$

式中　p_1——水电消耗费用，单位为元；

p_2——器材消耗费用，单位为元。

2）对立辩证原则。在射线检测规范中，常会出现效果相互对立的参数，最显著的一对参数是焦距和管电压，为了减小几何不清晰度、扩大透照范围以提高效率，常使用长焦距。但是长焦距降低了落在工件表面上的射线强度，为此又需增加曝光时间或管电压。显然，曝光时间的增加事实上抵消了效率的提高；如果增加管电压，则又会降低对比度和灵敏度。在这种情况下，需要抓住主要因素，辩证地分析具体情况，从而做出恰当的处理，使对立的因素得到统一的解决。

3）螺旋上升原则。这是一个规范成熟发展的动态变化原则。规范制订之后，不应该是一成不变的，应当完成制订—执行（相对稳定一个阶段）—修订（规范质量得到提高）—再执行（再稳定一个阶段）—……过程。如此反复，实现螺旋上升，逐步提高规范质量。执行过程也就是对规范考验的过程，经受实践检验的过程。在执行中，任何人（包括规范制订人）无权随意更改规范，不是十分重大的技术问题，一般应当在下次修订时更改。若外界条件的改变、产品结构的变化需要更改规范时，必须履行一定的审批手续，只有这样才能一步一步地提高规范的科学性，这是必须严格遵守的原则。

(3) 规范设计的基本程序

1）资料准备。规范设计前应研究和分析有关资料，包括设计部门提供的检测项目和图号清单，弄清每个图号的检测要求以及零件的材质、厚度、形状和检测部位等基本情况；有关的技术标准和说明书；与所用的设备和器材有关的曝光曲线、胶片特性曲线等。

2）理论设计。这是规范设计的核心步骤，应完成的工作有确定所用设备和器材；计算几何不清晰度、最小焦距、入射角、环形工件的有效长度和透照次数；确定透照方法和工艺参数；设计必要的工夹具。

3）实验验证。根据理论设计结果，进行实验验证，必须达到的目的包括灵敏度和底片黑度能否达到标准要求，工夹具的使用是否方便、合理，质量效益系数是否达到较大值。

4）文件编写。在实验验证的基础上，对理论设计数据进行修改定稿，编写正式文件，即射线检测工艺规范，文件定稿后必须经有关部门审批方可实施。

5）工艺实践。规范在实施过程中应严格按规定参数操作，并注意分析和研究实践中所产生的技术问题。对发生的问题应及时处理，实践证明确有必要修改某些参数时，必须履行正常审批手续，并签发临时技术文件。

6）效果评定。规范的实际效果可以从底片质量和灵敏度直接看出。

7）规范修订。即使是一个较好的规范也不能长期不变，在使用一定时间之后，必须根据具体情况进行修订，修订不是重新设计，而是对某些因客观条件的变化而必须修改的参数进行修订，修订后的规范在实施之前同样需要一定的审批手续。

(4) 规范设计的基本内容

1）适用范围。

2）透照工件的材质、外形尺寸和检测部位。

3）射线源的选择。

4）胶片的选择。

5）透照技术。

① 照相方法示意图。要确定射线源、工件、胶片的相对位置以及射线入射方向。管状工件应指出透照方式（单壁单投影、双壁单投影及双壁双投影等）、有效长度或透照次数。

② 焦距。焦距选择必须满足几何不清晰度的要求，同时考虑管电压不可选得过高。

③ 管电压和曝光量。根据曝光曲线选定。

④ 增感方式和增感屏（种类、屏厚）。

⑤ 像质计种类及摆放位置。

⑥ 补偿方式。

⑦ 夹具。

6）暗室处理。

7）检测质量要求。像质计灵敏度和底片黑度。

2. 夹具设计与制造

在实际操作中，为了保证胶片与被照部位紧密接触，保证射线入射角度符合规范要求，常需要将工件用夹具支承。图 6-1 所示为焊接试管焊缝检测，因为直径较小不易安放胶片，所以需用胶片夹具。这是一个带把的圆柱体，其直径略小于管子的内径，柱体外包有一层铅皮，透照时将胶片固定在柱体上，然后伸入管内焊缝位置进行透照。实际使用中，要根据工件的形状、透照部位和射线入射方向设计出不同用途的夹具。夹具在用于生产前应进行试验，检验其实际效果，符合要求才能在生产中采用。

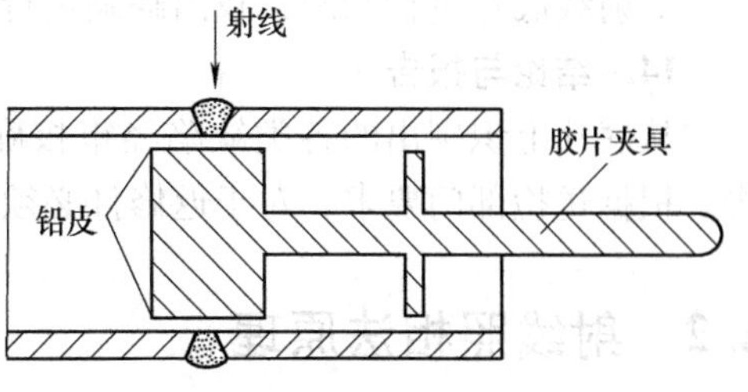

图 6-1　焊接试管焊缝检测

3. 胶片裁切与包装

胶片应根据透照部位的尺寸合理裁切，并用黑纸包裹或放入暗盒（袋）内。

4. 工件准备

透照工件表面应清除油污、夹砂和飞边等可能造成伪缺陷的杂物，对表面无特殊要求。分段或分区透照的工件应用记号笔划分透照区域并编号。

5. 工件安放

射线源、工件和胶片的安放位置应符合工艺卡片要求，特别是焦距和入射角度应严格控制。除放大法照相外，胶片应紧贴工件。工件上应按规定放置号码、标记及像质计，非透照部位应用铅板遮挡。

6. 曝光

曝光条件应符合规范要求，并严格按照机器的操作规程进行操作。

7. 显影

胶片经过射线的照射，形成了反映物体内部状况的潜影，潜影由已经感光的溴化银晶粒组成。显影作用是将溴化银还原成可见的金属银，从而使潜影成为影像。显影过程要严格控制显影时间与温度，显影液配方要与胶片的种类相适应。

8. 停影

按规定时间显影后，胶片应立即从显影液中取出，但是由于感光乳剂上仍沾留少量显影液，故其显影作用继续发生。为迅速中止显影作用，必须把胶片放到停影液中，使显影作用立即被制止。

9. 定影

在显影过程中，未感光的溴化银仍具有感光作用，因此必须把它除去，定影过程就是溶解掉这部分溴化银的过程。

10. 水洗

定影后必须及时水洗，否则在胶片上会产生一层白霜似的结晶，这是感光物质化学反应的产物。这些生成物如不通过水洗清除，它们与金属银化合产生黄色或棕色的硫化银，结果使底片慢慢变黄。

11. 干燥

干燥前用柔软的海绵把乳剂表面清洗干净，同时抹去留在底片表面上的水滴，不致于干燥后底片上形成水迹。

12. 底片质量检查

底片质量是整个检测过程成功与否的集中体现，通常是对底片合格性与否的检查。只有合格的底片才允许进行评定。如果底片质量不符合规定要求，则应检查整个检测过程，直至检测规范的审核。

13. 缺陷处理

对射线底片进行判断，找出缺陷进行定性、定量、定位、定级分析。

14. 结论与报告

从底片上识别出的各类缺陷经审核确认后，要按照有关标准或文件作出结论，签发报告。根据送检部门要求，对于返修件必须在工件上标注出缺陷的准确位置。

6.2 射线照相法原理

射线照相法是以胶片作为记录射线透过被检工件（或材料）后射线强度变化信息的器材的一种射线检测方法。本章讨论的射线是指 X 射线或 γ 射线。

射线在穿透物体过程中会与物质发生相互作用，因吸收和散射而使其强度减弱。强度衰减程度取决于物质的衰减系数和射线在物质中穿越的厚度。如果被透照物体（试件）的局部存在缺陷，且构成缺陷的物质的衰减系数又不同于试件，该局部区域的透过射线强度就会与其周围区域产生差异。把胶片放在适当位置使其在透过射线的作用下感光，经暗室处理后得到底片。底片上各点的黑化程度取决于射线照射量（射线强度 × 照射时间），由于缺陷部位和完好部位透射射线强度不同，底片上相应部位就会出现黑度差异。将底片上相邻区域的黑度差称为对比度。把底片放在观片灯光屏上借助透过光线观察，可以看到存在黑度差异的不同形状的影像，评片人员据此判断缺陷情况并评价试件质量。

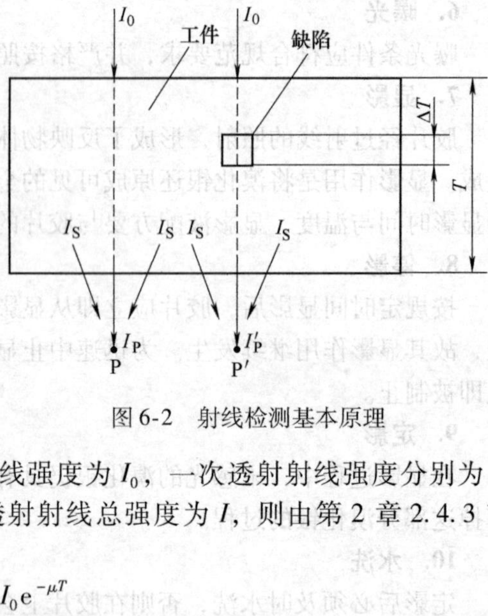

图 6-2 射线检测基本原理

对缺陷引起的射线强度变化情况可作定量分析。如图 6-2 所示，在试件内部有一小缺陷，试件厚度为 T，线衰减系数为 μ；缺陷在射线透过方向的尺寸为 ΔT，线衰减系数为 μ'；入射射线强度为 I_0，一次透射射线强度分别为 I_P（完好部位）和 I'_P（缺陷部位），散射比为 n，透射射线总强度为 I，则由第 2 章 2.4.3 节可知

$$I=(1+n)\ I_0 e^{-\mu T}$$

$$I_P=I_0 e^{-\mu T}$$

$$I'_P=I_0 e^{-\mu(T-\Delta T)-\mu'\Delta T}$$

$$\Delta I=I'_P-I_P=I_0 e^{-\mu T}\cdot\left[e^{(\mu-\mu')\Delta T}-1\right]$$

$$\frac{\Delta I}{I}=\frac{e^{(\mu-\mu')\Delta T}-1}{1+n}$$

而 $e^{(\mu-\mu')\Delta T}$ 可展开为级数

$$e^{(\mu-\mu')\Delta T}=1+(\mu-\mu')\Delta T+\frac{[(\mu-\mu')\Delta T]^2}{2!}+\cdots+\frac{[(\mu-\mu')\Delta T]^n}{n!}$$

近似取级数前两项代入

$$\frac{\Delta I}{I}=\frac{e^{(\mu-\mu')\Delta T}-1}{1+n}$$

得
$$\frac{\Delta I}{I}=\frac{(\mu-\mu')\Delta T}{1+n} \tag{6-4}$$

若缺陷介质的μ'值与μ相比极小，则μ'可以忽略不计（如μ为钢的衰减系数，而μ'为空气的衰减系数），式（6-4）可写为

$$\frac{\Delta I}{I}=\frac{\mu\Delta T}{1+n} \tag{6-5}$$

因为射线强度差异是底片产生对比度的根本原因，所以把$\Delta I/I$称为主因对比度。由式（6-4）可以看出，影响主因对比度的因素是透照厚度差、线衰减系数和散射比。

主因对比度在胶片产生影像后形成射线底片对比度ΔD，这时胶片的特性必然起作用，从4.1.4节可知，胶片上P点和P'点的黑度分别为D_1和D_2，若用$\overline{\gamma}$表示特性曲线D_1和D_2之间的平均反差系数，则

$$\overline{\gamma}=\tan\theta=\frac{D_1-D_2}{\lg E_1-\lg E_2}=\frac{D_1-D_2}{\lg I_P t-\lg I'_P t}$$

设$\Delta D=D_1-D_2$，ΔD即为射线底片对比度，上式可改写为

$$\Delta D=\overline{\gamma}\,(\lg I_P—\lg I'_P)$$

由于$\lg I_P-\lg I'_P=-0.434\mu\Delta T$，所以

$$\Delta D=-0.434\mu\,\overline{\gamma}\Delta T$$

若再考虑散射线I_S的影响，则必须用散射比进行修正。此时才是实际情况，则由$\Delta I/I$产生的底片对比度为

$$\Delta D=-0.434\mu\,\overline{\gamma}\Delta T/(1+n) \tag{6-6}$$

从式（6-6）可知，射线底片对比度是主因对比度、胶片对比度（即胶片梯度）和散射线的综合结果。

6.3　透照布置

6.3.1　透照布置概述

射线照相的基本透照布置如图6-3所示。透照布置的基本原则是使射线照相能更好、更有效地对缺陷进行检验，所以在具体进行透照布置时，主要应考虑下述几方面：

1）射线源、工件、胶片的相对位置。

2）射线中心束的方向。

3）有效透照区。

此外，还可以包括像质计、各种标记的使用等方面的内容。

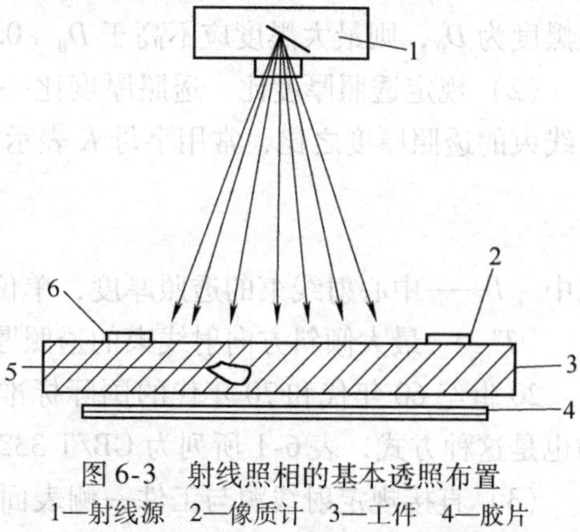

图 6-3　射线照相的基本透照布置
1—射线源　2—像质计　3—工件　4—胶片
5—缺陷　6—底片、零件编号及位置标记

6.3.2　射线源、工件、胶片的相对位置

常规射线照相检验时，射线源和胶片应分别置于工件的两侧，在具体布置时，应考虑的

是射线源和胶片应分别置于工件的哪一侧。有些情况下可以任意确定，一般情况下都应选择能够使缺陷更靠近胶片的方式进行布置。这种考虑的依据是通过减小缺陷与胶片的距离，减小几何不清晰度，从而提高缺陷影像的可识别性。另外，也应根据工件形状和探伤机的型号，以及透照方式的合理性来安排射线源和胶片的相对位置。而在进行透照布置时应尽量使胶片贴近工件表面。

6.3.3　有效透照区

确定有效透照区是正确进行透照布置的基础，它是透照布置的一个重要环节。

有效透照区主要是控制一次透照中透照厚度变化的范围，即在一次透照的有效透照范围内，在射线底片上形成的影像能满足下述的要求：

1）黑度处于规定的黑度范围。

2）射线照相灵敏度以及透照厚度比 K 值均符合规定的要求。

射线底片上只有符合这两项要求的区域，才能对工件的质量作出评定。

透照厚度是指透照时，一次射线穿过工件的路径长度。显然，在透照区内不同位置的透照厚度不同，图 6-4 清楚地说明了这一点。在一次透照范围内，如果不同点的透照厚度相差过大，将造成射线底片上不同点的黑度相差过大，这必然导致不同点影像质量明显不同，使得难以确定射线的照相灵敏度，同时也影响射线照射的角度以及垂直裂纹的检出率。因此，必须控制一次透照范围，也就是控制有效透照区。

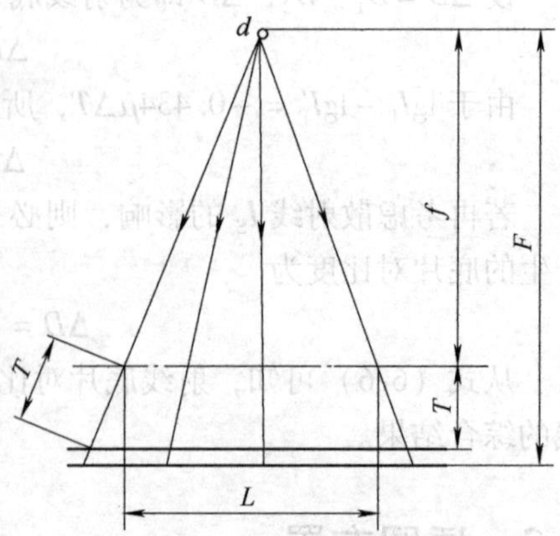

图 6-4　透照厚度

不同国家、不同标准对确定有效透照区的规定存在一些差异，主要的规定有如下三种。

（1）直接规定同一张射线底片的黑度　即规定同一张射线底片的黑度必须处于规定的黑度范围之内，超出的区域不能作为评定区，除非另外证明这些区域的射线照相灵敏度达到了规定的要求。例如，美国的一些标准规定，在一张 X 射线底片上，黑度应为 1.8 ~ 4.0；γ 射线底片上，黑度应为 2.0 ~ 4.0。若像质计所在处的黑度为 D_0，则最大黑度应不高于 $D_0 + 0.30\ D_0$，最小黑度应不低于 $D_0 - 0.15D_0$。

（2）规定透照厚度比　透照厚度比一般定义为最大倾斜方向射线束的透照厚度与中心射线束的透照厚度之比，常用字母 K 表示。如图 6-4 所示，K 可以表示为

$$K = \frac{T'}{T} \tag{6-7}$$

式中　T——中心射线束的透照厚度，单位为 mm；

T'——最大倾斜方向射线束的透照厚度，单位为 mm。

20 世纪 60 年代和 70 年代的国际标准采用这种方式，我国标准 GB/T 3323—2005 采用的也是这种方式，表 6-1 所列为 GB/T 3323—2005 关于透照厚度比的规定。

（3）直接规定射线源与工件一侧表面距离和有效透照区大小的关系　它采用直接规定上述两个值的比的方式规定有效透照区。例如，日本的工业标准规定如下（f、L 的意义如

图 6-4 所示）：

表 6-1　GB/T 3323—2005 关于透照厚度比的规定

焊缝类型	A、AB 级技术	B 级技术
环缝	$K \leqslant 1.1$	$K \leqslant 1.06$
纵缝	$K \leqslant 1.03$	$K \leqslant 1.01$

A 级技术　$f \geqslant 2L$

B 级技术　$f \geqslant 3L$

上述的后两种规定都含有控制射线照射角范围的意义，即控制照射角在一定的大小范围之内。

从上述这些确定有效透照区的具体规定可以看到，有效透照区的大小主要由射线源与工件表面之间的距离决定，即由焦距决定。

6.3.4　中心射线束方向

中心射线束在一般情况下应指向有效透照区的中心，这主要是为了使整个有效透照区的透照厚度变化较小，使射线的照射角较小，以提高整个透照范围内缺陷的检出率。对一些特殊的情况应根据具体情况考虑，如主要期望检测焊缝坡口未熔合，则应使中心射线束指向坡口角度方向。

6.3.5　像质计和标记的放置

像质计放置的位置应使得到的灵敏度能够代表整个有效透照区的灵敏度，因此其位置应选在有效透照区内灵敏度预计最差的部位，只要这个部位的灵敏度达到了规定的要求，则其他部分也就达到了要求。在具体放置时也应体现这种考虑，如对丝型像质计直径更小的丝应置于灵敏度可能较差的部位。

丝型像质计应放置在射线源一侧的工件表面上被检焊缝区的一端（被检区长度的 1/4 部位），钢丝应横跨焊缝方向垂直、细丝置于外侧。当射线源一侧无法放置像质计时，也可以放在胶片一侧的工件表面上，但应通过灵敏度对比试验或者至少应提高一个像质指数，使实际像质指数值达到规定的要求。

标记的布置主要是应保证它的影像能提供被检验的产品和工件的编号、检测的时间等有关数据，并且不干扰对缺陷影像的识别和评定。

相关标准具体地规定了像质计放置的要求，包括位置、数量等，也规定了标记系的构成、位置等。通常标记包括工件编号、部位编号、定位标记、搭接标记、透照部门、透照时间、焊工代号及透照人员等，它们给出了完整的评定质量和存档所需要的数据。

6.4　透照技术参数的选择对照相灵敏度的影响

6.4.1　射线源的选择

选择射线源的首要因素是射线源所发出的射线必须对被检的试件具有足够的穿透力。

对 X 射线来说，穿透力取决于管电压。管电压越高，则射线的线质越硬，在试件中的衰减系数越小，穿透厚度越大。表 6-2 所列为典型工业 X 射线探伤设备可透照的最大厚度。

表 6-2　典型工业 X 射线探伤设备可透照的最大厚度　（单位：mm）

X 射线能量	高灵敏度法可透照的最大厚度	低灵敏度法可透照的最大厚度
100kV	10	25
150kV	15	50
200kV	25	75
300kV	40	90
400kV	75	110
1MV	125	160
2MV	200	250
8MV	300	350
30MV	325	450

对 γ 射线来说，穿透力取决于放射源种类，表 6-3 给出了常用 γ 射线可透照的钢板厚度。由于放射性同位素发出的射线能量不可改变，而用高能量射线透照薄工件时会出现灵敏度下降的情况，因此表 6-3 中的透照厚度不仅规定了上限，而且规定了下限。

表 6-3　常用 γ 射线可透照的钢板厚度　（单位：mm）

源种类	高灵敏度法可透照的钢板厚度	低灵敏度法可透照的钢板厚度
^{192}Ir	20 ~ 80	6 ~ 100
^{137}Cs	30 ~ 100	20 ~ 120
^{60}Co	50 ~ 150	30 ~ 200

选择射线源时，还必须注意 X 射线和 γ 射线的照相灵敏度差异。以 ^{192}Ir 为例，$^{192}Ir\gamma$ 射线和 X 射线透照比值 $\mu\Delta T/(1+n)$ 与钢厚度的关系曲线如图 6-5 所示。

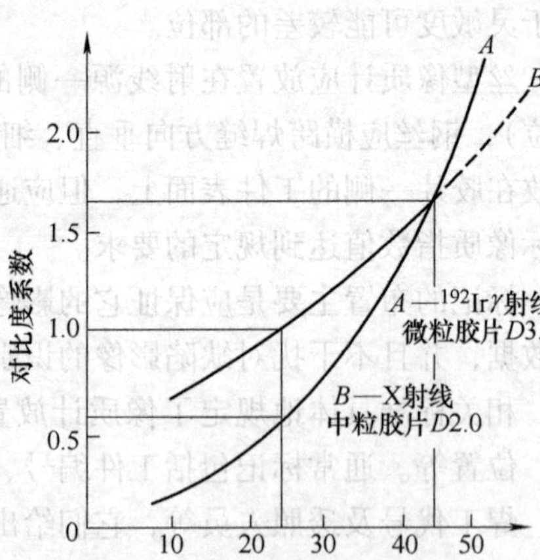

图 6-5　γ 射线和 X 射线透照不同钢厚度时所得相对对比度

由工艺基础理论得知，对比度 ΔD、不清晰度 U 和颗粒度是决定射线照相影像质量的三大基本参数，而对比度 ΔD 又正比于主因对比度 $\mu\Delta T/(1+n)$。从图 6-5 可见，对于 45mm 以下厚度的钢，用 ^{192}Ir 透照所得射线底片其对比度低于 X 射线底片，如在 25mm 处，前者的对比度要比后者低 40%。对比度自然影响到像质计（IQI）灵敏度。实验表明，对 25mm 厚度钢，用 $^{192}Ir\gamma$ 射线透照所得 IQI 灵敏度总不如 X 射线 + 中速胶片法所得的灵敏度高。但对 40mm 和 45mm 厚度钢，则两者 IQI 值大致相同。

另一方面，^{192}Ir 的固有不清晰度 U_i 值（0.17）比 400kV X 射线的还大，它分别是 100kV、150kV、200kV、250kV、300kV、350kV X 射线 U_i 值的 3.4 倍、2.4 倍、1.8 倍、

1.7 倍、1.4 倍、1.3 倍。此外，还有颗粒性问题，由于^{192}Ir 的有效能量较高，由此引起的胶片颗粒性（即胶片噪声）也会明显增大，从而干扰薄板射线照相中小缺陷的影像显示。

综合上述各个因素，可列举出一些选择射线源的原则：

1）对轻合金和低密度材料，目前尚无合适的 γ 射线源，这些材料适用的射线源主要还是 X 射线。

2）同样，要透照厚度小于 12mm 的钢铁或钢合金材料时，除非允许较低的探伤灵敏度，也应选用 X 射线。

3）如要作大量的射线照相，还是用 X 射线好，因为一般 X 射线照相的曝光时间较短。

4）对厚度大于 150mm 的钢铁材料，即使用最大的 γ 射线源，曝光时间也是很长的，如果工作批量大，宜用高能 X 射线。

5）对于厚度为 70 ~ 150mm 的钢铁材料，如果方法应用得当，用 X 射线和 γ 射线可得到相同的灵敏度。

6）对于厚度为 15 ~ 50mm 的铁素体材料，用 X 射线总可获得较高的灵敏度。

7）对于某些困难的现场透照工作，体积庞大的 X 射线机使用不方便可能成为主要问题。

8）只要与容器直径有关的焦距能满足一定的几何不清晰度要求，环形焊缝的透照应尽量选用圆锥靶周向 X 射线机作内透中心法垂直全周向曝光，以提高工效和影像质量。对直径较小的锅炉联箱管或其他管道环形焊缝，也可选用小焦点（0.5mm）的棒阳极 X 射线管作垂直全周向曝光。

9）选用平面靶周向 X 射线机对环形焊缝作内透中心法倾斜全周向曝光时，必须考虑射线倾斜角度对焊缝中纵向面状缺陷的检出影响。

6.4.2　X 射线能量的选择

X 射线机的管电压可以根据需要调节，因此用 X 射线对试件照相，射线能量有多种选择。选择 X 射线能量的首要条件应是具有足够的穿透力。

过高的射线能量对射线照相灵敏度有不利影响，随着管电压的升高，衰减系数 μ 减小，对比度 ΔD 降低，固有不清晰度 U_i 增大，底片颗粒度也将增大，其结果是射线照相灵敏度下降。因此，从灵敏度角度考虑，X 射线能量的选择的原则是：在保证能穿透的前提下，尽可能选择能量较低的 X 射线。

选择能量较低的射线可以获得较高的对比度，但较高的对比度却意味着较低的透照厚度和宽容度，很小的透照厚度差将产生很大的底片黑度差，使得底片黑度值超出允许范围；或是厚度大的部位底片黑度太小，或是厚度小的部位底片黑度太大。因此，在有透照厚度差的情况下，选择射线能量还必须考虑是否能够得到合适的透照厚度宽容度。

在底片黑度不变的前提下，提高管电压便可以缩短曝光时间，从而可以提高工作效率，但其代价是灵敏度降低。为了保证照相质量，有关标准对使用的最高管电压作出了限制，并要求有适当的曝光量。图 6-6 所示为一些材料最高透照电压与透照厚度的关系。

对于钢铁和铝合金，下面的确定透照电压的经验关系式适合于大多数检验要求，可在实际操作时予以参考。

$$U = A + BT \tag{6-8}$$

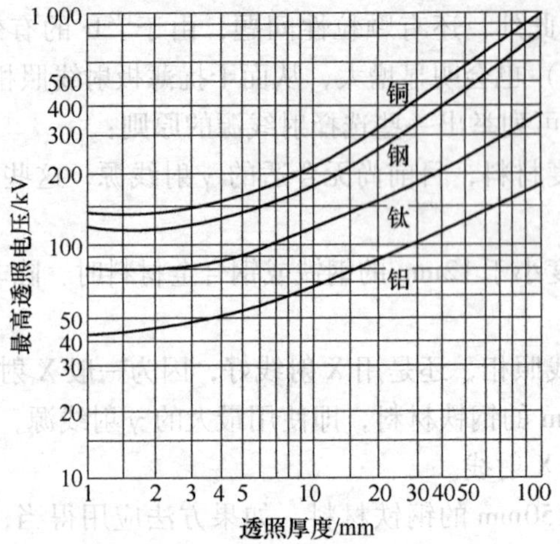

图 6-6　最高透照电压与透照厚度的关系

式中　U——X 射线的透照电压，单位为 kV；

T——物体的透照厚度，单位为 mm；

A、B——系数，其值见表 6-4。

表 6-4　系数 A、B 的值

材料	A		B	
	0.5mm < T < 5mm	5mm ≤ T < 50mm	0.5mm < T < 5mm	5mm ≤ T < 50mm
钢铁	40	80	10	5
铝合金	20	40	5	15

6.4.3　焦距的选择

焦距是射线照相的另一透照技术参数，确定焦距时应考虑：

1）所选取的焦距必须满足射线照相对几何不清晰度的规定。

2）所选取的焦距应给出射线强度比较均匀的适当大小的透照区。

前者限定了焦距的最小值，后者指导如何确定实际使用的焦距值。

最小焦距的确定方法有计算法、标准限值法和查图法三种。

（1）计算法　在讨论影像质量时曾给出几何不清晰度的计算公式

$$U_g = \frac{dT}{F - T}$$

从此式可以得到计算焦距最小值的公式

$$F_{min} = T(1 + d/U_g) \tag{6-9}$$

式中　F_{min}——焦距最小值，单位为 mm；

d——射线源焦点尺寸，单位为 mm；

T——物体的透照厚度，单位为 mm；

U_g——几何不清晰度，单位为 mm。

通过计算法来确定最小焦距时，通常取 U_g 等于或略大于 U_i 来计算。但是，U_i 的测量过程十分复杂，胶片的生产厂家给出的仅仅是一个参考值。所以，该方法并不常用。

（2）标准限值法　焦距直接关系到射线照相的几何不清晰度，并影响其他透照参数的确定，影响射线照相的影像质量，因此对射线照相灵敏度具有重要影响。从式（6-9）可知，在确定焦距时，应同时考虑物体的透照厚度、射线源的焦点尺寸以及限定的几何不清晰度。近年来，我国和国外的许多标准对钢铁材料焊缝射线照相关于焦距的选取，都直接规定了焦距的最小值与射线源焦点尺寸和透照厚度之间的关系，主要的规定如下：

A 级技术：$f/d \geqslant 7.5T^{2/3}$；AB 级技术：$f/d \geqslant 10T^{2/3}$；B 级技术：$f/d \geqslant 15T^{2/3}$。其中，f 为射线源与透照物体源侧表面的距离。这样，焦距最小值为

$$F_{\min}=f+T$$

这些规定可以转化为对几何不清晰的规定，即

A 级技术：$U_g \leqslant T^{1/3}/7.5$；AB 级技术：$U_g \leqslant T^{1/3}/10$；B 级技术：$U_g \leqslant T^{1/3}/15$。

可见，这些规定还是为了限定几何不清晰度，但是它对几何不清晰度的具体限定是随着透照厚度连续改变的，不是一个固定值，也不是按照透照厚度分段规定，这是明显的改进。

（3）查图法　在实际的射线照相检测工作中，确定焦距最小值常采用诺模图。诺模图是一种计算用的列线图，确定焦距最小值的三线诺模图是把计算焦距最小值的一些关系，利用梯形上底与下底之和等于 2 倍中线的几何关系，画出的三线计算图。用这个图可以直接查出给定条件下的焦距最小值。图 6-7 所示为 A 级、B 级技术的诺模图，用此图确定焦距最小值的方法如下：

1）在 d 线和 T 线上分别找到所使用射线源的焦点尺寸和透照厚度对应的点。

2）用直线（直尺）连接这两个点。

3）直线与 f 线相交点的对应值，就是应选用的射线源与透照物体源侧表面的最小距离 f 值。

例如，若焦点尺寸 d = 2mm，透照厚度 T = 15mm，则从图 6-7 得到（B 级）f = 182mm，对应的计算值是 182.5mm。

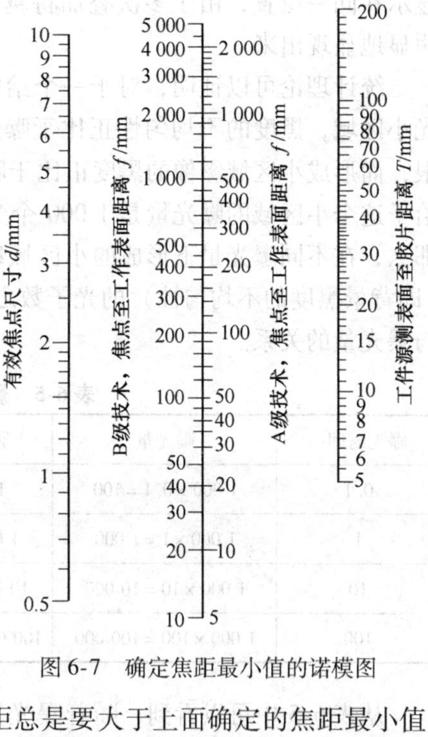

图 6-7　确定焦距最小值的诺模图

上面仅是从射线照相灵敏度要求的几何不清晰度确定的焦距最小值，在实际射线照相时还必须考虑有效透照区的大小，即选用的焦距必须给出射线强度均匀的适当大小的透照区。因此，实际选用的焦距总是要大于上面确定的焦距最小值。选用的焦距值也不能过大，否则将会大大增加曝光量，实际操作中是不可行的。一般情况下，$F_{实}$ 的值包括 600mm、650mm、700mm、750mm、800mm、850mm、900mm、950mm、1 000mm、1 050mm、1 100mm、1 150mm 及 1 200mm。

6.4.4　曝光量的选择和计算

1. 曝光量的选择

曝光量直接影响射线底片影像的黑度、对比度和颗粒度。影响射线底片影像可记录的细

节最小尺寸，即照相的灵敏度。

射线底片上的影像黑度是不均匀的，呈现颗粒状结构，这种不均匀性除了与胶片本身的特性有关外，还与射线照相的曝光量有关。

如果对射线底片上均匀曝光区的黑度用测微光度计沿某一方向进行扫描测量，将得到图 6-8a 所示的黑度分布图，可见黑度分布是不规则地起伏变化的。如果在测量的方向上存在一小的细节影像，其影像将如图 6-8b 所示，在黑度不均匀性较大的情况下，将难以确定是否存在这个影像。如果把曝光量加大到一定程度，将得到如图 6-8c 所示的细节影像。影像的这种变化可以理解为，当加大曝光量后，多幅具有较大黑度起伏的影像互相叠加，不规则的黑度起伏相互补充，降低了每个点间黑度的相对差，但细节影像的黑度固定显示在同一位置，由于多次叠加将越来越高，而明显地显现出来。

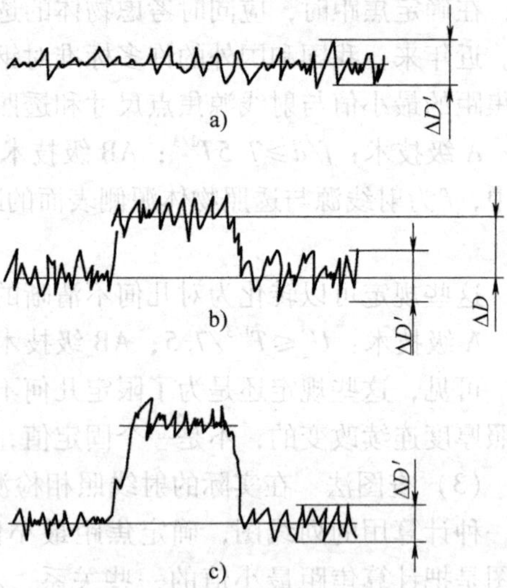

图 6-8　曝光量与影像的颗粒度及信噪比

统计理论可以证明，对于一个给定的均匀曝光小区域，黑度的不均匀性正比于曝光量的平方根，而形成小区域影像的黑度正比于曝光量。若以光子数 N 表示曝光量，设射线源每秒钟给予这个小区域的曝光量是 1 000 个光子，并假定这个小区域的影像由曝光量的 1% 形成，那么，在不同曝光量下形成的小区域影像的光子数（也就是其黑度）与形成背景不均匀性（即背景黑度的不均匀性）的光子数之比将明显变化。表 6-5 列出了该不均匀性（信噪比）与曝光量的关系。

表 6-5　影像的信噪比与曝光量的关系

曝光时间/s	曝光量	影像的曝光量	背景不均匀的曝光量	信噪比
0.1	1 000 × 0.1 = 100	100 × 1% = 1	$\sqrt{100}=10$	1/10
1	1 000 × 1 = 1 000	1 000 × 1% = 10	$\sqrt{1\ 000}=32$	~1/3
10	1 000 × 10 = 10 000	10 000 × 1% = 100	$\sqrt{10\ 000}=100$	1/1
100	1 000 × 100 = 100 000	100 000 × 1% = 1 000	$\sqrt{100\ 000}=316$	~3/1

从表 6-5 中可以看到，随着曝光量的增加，影像黑度与背景黑度不均匀性之比不断增大，这个比也就是图 6-8 中的 ΔD 与 $\Delta D'$之比，即通常所说的信噪比。研究指出，只有这个比大于 3 ~5 时才能从背景中识别出影像。可见，曝光量必须达到一定的大小，才能保证小的细节的影像的可检测性，即在射线照相中，曝光量应不低于某一最小值。例如，一些标准对 X 射线照相推荐了下面的曝光量值：

1）对于一般灵敏度技术，曝光量应不小于 15mA · min。

2）对于较高灵敏度技术，曝光量应不小于 20mA · min。

3）对于高灵敏度技术，曝光量应不小于 30mA · min。

2. 曝光量的计算

在计算曝光量时将涉及一些基本定律，主要是平方反比定律（它给出了射线强度随距离变化的规律，即射线强度在空间的衰减规律。而前面讲述的是射线强度在贯穿物质过程中的衰减规律）和互易律（它给出了射线强度与曝光时间在感光作用中的相互关系）。下面分别介绍，并作计算举例。

（1）平方反比定律、互易律与曝光因子　从 X 射线源或 γ 射线源辐射的射线是发散的，随着与源之间距离的增加，射线覆盖的面积逐渐加大，射线强度不断减小，它们之间存在平方反比的关系，即空间某一点的射线强度和这点与射线源的距离的平方成反比关系，这个关系即是平方反比定律。其示意图如图 6-9 所示。

按照图 6-9，设 I_1 为与射线源距离 F_1 处的射线强度，I_2 为与射线源距离 F_2 处的射线强度，则平方反比定律可以写为

$$\frac{I_1}{I_2}=\frac{F_2^2}{F_1^2} \tag{6-10}$$

从这个关系式可以看到，如果离开射线源的距离增加一倍，则射线强度降低为原强度的 1/4。可见，射线强度随着与射线源距离的增大将明显减小。

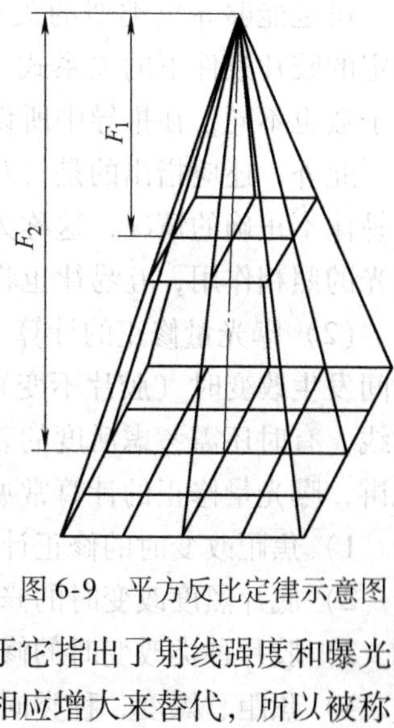

图 6-9　平方反比定律示意图

互易律也是光化学反应的一个基本定律，它指出光的化学作用决定于吸收的光能，而不依赖于吸收光能的速率。这个定律应用于射线照相则是指在胶片感光乳剂中产生的光解银量只与总的曝光量相关，即与射线强度和曝光时间的乘积相关，而与射线强度和曝光时间的单独大小无关。在应用这个定律时则可简单地认为射线底片的黑度只与曝光量相关。由于它指出了射线强度和曝光时间这两个因素具有同等的作用，一个量的变小可由另一个量的相应增大来替代，所以被称为互易律（该定律与前面讲过的本森—罗斯克倒数定律的实质内容是一样的，只不过是两者考虑问题的出发点不同而已。前者是从光化学作用生成物质的量来考虑问题的，后者是从光化学作用效果“黑度”来考虑问题的）。互易律可以写成

$$i_1t_1=i_2t_2=\cdots\cdots=i_nt_n \tag{6-11}$$

其中，i、t 分别表示射线强度和曝光时间。

将平方反比定律和互易律结合在一起，即可得到射线照相中的曝光因子概念，即曝光量与射线强度、曝光时间、焦距的关系。

对于 X 射线，射线管的辐射强度为（参见第 3 章）$I=\alpha iZU^2$。

因此，对于给出的 X 射线管，在一定的管电压下，与射线源距离为 F 处的射线强度与管电流成正比，与它和射线源的距离平方成反比，记作

$$I=K_1 i/F^2$$

其中，$K_1=\alpha ZU^2$。

对于 γ 射线，与射线源距离为 F 处的射线强度正比于源的放射性活度 A，反比于它与源的距离的平方，即

$$I=K_2A/F^2$$

这里，K_1、K_2 为比例系数。故式（6-10）对于 X 射线可以写为

$$\frac{i_1 t_1}{F_1^2}=\frac{i_2 t_2}{F_2^2} \tag{6-12}$$

对于γ射线可写为

$$\frac{A_1 t_1}{F_1^2}=\frac{A_2 t_2}{F_2^2} \tag{6-13}$$

常将式（6-12）中的it/F^2和式（6-13）中的At/F^2称为曝光因子。当焦距、曝光时间、射线强度中任一参数发生改变时，按式（6-12）和式（6-13）可以方便地确定如何修正其他量。值得注意的是，这两个关系式都是在一定的条件下才可以应用。式（6-12）是针对给定的X射线机、给定的胶片以及给定的透照电压下得到的关系式，如果这些条件发生改变，虽也能够导出类似的关系，但表达式将变得复杂。式（6-13）是对给定的γ射线源、给定的胶片条件下的关系式。不同的γ射线源辐射的能量不同，在一次核衰变中辐射的γ光子数也不同，在推导中所设的系数K对不同的γ射线源也将不同。

此外，还应指出的是，互易律成立也是有条件的，如果存在可见光的感光作用，将出现互易律不正确的情况，这称为互易律失效。在射线照相中，如果采用荧光增感屏，由于存在荧光的照相作用，互易律也将失效。

（2）曝光量修正的计算　利用式（6-12）和式（6-13）可以对射线强度、焦距、曝光时间发生改变时（胶片不变）进行曝光量的修正计算。X射线透照的情况比较简单，对于γ射线，有时还需考虑活度的衰减。曝光量修正的计算是射线检测计算的主要类型之一。概括地讲，曝光量修正的计算常见的情况有以下几种：

1）焦距改变时的修正计算。

2）底片黑度改变时的修正计算。

3）胶片种类改变时的修正计算。

4）焦距、黑度、种类同时改变时的修正计算。

曝光量修正的计算总体解题思路是，不管是上述哪种情况发生改变，都要找出它的修正系数，一般用K表示。对于情况1）$K=\frac{F_2^2}{F_1^2}$，其中，F_1为改变前的焦距，F_2为改变后的焦距；对于情况2）$K=\frac{E_2}{E_1}$，其中，E_1为黑度D_1所对应的曝光量，E_2为黑度D_2所对应的曝光量，E_1、E_2均可从胶片特性曲线上查得；对于情况3）$K=\frac{E_2}{E_1}$，其中，E_1为第一类胶片所对应的曝光量，E_2为第二类胶片所对应的曝光量，E_1、E_2均可从胶片特性曲线上查得；对于情况4）$K=K_1K_2K_3$，其中，K_1、K_2、K_3分别为仅有一种情况变化时的系数。用修正系数K乘以原来的曝光量就是修正后的曝光量，即

$$E=KE_0 \tag{6-14}$$

式中　E_0——未改变时的曝光量，单位为mA · min；

E——修正后的曝光量，单位为mA · min。

例6-1　采用固定式X射线机透照某一铸件，透照电压为120kV，焦距为800mm，管电流为10mA，曝光时间为4min。现改用1 200mm的焦距，管电流为15mA，这时曝光时间应为多少？

解　由题意可知 $F_1=800\text{mm}$，$E_0=10\text{mA}\times4\text{min}=40\text{mA}\cdot\text{min}$，$F_2=1\,200\text{mm}$，$i=15\text{mA}$
则修正系数为

$$K=\frac{F_2^2}{F_1^2}=\frac{1\,200^2}{800^2}=2.25$$

由式（6-14）可得

$$E=KE_0=2.25\times40\text{mA}\cdot\text{min}=90\text{mA}\cdot\text{min}$$

设所求曝光时间为 t，则由 $E=it$ 可得

$$t=\frac{E}{i}=\frac{90\text{mA}\cdot\text{min}}{15\text{mA}}=6\text{min}$$

例 6-2　用某胶片透照工件，当曝光量为 10mA · min 时，所得底片黑度为 1.0；如果其他条件不变，要将底片黑度提高到 2.5，求所需曝光量应为多少？从胶片特性曲线上查得，黑度 2.5 和 1.0 所对应的曝光量对数差为 1。

解　由题意可知 $E_0=10\text{mA}\cdot\text{min}$，$\lg E_2-\lg E_1=1$

由此可得

$$\lg E_2-\lg E_1=\lg\frac{E_2}{E_1}=1$$

则修正系数为

$$K=\frac{E_2}{E_1}=10^1=10$$

设所需曝光量为 E，则由式（6-14）可得

$$E=KE_0=10\times10\text{mA}\cdot\text{min}=100\text{mA}\cdot\text{min}$$

例 6-3　采用 X 射线探伤机透照 100 mm 厚的铝合金铸件，透照电压为 150kV，焦距为 1m，使用 V 型胶片，铅增感，要求底片黑度为 2.0，求铝合金的等效厚度是多少？用该机Ⅲ型胶片的曝光曲线，试确定所需曝光量应为多少。已知 150kV 时铝合金的等效系数为 0.14，由Ⅲ型胶片的曝光曲线查得，该厚度的曝光量为 15 mA · min，从胶片特性曲线上查得，V 型胶片和Ⅲ型胶片在黑度为 2.0 时所对应的曝光量之比为 5.56。

解　由题意可知 $T'=100\text{mm}$，$\beta=0.14$，$E_0=15\text{mA}\cdot\text{min}$，$\frac{E_2}{E_1}=5.56$

设铝合金的等效厚度为 T，则

$$T=\beta T'=0.14\times100\text{mm}=14\text{mm}$$

由已知条件可得修正系数为

$$K=\frac{E_2}{E_1}=5.56$$

设所需曝光量为 E，则由式（6-14）可得

$$E=KE_0=5.56\times15\text{mA}\cdot\text{min}=83.4\text{mA}\cdot\text{min}$$

例 6-4　透照某工件的技术条件为：焦距为 500mm，管电压为 200kV，管电流为 5mA，曝光时间为 4min，得到的底片黑度为 1.0。现改用 750mm 的焦距，管电压不变，管电流改为 15mA，要得到黑度为 1.5 的底片，求这时的曝光时间应为多少。从胶片特性曲线上查得，黑度为 1.0 时，$\lg E_1=1.8$；黑度为 1.5 时，$\lg E_2=2.1$。

解　由题意可知 $F_1=500\text{mm}$，$E_0=5\text{mA}\times4\text{min}=20\text{mA}\cdot\text{min}$，$F_2=750\text{mm}$，$i=15\text{mA}$，$\lg E_1=1.8$，$\lg E_2=2.1$

1）先假定只有焦距改变，其他条件不变，此时

$$K_1=\frac{F_2^2}{F_1^2}=\frac{750^2}{500^2}=2.25$$

2）再假定只有黑度改变，其他条件不变，此时

$$\lg E_2-\lg E_1=2.1-1.8=0.3$$

则

$$\lg\frac{E_2}{E_1}=0.3$$

$$K_2=\frac{E_2}{E_1}=10^{0.3}=2$$

由此可得

$$K=K_1K_2=2.25\times2=4.5$$

$$E=KE_0=4.5\times20\text{mA}\cdot\text{min}=90\text{mA}\cdot\text{min}$$

设所求的曝光时间为 t，则由 $E=it$ 可得

$$t=\frac{E}{i}=\frac{90\text{mA}\cdot\text{min}}{15\text{mA}}=6\text{min}$$

6.5　透照方式的选择和一次透照长度的计算

6.5.1　透照方式的选择

常用对接焊接接头射线照相的基本透照方式如图 6-10 和图 6-11 所示，可分为 10 种。这些透照方式分别适用于不同的场合，其中单壁透照是最常用的透照方式。双壁透照一般用在射线源或胶片无法进入内部的小直径容器和管道的焊缝透照，双壁双影法一般只用于外直径 D_0 在 100mm 以下的小径管对接焊接接头射线照相。T（壁厚）≤8mm 且 g（焊缝宽度）≤ $D_0/4$ 的管子环焊缝采用倾斜法透照，而 T（壁厚）> 8mm 或 g（焊缝宽度）> $D_0/4$ 的管子环焊缝采用垂直法透照。

- 透照方式
  - 直缝透照
    - 单壁透照①
    - 双壁透照②
  - 环缝透照
    - 单壁透照
      - 外透法③（源外片内）
      - 内透法（源内片外）
        - 中心法（$F=R$）④
        - 偏心法
          - $F<R$⑤
          - $F>R$⑥
    - 双壁透照
      - 双壁单影
        - 斜透法⑦
        - 直透法⑧
      - 双壁双影
        - 斜透法⑨
        - 直透法⑩

图 6-10　常用对接焊接接头射线透照方式的分类

选择透照方式时，应综合考虑各方面的因素，权衡择优。有关因素如下：

1）照相灵敏度。在照相灵敏度存在明显差异的情况下，应选择有利于提高灵敏度的透照方式。例如，单壁透照的灵敏度明显高于双壁透照，在两种方式都能使用的情况下，无疑应选择前者。

2）缺陷检出特点。有些透照方式特别适合于检出某些种类的缺陷，可根据检出缺陷要求的实际情况选择。例如，源在外的透照方式与源在内的透照方式相比，前者对容器内壁表

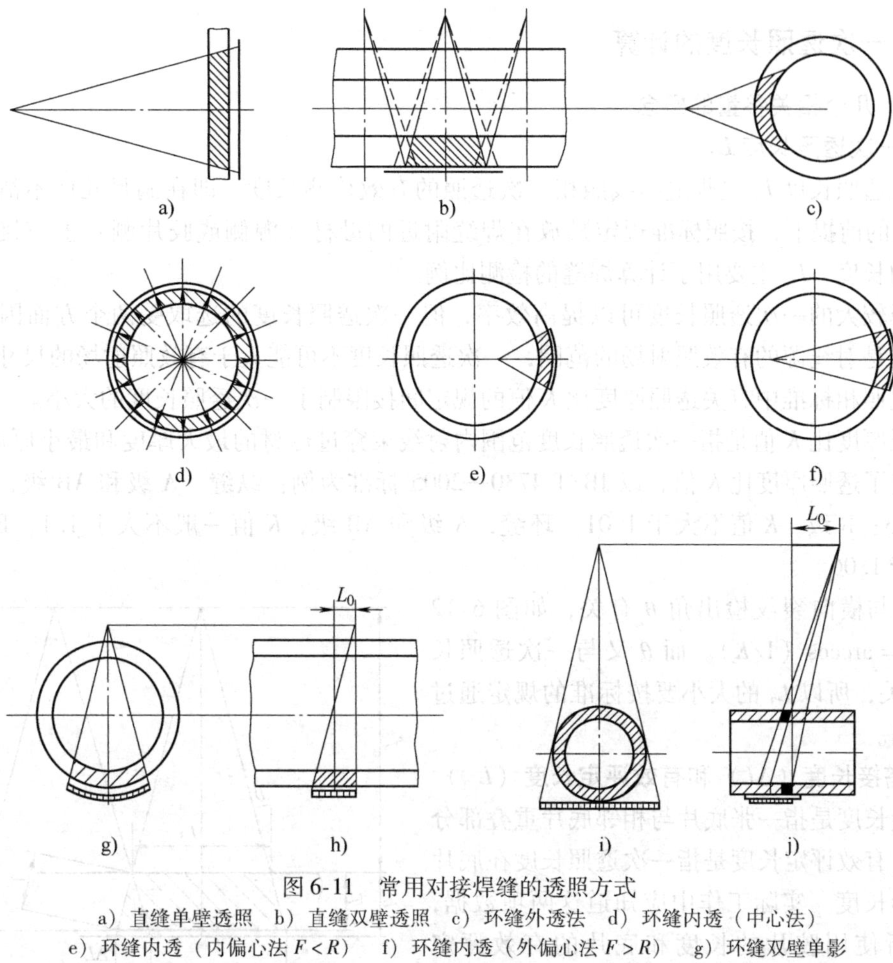

图 6-11　常用对接焊缝的透照方式

a）直缝单壁透照　b）直缝双壁透照　c）环缝外透法　d）环缝内透（中心法）
e）环缝内透（内偏心法 $F<R$）　f）环缝内透（外偏心法 $F>R$）　g）环缝双壁单影
h）$L_0=0$ 时为直透法　i）环缝双壁双影　j）$L_0=0$ 时为直透法

面裂纹有更高的检出率；双壁透照的直透法比斜透法更容易检出未焊透或根部未熔合缺陷。

3）透照厚度差和横向裂纹检出角。较小的透照厚度差和横向裂纹检出角有利于提高底片质量和裂纹检出率。环缝透照时，在焦距和一次透照长度相同的情况下，源在内透照法比源在外透照法具有更小的透照厚度差和横裂检出角，从这一点看，前者比后者优越。

4）一次透照长度。各种透照方式的一次透照长度各不相同，选择一次透照长度较大的透照方式可以提高检测速度和工作效率。

5）操作方便性。一般来说，对容器透照，源在外的操作更方便一些。而对于球罐的 X 射线透照，上半球位置源在外透照较方便，下半球位置源在内透照较方便。

6）试件及探伤设备具体情况。透照方式的选择还与试件及探伤设备情况有关。例如，当试件直径过小时，源在内透照可能不能满足几何不清晰度的要求，因而不得不采用源在外的透照方式。使用移动式 X 射线机只能采用源在外的透照方式。使用 γ 射线源或周向 X 射线机时，选择源在内中心透照法对环焊缝周向曝光，更能发挥设备的优点。

值得强调的是，对环焊缝的各种透照方式中，以源在内中心透照周向曝光法为最佳。该方法透照厚度均一，横裂检出角为 0°，底片黑度、灵敏度俱佳，缺陷检出率高，且可一次透照整条环缝，工作效率高，应尽可能选用。

6.5.2 一次透照长度的计算

6.5.2.1 几个相关参量的概念

1. 一次透照长度 L_3

一次透照长度 L_3 是焊缝射线照相一次透照的有效检测长度。即在满足几何不清晰度和 K 值要求的前提下，按照标准规定贴放在焊缝附近的母材（源侧或胶片侧）上搭接标记之间母材的长度。L_3 主要用于计算焊缝的检测比例。

选择较大的一次透照长度可以提高效率，但一次透照长度的选取受两个方面因素的限制，一个是射线源的有效照射场的范围，一次透照长度不可能大于有效照射场的尺寸；另一个是射线照相标准中有关透照厚度比 K 值的规定间接限制了一次透照长度的大小。

透照厚度比 K 值是指一次透照长度范围内射线束穿过母材的最大厚度和最小厚度之比。标准规定了透照厚度比 K 值，以 JB/T 4730—2005 标准为例：纵缝，A 级和 AB 级，K 值不大于 1.03；B 级，K 值不大于 1.01。环缝，A 级和 AB 级，K 值一般不大于 1.1；B 级，K 值不大于 1.06。

K 值与横向裂纹检出角 θ 有关，如图 6-12 所示，$\theta = \arccos(1/K)$。而 θ 又与一次透照长度 L_3 有关，所以 L_3 的大小要按标准的规定通过计算求出。

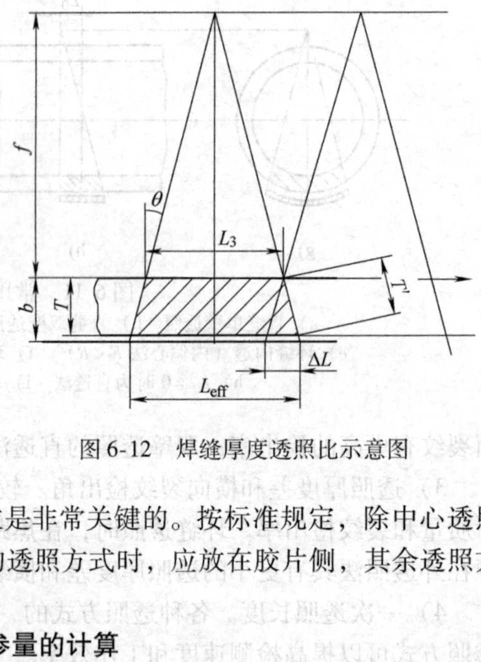

图 6-12 焊缝厚度透照比示意图

2. 搭接长度（ΔL）和有效评定长度（L_{eff}）

搭接长度是指一张底片与相邻底片重叠部分的长度。有效评定长度是指一次透照长度在底片上的投影长度。实际工作中应知道这两项数据，以确定所使用胶片的长度和底片的有效评定范围。

3. 搭接标记的放置

搭接标记的位置是确定一次透照长度 L_3 和搭接长度 ΔL 的依据，因此，搭接标记的放置部位是非常关键的。按标准规定，除中心透照方式两侧均可外，采用双壁单影或源在内 $F>R$ 的透照方式时，应放在胶片侧，其余透照方式均应放在射线源侧。

6.5.2.2 各种透照方式一次透照长度 L_3 及相关参量的计算

1. 公式计算法

透照方式不同，L_3 的计算公式也不同。图 6-10 所列的各种透照方式中，双壁双影法的一次透照有效检出范围由透照的片数决定。除此以外的各种透照方式的一次透照长度 L_3 以及相关参量（如搭接长度 ΔL、有效评定长度 L_{eff}、最少曝光次数 N 等）均需计算得出。有关计算方法介绍如下。

（1）直缝透照　直缝透照用于检测平板对接焊缝或筒体纵缝，由图 6-12 有

$$K = \frac{T'}{T} = \frac{1}{\cos\theta} \text{即 } \theta = \arccos(1/K) \quad (6\text{-}15)$$

$$L_3 = 2f\tan\theta \quad (6\text{-}16)$$

对 A 级、AB 级：$K \leqslant 1.03$，则 $\theta \leqslant 13.86°$，$L_3 \leqslant 0.5f$。

对 B 级：$K \leqslant 1.01$，则 $\theta \leqslant 8.07°$，$L_3 \leqslant 0.3f$。

搭接长度 ΔL 计算式可由相似三角形关系推出，即

$$\Delta L = L_3 T/f \tag{6-17}$$

当 $L_3 = 0.5f$ 时，$\Delta L = 0.5T$；当 $L_3 = 0.3f$ 时，$\Delta L = 0.3T$。

底片的有效评定长度 $L_{\text{eff}} = L_3 + \Delta L$。

实际透照时，若搭接标记放在射线源侧，则底片上搭接标记之间长度即为有效评定长度。若搭接标记放在胶片侧（例如，按图 6-11b 所示的方式双壁单影透照纵焊缝），则除底片上搭接标记之间长度以外还应附加 ΔL 长度才是有效评定范围。

例 6-5　按照现行标准规定的 AB 级要求透照平板焊缝。若 X 射线机的焦点尺寸为 3mm×3mm，透照厚度 $T = 40$mm，求允许的几何不清晰度 U_g 和焦点至工件表面的距离 f 各为多少毫米？如果一次透照长度 $L_3 = 300$mm，要保证透照厚度比 $K = 1.03$，则 f' 应不低于多少毫米？

解　由题意可知 $d = 3$mm，$T = 40$mm，$L_3 = 300$mm，$K = 1.03$

根据现行标准规定的 AB 级要求可得 $U_g \leqslant T^{1/3}/10$、$f/d = 10T^{2/3}$ 和 $L_3 \leqslant 0.5f$，

$$U_g \leqslant 40^{1/3}\text{mm}/10 = 0.34\text{mm}$$

$$f \geqslant 10dT^{2/3} = 10 \times 3 \times 40^{2/3}\text{mm} = 350.9\text{mm}$$

$$f' \geqslant 2L_3 = 2 \times 300\text{mm} = 600\text{mm}$$

（2）环缝单壁外透法　采用外透法 100% 透照环焊缝时，满足一定厚度比的最少曝光次数 N 可由下式确定（见图 6-13）：

$$\overset{\frown}{AB} = L_3$$

$$\overset{\frown}{CD} = L_{\text{eff}}$$

$$N = \frac{180°}{\alpha}$$

$$\alpha = \theta - \eta$$

$$\theta = \arccos\left[\frac{1 + (K^2 - 1)T/D_0}{K}\right] \tag{6-18}$$

$$\eta = \arcsin\left(\frac{D_0}{D_0 + 2f}\sin\theta\right)$$

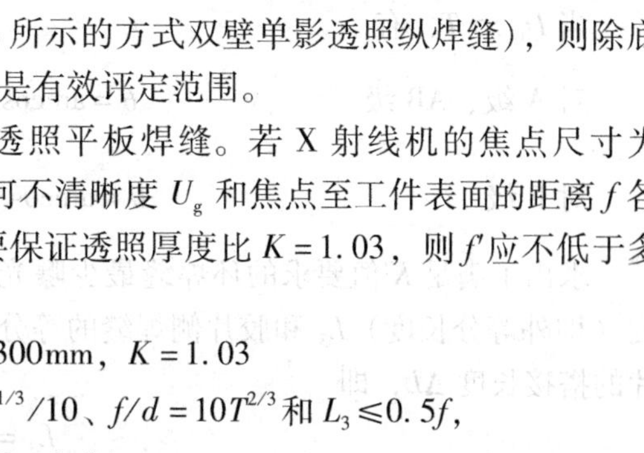

图 6-13　环缝单壁外透法

式中　α——与 $\overset{\frown}{AB}$ 对应圆心角的 1/2（°）；

θ——影像最大失真角（°）；

η——有效半辐射角（°）；

K——透照厚度比；

T——工件厚度，单位为 mm；

D_0——容器外直径，单位为 mm。

当 $D_0 \gg T$ 时，$\theta \approx \arccos(1/K)$。

注：当 $D_0/T \geqslant 30$ 时，即可认为 $D_0 \gg T$，此时求 θ 值采用精确式和简化式的误差小于 1°，这一误差在工程上是允许的（以下同）。

由式（6-18）可导出不同 K 值时的 θ 角计算式，即

对 A 级、AB 级，$K \leqslant 1.1$，则

$$\theta = \arccos\left(\frac{0.21T + D_0}{1.1D_0}\right) \tag{6-19}$$

对 B 级，$K \leqslant 1.06$，则

$$\theta = \arccos\left(\frac{0.12T + D_0}{1.06D_0}\right)$$

当 $D_0 \gg T$，有

对 A 级、AB 级 $\theta = \arccos\frac{1}{1.1} = 24.62°$

对 B 级 $\theta = \arccos\frac{1}{1.06} = 19.37°$ (6-20)

求出了满足 K 值要求的环焊缝最少曝光次数，就可以求出射线源侧焊缝的一次透照长度（即外等分长度）L_3 和胶片侧焊缝的等分长度 L_3'，以及底片上有效评定长度 L_{eff} 和相邻两片的搭接长度 ΔL，即

$$L_3 = \pi D_0/N \tag{6-21}$$

$$L_3' = \pi D_i/N \tag{6-22}$$

$$\Delta L = 2T\tan\theta \tag{6-23}$$

$$L_{eff} = L_3' + \Delta L \tag{6-24}$$

其中，D_i 为容器内径。

实际透照时，若搭接标记放在射线源侧，则底片上搭接标记之间的长度即为有效评定长度 L_{eff}，无需计算。

从图 6-13 可知环缝外透法中的几何参数变化特点：当透照距离 f 减小时，若 K 值、θ 角不变，则一次透照长度 L_3 缩短；而当透照距离 f 增大时，情况相反。

例 6-6 透照高颈法兰与短节的对接环焊缝，已知短节内径 $D_i = 500\text{mm}$，壁厚 $T = 20\text{mm}$，焊缝单侧余高各为 2mm，如果选用焦距 $F = 600\text{mm}$ 作单壁外透照，按照标准规定的 AB 级 100% 透照，至少应透照多少张片？一次透照长度 L_3 为多少毫米？

解 由题意可知 $D_0 = D_i + 2T = 540\text{mm}$，$T = 20\text{mm}$，$F = 600\text{mm}$，$f = F - (T+4) = (600 - 24)\text{mm} = 576\text{mm}$，$K = 1.1$

由式(6-18)可得

$$\theta = \arccos[(0.21T + D_0)/(1.1D_0)] = \arccos[(0.21\times20 + 540)/(1.1\times540)] = 23.63°$$

$$\eta = \arcsin[(D_0\sin\theta)/(D_0 + 2f)] = \arcsin[(540\times\sin23.63°)/(540 + 2\times576)] = 7.32°$$

所以

$$N = 180°/(\theta - \eta) = 180°/(23.63° - 7.32°) = 11.036$$

为了防止缺陷漏检应取 $N = 12$ 片。

由式（6-21）可得

$$L_3 = \pi D_0/N = 3.14\times540\text{mm}/12 = 141.3\text{mm}$$

（3）内透中心法（$F = R$） 采用此方法时，射线源或焦点位于容器或圆筒或管道中心，胶片或整条或逐张连接覆盖在整圈外壁环缝上，射线对焊缝作一次性的周向曝光，如

图 6-14所示。该方法的特点是：透照厚度比 $K=1$、底片黑度均匀、探伤灵敏度高；横向裂纹检出角 $\theta\approx0°$、缺陷检出率高；透照次数 $N=1$、一次透照长度 L_3 = 整条环缝长度、工作效率高。当条件满足时，应优先考虑此方法。

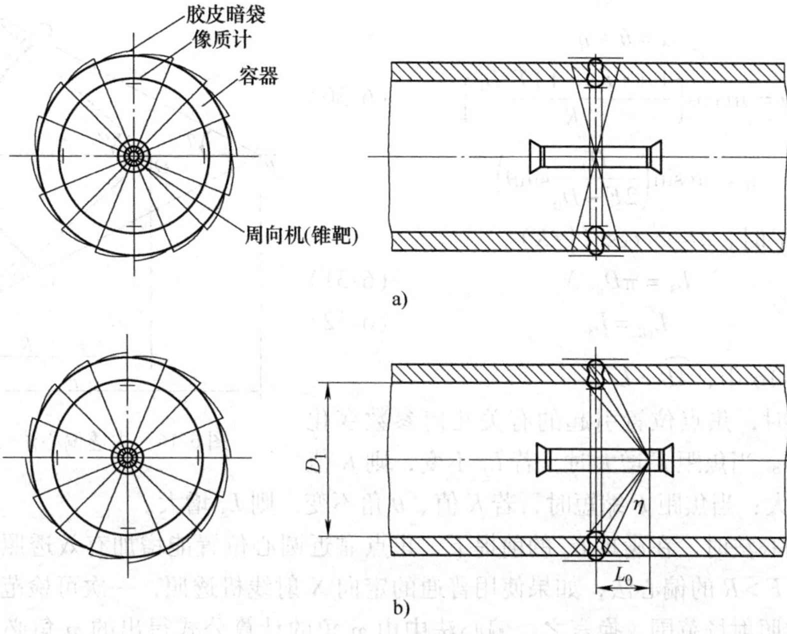

图 6-14　内透中心法

（4）内透偏心法（$F<R$）　用 $F<R$ 的偏心法100%透照的最少曝光次数 N 和一次透照长度 L_3 由下式确定（见图 6-15）：

$$N=\frac{180°}{\alpha}$$

$$\alpha=\eta-\theta$$

$$\theta=\arccos\left[\frac{1+(K^2-1)T/D_i}{K}\right] \tag{6-25}$$

$$\eta=\arcsin\left(\frac{D_i}{D_i-2F}\sin\theta\right)$$

当 $D>>T$ 时，$\theta\approx\arccos\ (1/K)$。

$$L_3=\pi D_i/N \tag{6-26}$$

$$L_3'=\pi D_0/N \tag{6-27}$$

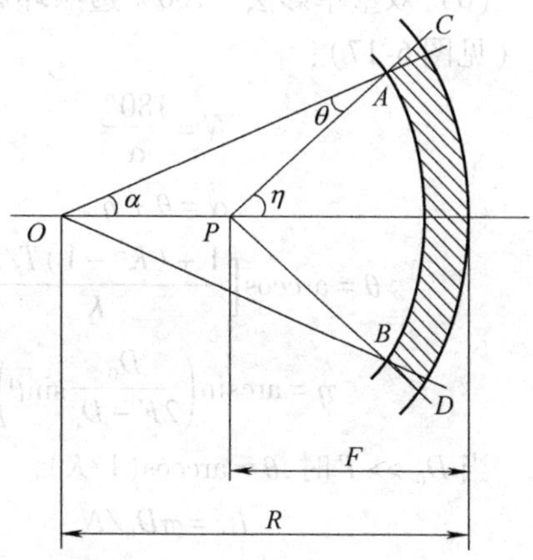

图 6-15　内透偏心法（$F<R$）

$$\Delta L=2T\tan\theta \tag{6-28}$$

$$L_{eff}=L_3'+\Delta L \tag{6-29}$$

注：图 6-15 中，$\widehat{AB}=L_3$，$\widehat{CD}=L_{eff}$。

当 $F<R$ 时，随着焦点偏离圆心距离的增大，或焦距 F 的缩短，若分段曝光的一次透照长度 L_3 一定，则透照厚度比 K 值增大，影像失真角 θ 也增大；反之，若 K 值、θ 角不变，则一次透照长度 L_3 缩短。

（5）内透偏心法（$F>R$）　用 $F>R$ 的偏心法透照的最少曝光次数 N 和一次透照长度 L_3 由下式确定（见图6-16）：

$$N=\frac{180°}{\alpha}$$

$$\alpha=\theta+\eta$$

$$\theta=\arccos\left[\frac{1+(K^2-1)T/D_0}{K}\right] \quad (6\text{-}30)$$

$$\eta=\arcsin\left(\frac{D_0}{2F-D_0}\sin\theta\right)$$

当 $D_0>>T$ 时，$\theta\approx\arccos(1/K)$。

$$L_3=\pi D_0/N \quad (6\text{-}31)$$

$$L_{eff}=L_3 \quad (6\text{-}32)$$

注：图6-16中，$\overset{\frown}{AB}=L_3$。

当 $F>R$ 时，焦点位置引起的有关几何参数变化也以圆心为准。当焦距 F 增大时，若 L_3 不变，则 K 值增大，θ 角增大；当焦距 F 缩短时，若 K 值、θ 角不变，则 L_3 增大。

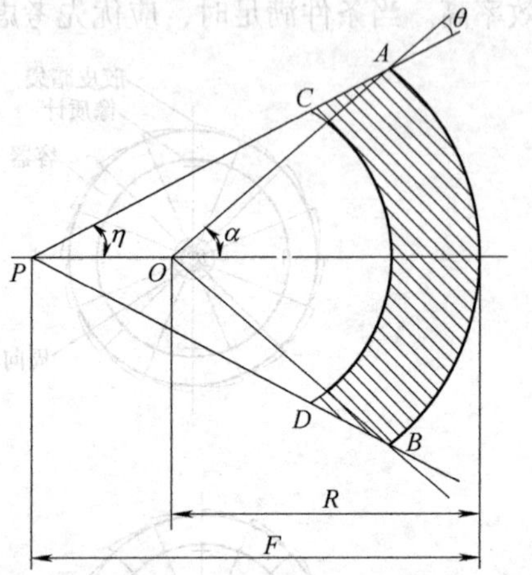

图6-16　内透偏心法（$F>R$）

用内透偏心法时，在满足 U_g 的前提下，焦点靠近圆心位置能增加有效透照长度。但不管是 $F<R$ 或 $F>R$ 的偏心法，如果使用普通的定向X射线机透照，一次可检范围取决于X射线机的有效照射场范围。换言之，偏心法中由 η 角的计算公式得出的 η 角必须服从于实际最大可用半辐射角的限制。

（6）双壁单影法　100%透照环焊缝时的最少曝光次数 N 和一次透照长度 L_3 由下式求出（见图6-17）：

$$N=\frac{180°}{\alpha}$$

$$\alpha=\theta+\eta$$

$$\theta=\arccos\left[\frac{1+(K^2-1)T/D_0}{K}\right] \quad (6\text{-}33)$$

$$\eta=\arcsin\left(\frac{D_0}{2F-D_0}\sin\theta\right)$$

当 $D_0>>T$ 时，$\theta\approx\arccos(1/K)$。

$$L_3=\pi D_0/N \quad (6\text{-}34)$$

$$L_{eff}=L_3 \quad (6\text{-}35)$$

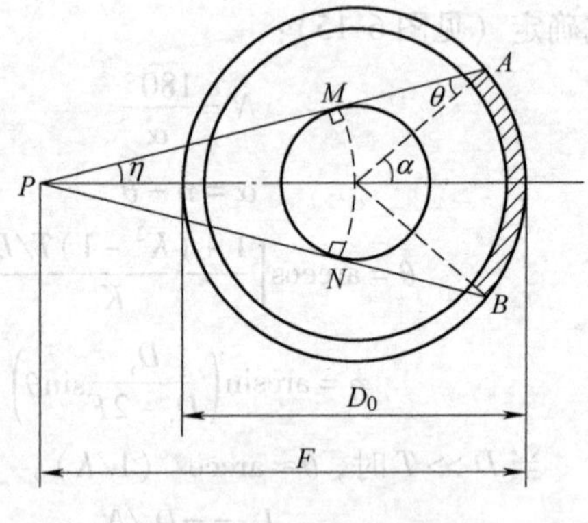

图6-17　双壁单影法

例6-7　透照某对接环焊缝，已知内径 $D_i=320$mm，板厚 $T=10$mm，选用焦距 $F=600$mm 作双壁单影透照，按照标准规定的AB级100%透照，至少应透照多少张片？一次透照长度 L_3 为多少毫米？

解　由题意可知 $D_0=D_i+2T=340$mm，$T=10$mm，$F=600$mm，$K=1.1$

由式（6-33）并代入 K 值，可得

$$\theta=\arccos[(0.21T+D_0)/(1.1D_0)]=\arccos[(0.21\times10+340)/(1.1\times340)]=23.84°$$

$$\eta=\arcsin[(D_0\sin\theta)/(2F-D_0)]=\arcsin[(340\sin23.84°/(2\times600-340)]=9.19°$$

所以

$$N=180°/(\theta+\eta)=180°/(23.84°+9.19°)=5.45$$

为了防止缺陷漏检，应取 $N=6$ 张。

$$L_3=\pi D_0/N=3.14\times340\text{mm}/6=178.5\text{mm}$$

对双壁单影法中的摄片张数可作如下讨论：若考虑透照有效范围最大，即焦距等于管子外径，而 T/D_0 甚小的情况，则最大透照有效长度 L_3 所对应的圆心角 2α 与壁厚无关，等于影像失真角 θ 的4倍，即 $(2\alpha)_{max}=4\theta$，因 $N=\dfrac{180°}{\alpha}$，若 θ 取15°或18°，则最少摄片张数应为6张或5张。另一方面，当透照有效范围最小，即焦距无限大时，最小透照有效长度 L_3 所对应的圆心角 2α 就与管子形状无关，等于失真角 θ 的2倍，即 $(2\alpha)_{max}=2\theta$，因 $N=\dfrac{180°}{\alpha}$，若 θ 取15°或18°，则最多摄片张数也不必超过12张或10张。上述情况用数学表达式可表示为 $F\to D_0$ 时，$\alpha\to2\theta$，因为 $N=\dfrac{180°}{\alpha}$，若 $\theta=15°$ 或 $\theta=18°$，所以 $N_{min}=6$ 或5；$F\to\infty$ 时，$\alpha\to\theta$，因为 $N=\dfrac{180°}{\alpha}$，若 $\theta=15°$ 或 $\theta=18°$，所以 $N_{min}=12$ 或10。

（7）双壁双影法　将外径 $D_0\leqslant100$mm 的管子称为小径管，一般采用双壁双影法透照。

按照被检焊缝在底片上的影像特征，分倾斜椭圆成像和垂直重叠成像两种方法。同时满足下列两条件：T（壁厚）$\leqslant8$mm，且 g（焊缝宽度）$\leqslant D_0/4$ 时，采用倾斜透照方式椭圆成像。不满足上述条件，或椭圆成像有困难，或为适应特殊需要（如特意要检出焊缝根部的面状缺陷）时，可采用垂直透照方式重叠成像。

1）透照布置。

① 椭圆成像法。胶片暗袋平放，f 满足几何不清晰度要求的情况下，过源侧焊缝边缘作管子的法线，源焦点偏离该法线的平面距离称为偏心距，用 L_0 表示，以中心射束或边缘射束透照被检焊缝（见图6-18）。偏心距可按椭圆开口宽度（q）的大小计算，即

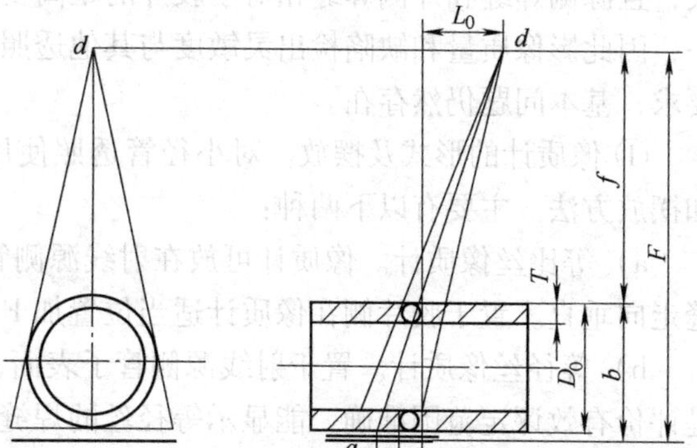

图6-18　小径管椭圆透照布置

$$L_0=(g+q)f/b \tag{6-36}$$

式中　g——焊缝宽度，单位为mm；

f——射线源到工件表面的距离，单位为mm；

b——工件表面到胶片的距离，单位为mm；

q——椭圆开口宽度（椭圆影像上、下焊缝投影最大间距），单位为mm。

应控制椭圆影像的开口宽度在1倍焊缝宽度左右。偏心距太大，椭圆开口宽度过大，根部缺陷（裂纹、未焊透等）有可能漏检，或者因影像畸变过大，难以评判；偏心距太小，椭圆开口宽度过小，又会使上下焊缝根部缺陷不易分开。

例6-8　用双壁双影平移透照法检验 $\phi57\text{mm}\times4\text{mm}$ 管子对接焊缝。已知焊缝余高为

2mm，X 射线机有效焦点尺寸为 2.0mm×2.0mm。若焦点至工件表面的距离 $f'=600\text{mm}$，其几何不清晰度 U_g 是否满足标准规定的 AB 级要求？当焊缝宽度 $g=10\text{mm}$，要使底片上两侧焊缝的椭圆开口间距 $q=5\text{mm}$，求射线源应平移多少毫米？

解 由题意可知 $f'=600\text{mm}$，$b=57\text{mm}+2\text{mm}=59\text{mm}$，$g=10\text{mm}$，$q=5\text{mm}$，$d=2.0\text{mm}$

根据现行标准规定的 AB 级要求 $f/d=10b^{2/3}$，可得

$$f \geqslant 10db^{2/3}=10\times2.0\times59^{2/3}\text{mm}=303\text{mm}$$

所以，$f'=600\text{mm}>f$，满足要求。

$$L_0=(g+q)f/b=[(10+5)\times600/59]\text{mm}=152.5\text{mm}$$

因此，射线源应平移 152.5mm。

② 垂直重叠成像法。f 满足几何不清晰度要求的情况下，将射线垂直透照焊缝，此时胶片宜弯曲贴合焊缝下表面，以尽量减少缺陷到胶片的距离。当发现不合格缺陷后，难以区分缺陷处于焊缝源侧或胶片侧时，一般割头重焊。

2）透照次数。为了对小径管的整圈环焊缝进行有效检测，通常要根据成像方式和壁厚与外径之比 T/D_0 确定透照次数。采用倾斜透照椭圆成像时，若 $T/D_0\leqslant0.12$，相隔 90°透照两次；若 $T/D_0>0.12$，相隔 120°或 60°透照 3 次。采用垂直透照重叠成像时，一般应相隔 120°或 60°透照 3 次。

3）像质要求。由于小径管透照截面厚度变化很大，又采用双壁双影透照，影像畸变较大，且源侧焊缝和片侧焊缝相对于胶片的距离变化较大，影像各处几何不清晰度和散射比不一，因此影像质量和缺陷检出灵敏度与其他透照方式相比都要差些。即使底片黑度范围符合要求，基本问题仍然存在。

① 像质计的形式及摆放。对小径管透照使用的像质计，不同的标准规定了不同的形式和摆放方法。主要有以下两种：

a）等比丝像质计。像质计可放在射线源侧管子表面或置于胶片侧，丝的长度方向与焊缝走向垂直。置于胶片侧在像质计适当位置加 F 字母。

b）等径丝像质计。置于射线源侧管子表面，丝的长度方向与焊缝走向相垂直。其优点是评价有效评定范围准确，能显示等径丝的焊缝长度范围，即为有效评定范围。

② 像质计灵敏度。小径管的椭圆透照因截面厚度差大，在满足灵敏度要求的情况下，应增大底片宽容度。增大底片宽容度通常提高管电压。

③ 黑度范围。小径管对接接头和热影响区的黑度范围可控制为 1.5～4.0。当有意提高局部区域的检出灵敏度时，可将该区域黑度控制为 2.5～3.5。

④ 椭圆开口宽度。通常椭圆开口宽度应控制在 1 倍焊缝宽度左右。

⑤ 标记。小径管透照至少应放置焊缝编号、片号和中心标记等。评片时，通常以 1 号片中心标记短矢所指位置作为起点（12 点），以钟点定位法标定缺陷位置。

（8）大厚度比试件的透照技术　所谓大厚度比试件是指在一次透照范围内最大厚度与最小厚度之比大于 1.4 的试件。实际工作中的大厚度比试件包括余高较高的薄板对接焊缝、小径管和角焊缝等。

大厚度比对射线照相质量的不利影响主要表现在两个方面，一是因试件厚度差较大，导致底片黑度差较大，而底片黑度过低或过高。不仅降低底片的对比度，还会使黑度超标成为一张废片。二是因试件厚度变化导致散射比增大，产生边蚀效应。

对大厚度比试件透照的特殊技术措施包括适当提高管电压技术、双胶片技术和补偿技术等。

1）适当提高管电压技术。适当提高管电压是透照大厚度比试件常采用的技术措施。随着管电压的提高，底片上不同部位的黑度差将降低，在规定的黑度范围内可以允许较大的试件厚度变化范围，即获得较大的底片宽容度。此外，提高管电压可以减小厚度大的部位的散射比，降低边蚀效应。这对于大厚度比试件照相是很重要的。

小径管是一种典型的大厚度比试件。对小径管环焊缝照相经常采用高电压短时间的曝光参数。这样做散射比，还能够扩大一次透照的检出范围。

对于余高较高的焊缝照相，适当提高管电压不仅提高了底片宽容度，使底片黑度达标，而且由图 6-19 可知，提高管电压可以使焊缝中心部位的散射比大幅度减小。

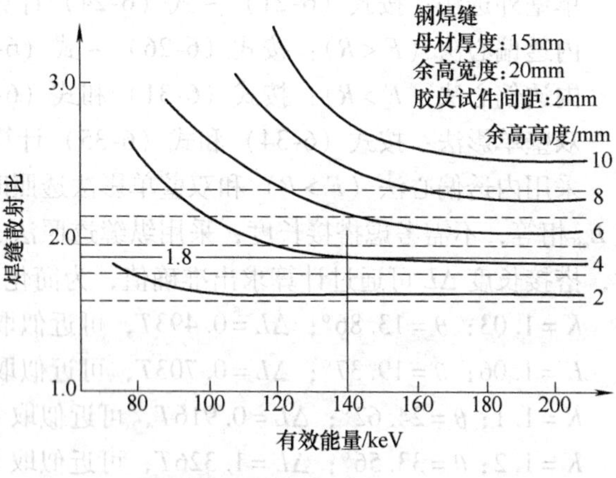

图 6-19　焊缝余高高度和有效能量与散射比的关系

但是射线能量提高后，衰减系数 μ 减小，从而导致对比度减小，照相灵敏度降低。所谓适当提高管电压，就是在满足射线检测标准对底片灵敏度要求的前提下去提高，具体数据按试件的情况由试验确定。

2）双胶片技术。对于厚度差较大的工件，可以采用在一只暗盒里放两张胶片同时透照的双胶片技术。

暗盒里放置的两张胶片一般应选用感光度不同的两种胶片（异速双片法），其中感光度较大的胶片适用于透照厚度较大部位的观察评定，感光度较小的胶片适用于透照厚度较小部位的观察评定。另一种是在暗盒中放置感光度相同的两张胶片（同速双片法），观片方法是对黑度较小部位，将双片重叠观察评定；对黑度较大部位，用单片观察评定。

3）补偿技术。补偿技术是指用补偿块、补偿粉、补偿泥、补偿液等填补工件的较薄部分，使透照厚度差减小，仅用于特殊试件的透照。

2. 查图表法

它是将不同透照方式环缝透照次数的复杂三角函数计算改变为只求 T/D_0、D_0/f 或 D_0/F 值的简单运算，通过查图表确定环缝 100% 检测所需的最少透照次数，然后计算出相关参数的一种简单易行的方法。

（1）透照次数曲线图　通过查图表只能确定环向对接焊接接头 100% 检测所需的最少透照次数，而环缝一次透照长度 L_3 以及相关参量搭接长度 ΔL、有效评定长度 L_{eff}，仍需计算求出。

环向对接焊接接头进行 100% 检测所需的透照次数与透照方式和透照厚度比有关。由于内透中心法（$F=R$）和双壁双影法一次透照长度不需计算，所以不同透照方式和透照厚度比组合，只需制作 6 张透照次数曲线图，即

源在外单壁透照 $K=1.06$（附录 B 图 B-1）；

源在外单壁透照 $K=1.1$（附录 B 图 B-3）；

源在外单壁透照 $K=1.2$（附录 B 图 B-5）；

偏心内透法和双壁单影法 $K=1.06$（附录 B 图 B-2）；

偏心内透法和双壁单影法 $K=1.1$（附录 B 图 B-4）；

偏心内透法和双壁单影法 $K=1.2$（附录 B 图 B-6）。

从图中确定透照次数的步骤是：计算出 T/D_0、D_0/f 或 D_0/F，在横坐标上找到 T/D_0 值对应的点，过此点画一垂直于横坐标的直线；在纵坐标上找到 D_0/f 或 D_0/f 对应的点，过此点画一垂直于纵坐标的直线；从两直线交点所在区域确定所需的透照次数 N；当交点在两区域的分界线上时，应取较大数值作为所需的最少透照次数。

(2) 环缝一次透照长度及相关参量的计算　由透照次数 N 可求得每种透照法的一次透照长度及相关参量。

单壁外透法：按式（6-21）~式（6-24）计算；

内透偏心法（$F<R$）：按式（6-26）~式（6-29）计算；

内透偏心法（$F>R$）：按式（6-31）和式（6-32）计算；

双壁单影法：按式（6-34）和式（6-35）计算。

采用内透偏心法（$F>R$）和双壁单影法透照时，一次透照长度 L_3 与底片上有效评定长度 L_{eff} 相等，不需考虑搭接长度；采用纵缝透照法、单壁外透法和内透偏心法（$F<R$）透照时，搭接长度 ΔL 可通过计算求出准确值，为简化计算，也可取近似值。

$K=1.03$；$\theta=13.86°$；$\Delta L=0.493T$，可近似取 $0.5T$；

$K=1.06$；$\theta=19.37°$；$\Delta L=0.703T$，可近似取 $0.7T$；

$K=1.1$；$\theta=24.62°$；$\Delta L=0.916T$，可近似取 $1T$；

$K=1.2$；$\theta=33.56°$；$\Delta L=1.326T$，可近似取 $1.4T$。

6.6 焊缝射线检测工艺规程及应用举例

6.6.1 射线检测工艺规程的内容及编制要求

6.6.1.1 射线检测工艺规程的分类和相互关系

射线检测工艺规程分为通用工艺规程和专用工艺卡两种，两者都是必须遵循的规定性书面文件。

无损检测工艺规程是按本单位的受检对象，依据现行检测标准，合理地选择设备、器材和方法，在满足安全技术规范和标准要求的情况下，正确完成检测工作的书面文件。

专用工艺卡是针对本单位某一具体检测对象，按合同和检测通用工艺要求编制的特殊技术规则，其参数规定得更具体。专用工艺卡是通用工艺规程的补充。

6.6.1.2 通用工艺规程的内容及编制

1. 射线检测通用工艺规程的主要内容

无损检测通用工艺规程应根据相关法规、产品标准、有关技术文件和现行的无损检测标准的要求，结合无损检测单位（机构）的特点、设备技术条件和人员条件，针对本单位产品的特点进行编制。无损检测通用工艺规程应涵盖本单位（制造、安装或检测单位）产品的检测范围。通用工艺规程应详细、明确，便于操作且具有可选择性。射线检测通用工艺规程的主要内容如下：

1）适用范围：依据的现行检测标准、满足的相关法规标准、检测技术等级、工件种类及透照母材厚度范围等。

2）对检测人员的要求：资格、视力等。

3）检测准备要求：检测时机、工件表面状况及钢印标方法等。

4）设备、器材要求：射线源和能量、胶片牌号和类型、增感屏、像质计、暗盒、铅字等的选择。

5）透照方法及相关要求：100%透照或局部透照的要求，焦距选择，一次透照长度，编号方法，像质计和标记的摆放，以及散射线的屏蔽等。

6）曝光曲线及校准的规定。

7）暗室处理：洗片方法、胶片处理程序、处理条件及要求等。

8）底片评定：评片人员资格、底片质量、验收标准、级别评定和返修。

9）记录报告：记录报告内容及要求，资料、档案管理要求等。

10）安全防护。

11）附录：必要的说明内容。

2. 射线检测通用工艺规程的编制

以钢制压力容器射线检测通用工艺规程的编制为例，将其编制要点及参照标准作如下介绍。

（1）主题内容和适用范围

1）主题内容。主题内容指工艺规程主要包括的检测对象、方法、人员资格、所用器材、检测工艺技术和质量分级等。

2）适用范围。

① 适用范围内材质、规格、检测方法及不适用范围。

② 依据 JB/T 4730. 2—2005 现行检测标准编制，满足《压力容器安全技术监察规程》和 GB 150. 1 ~ 150. 4—2011 等规范标准要求。

③ 明确通用工艺规程与工艺卡的关系及工艺卡应由谁编制。

（2）规范性引用文件　引用的标准代号均应列入，并注明标准全称。

（3）检测人员　参照 JB/T 4730. 1—2005 第 5. 3 条和 JB/T 4730. 2—2005 第 3. 1 条。

（4）防护　参照 JB/T 4730. 2—2005 第 3. 9 条。

（5）设备、器材和材料

1）射线源和能量的选择。

① 使用设备一览表，明确射线探伤机的产地、型号、焦点尺寸及透照厚度范围等。

② 允许使用的最高管电压、γ 射线透照范围及管子透照允许的最小透照厚度等，参照 JB/T 4730. 2—2005 第 4. 2 条。

2）像质计及其灵敏度与使用。参照 JB/T 4730. 2—2005 第 3. 6 条、第 4. 11. 3 条和第 4. 7 条。

3）胶片和增感屏。

① 胶片选用参照 JB/T 4730. 2—2005 第 3. 2 条。

② 增感屏选用参照 JB/T 4730. 2—2005 第 3. 5 条。当仅用射线作周向曝光时，前后屏可

相等，以防底片搭接处黑度过低。

4）B标记。用途、尺寸、放置及鉴别底片质量等，参照JB/T 4730.2—2005第4.6条的规定。

5）识别系统。定位标记、识别标记等参照JB/T 4730.2—2005第4.8条和本单位具体情况而定。

6）观片灯和评片室。参照JB/T 4730.2—2005第3.4条和第4.10条。

7）黑度计和比较黑度片。列出黑度计型号，其精度应小于或等于0.05，比较黑度片的黑度值，至少每两年应经国家计量部门检定一次。

8）显影剂。符合胶片厂使用说明书要求。

（6）受检表面的制备和检测时机　参照JB/T 4730.2—2005第3.7条的规定编写。

（7）检测技术

1）几何条件。应同时满足几何不清晰度U_g和K值要求。对于环缝内透照重点考虑满足U_g要求，外透照重点考虑满足该检测技术等级K值要求。参照JB/T 4730.2—2005第4.1.3条和第4.3条的规定。

2）透照技术。透照技术包括单壁透照（纵缝透照、周向透照、单壁内透照和单壁外透照等），双壁单影透照，双壁双影透照。

每种透照方式应考虑如下内容：

① 能量的选择。

② 胶片、像质计的选择和标记的放置。

③ 搭接标记的位置。

④ 像质计的选用、数量和放置。

⑤ 一次透照长度和透照片数计算式或图示。

⑥ 焦距和胶片规格的选择、散射线的屏蔽等。

⑦ 曝光条件。按JB/T 4730.2—2005第4.4条和第4.5条编写。

（8）暗室处理

1）胶片的切装与保管。参照教材及相关内容编写。

2）暗室处理操作。

① 手工冲洗规程参照JB/T 4730—2005附录N编写。

② 自动洗片机冲洗规程按洗片机使用说明书编写。

（9）底片的评定

1）评定者的资格。评定者应为Ⅱ级或Ⅲ级射线检测人员。

2）底片质量。参照JB/T 4730.2—2005第4.11条的规定编写。

（10）钢对接接头质量分级　参照JB/T 4730.2—2005第5.1条的规定编写。压力容器上管子对接接头的根部内凹和根部咬边可参照JB/T 4730.2—2005表23评级。

（11）记录、报告和资料保管　参照JB/T 4730.2—2005第7章。

6.6.1.3 专用工艺卡的内容及编制

1. 专用工艺卡的主要内容

射线检测专用工艺卡是指以表卡形式出现的，针对某一具体检测对象的射线检测工序做出具体参数和技术措施的规定性工艺文件。专用工艺卡适用对象可能是某一具体产品，或产品上的某一部件，或部件上的某一具体结构。专用工艺卡一般依据通用工艺规程和设计文件的要求进行编制。一般包括以下内容：

1）工艺卡编号。

2）产品名称，产品标号，制造、安装或检测编号，承压设备的类别、规格尺寸、材料编号、材质、热处理状态及表面状态。

3）检测设备与器材。设备种类、型号、规格尺寸、检测附件和检测材料。

4）检测工艺参数。检测方法、检测比例、检测部位、标准试块或标准试样（片）。

5）检测技术要求。检测比例、执行标准和验收级别。

6）检测程序。

7）检测部位示意图。标清焊缝类别及编号，标清焊缝长度，小径管的规格参数及制造标准特殊要求必照的部位（如T形接头、1.5倍开孔包容焊缝等）。

8）编制（级别）和审核（级别）人。

9）制订日期。

2. 焊缝射线检测工艺卡表样

为了规范和统一锅炉压力容器制造的归档文件和质量证明文件，提高锅炉压力容器制造厂的质量管理和技术水平，确保锅炉压力容器的产品质量，辽宁省质量技术监督局特种设备安全监察处组织有关人员，按照《压力容器安全技术监察规程》的要求，编制了锅炉压力容器质量控制表样并推荐使用，其中焊缝射线检测工艺卡表样见表6-6。

3. 焊缝射线检测工艺卡填写说明

（1）份数　本卡一式两份，一份保留在探伤室，另一份交探伤室供检测人员使用。其中之一应存于检测资料和底片的档案中。

（2）填写

1）工艺卡编号。一般为流水顺序号，可根据各单位管理的需要来填写。

2）工件部分。

① 材料编号。指壳体材料编号，如壳体使用两种材料，应分别填写。

② 规格。指的是壳体规格，表示方法为直径×长度×壁厚。其中，直径对于卷制的筒体为内径，对于无缝钢管作筒体指外径；长度指壳体长度；壁厚指壳体厚度。也可按图样规格栏的尺寸填写。

3）器材部分。

① 屏蔽方式。最常见的屏蔽方式有背衬薄铅板、铅光阑和铅遮板等，按计划选用的方法填写。

② 显影液配方、显影时间、显影温度。显影液配方指准备采用的显影液配方、可用代号表示。如胶片厂提供，可填写“按胶片厂配方”。显影时间、显影温度指准备采用的数值。一般手工冲洗显影时间为4～8min，显影温度为18～21℃。自动冲洗按说明书填写。

4）检测工艺参数。

① 焊缝编号。它是被检焊缝的编号。填写时，一般检测工艺参数相同（焊缝长度和拍片数量可不同）的同类焊缝的编号填在一栏内。例如，“B1～B7”，即代表7条环焊缝。

② 像质计型号。对钢制焊缝可供选用的像质计编号有Fe-10/16、Fe-6/12和Fe-1/7三种。对外径≤100mm的管子，焊缝宜使用等丝专用像质计，如Fe-12、Fe-13……

表 6-6 焊缝射线检测工艺卡

工艺卡编号： 辽 B5-11

共 页 第 页

工件	产品名称				产品（制造）编号		
	材料牌号				规格		mm
器材	源种类	□X □Ir192 □Co60			设备型号		
	焦点尺寸				胶片牌号		
	铅增感屏厚度	前屏___ mm 后屏___ mm			胶片规格		mm
	屏蔽方式				冲洗方式		□自动 □手工
	显影液配方				显影条件		时间___ min 温度___℃
检测工艺参数	焊缝编号						
	板厚/mm						
	像质计型号						
	透照方式						
	f（焦距）/mm						
	能量/kV						
	管电流（活度）/mA（Ci）						
	曝光时间/min						
	应识别丝号						
	焊缝长度						
	一次透照长度/mm						
	拍片数量/片						
合格级别/级							
检测比例（%）							
技术要求	1. 检测标准： 2. 射线检测技术等级： 3. 底片黑度范围 D： 4. 本工艺卡未规定事宜，按 ______ 执行。 5. 补充说明：						

透照部位示意图：

编制人（资格）： 年 月 日	审核人（资格）： 年 月 日

③ 透照方式。即计划采用的透照方式，对于纵缝可填写单壁透照，对于环焊缝可填写为单壁外透照、中心透照、偏心内透照（$F>R$ 或 $F<R$）、双壁单影透照和双壁双影透

照等。

④ f（焦距）即计划采用的数值填写方法，数字加括弧表示焦距，不加括弧的数值为焦点至透照部位表面的距离 f。

⑤ 能量、管电流（活度）、曝光时间。这些检测规范应从该设备的曝光曲线上查得。使用 γ 射线检测时，能量栏划杠，表示不适用。源的活度值应加括弧，但对于球罐等大型容器宜用曝光量表示，如 200Ci · h。可将“曝光时间”栏改为“曝光量 Ci · h 或 Ci · min”填写。

⑥ 应识别丝号。指按标准规定应达到的最低像质计丝号。像质计置于胶片侧时，在像质计适当位置加 F 字母。

⑦ 焊缝长度。指的是一条焊缝长度，当有几条相同长度焊缝时，在长度后标注条数。例如，“1 200 ×5”，即表示有 5 条 1 200mm 长的焊缝。对于长度不同的焊缝可写总长，各条焊缝长度在简图中表示。环焊缝长度为 πD_0。

⑧ 一次透照长度。指分段检测时，在满足 K 值要求的情况下计算出来的一次曝光所检测焊缝长度，用 L_3 表示。实际选用的一次透照长度可小于或等于理论计算的 L_3，还要考虑 ΔL、胶片侧母材等分长度和使用胶片的长度。对于 100% 检测的焊缝，可按应透照的片数将焊缝长度等分。采用中心曝光时，应填写工件上搭接标记之间的焊缝长度。对于双壁双影透照的焊缝，透照两次，一次透照长度为管子周长的一半；透照三次，一次透照长度为管子周长的 1/3。

⑨ 拍片数量。指一条焊缝应拍的片数，对于同类型的焊缝，可在该拍片数后加上条数。例如，“13 ×5”，即表示一条焊缝拍片 13 张，有 5 条同样拍片数量的焊缝。对于焊缝长度不等的可填总片数，在简图中标出这些焊缝应拍的片数。

5）合格级别。指图样、标准规定的最低合格级别。

6）检测比例。指图样、标准要求的检测比例。若为局部检测应填写“≥20%”或“≥50%”。

7）技术要求。

① 对于局部检测的对接接头，必检部位可在此栏内说明。

② 射线检测规程。填本单位编制的射线检测规程的代号。

8）透照部位示意图。其指预检的焊缝分布、尺寸、编号及相应检测片数的图。

① 该栏目的图一般采用主视图，将应检测的人孔等画在壳体的相应部位来表示。对于大型球罐等应采用展开图。在图上必须标明焊缝编号、拍片数、必检部位及计划拍片编号（即底片编号）。该栏目位置不够时，应加附图。

② 必要时，还应画出某种类焊缝透照布置图。

9）编制人和审核人栏。编制人应至少具有本方法Ⅱ级资格。审核人应为检测责任人员。由编制人和审核人本人签字或盖章，并填写相应日期。

6.6.2　典型对接焊接接头射线检测工艺卡编制范例

1. 浮头式换热器管箱组件射线检测工艺卡

产品编号 0601 浮头式换热器管箱组件（图 6-20）射线检测工艺卡的编制（按表 6-6 进行编制）。

（1）产品的概貌及检测要求

1）由焊接工艺规程查得，产品的焊缝编号为 A1、B1 ~ B4，与 B1 连接处的筒体外削薄至 20mm，全双面焊。

2）由下料排版图得知，筒体长 700mm，仅有一条纵缝。

3）由图样查得，管箱内径为 ϕ1 100mm。B3 和 B4 上的两个短节规格为 ϕ273mm × 9mm，且置于筒节长度方向的中心部位。封头无缝，壁厚为 20mm。筒节厚度为 26mm（壳体材料为 16MnR），右侧为长颈大法兰。

检测要求：图样规定，制造和验收满足 GB 150. 1 ~ 150. 4—2011 和《压力容器安全技术监察规程》的要求；A、B 类对接接头射线检测比例 ≥20%，按 JB/T 4730. 2—2005 评定，不低于Ⅲ级为合格。

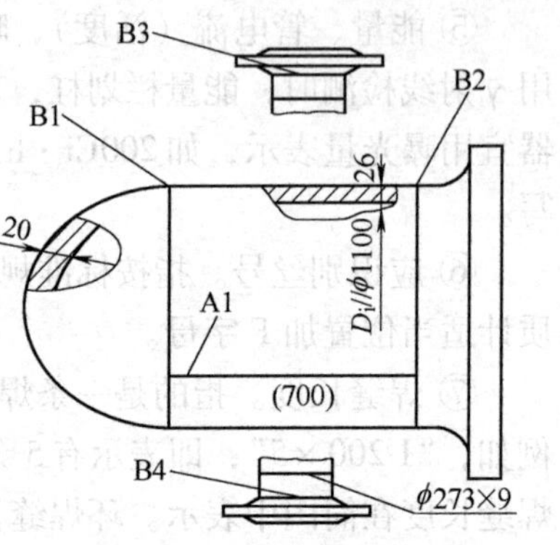

图 6-20　浮头式换热器管箱组件

（2）检测条件

1）X 射线机。XXQ—2505（单向），焦点尺寸为 2. 0mm × 2. 0mm；XXH—2505（平靶周向），焦点尺寸为 1. 0mm × 2. 4mm。

2）胶片。Agfa C7，规格为 300mm × 80mm。

3）冲洗方式为手工。显影时间为 4 ~ 8min，显影温度为 18 ~ 21℃。

4）曝光规范（两台设备相同）。由曝光曲线查得，F = 600mm，曝光量为 15mA · min 时，能量 = $5T_A + 80$，其中，$T_A = T$ + 余高。

（3）检测工艺参数的确定

1）透照方式、应识别丝号和像质计型号的确定。

① 透照方式。A1、B1 单壁外透照，B2 环缝中心透照，B3 和 B4 双壁单影透照。

② 按透照厚度 T 确定应识别丝号和像质计型号，见表 6-7。

表 6-7　0601 产品的像质计灵敏度

焊缝编号	透照厚度 T/mm	应识别像质计丝号	像质计型号
A1	26	10	Fe-6/12
B1	20	11	Fe-6/12
B2	26	10	Fe-6/12
B3、B4	2 × 9	12F	Fe-10/16

2）焊缝长度和焦距的确定。

① 焊缝长度。

B1 焊缝　(1 100 + 40)π/mm = 3581mm

B2 焊缝　(1 100 + 52)π/mm = 3619mm

B3 和 B4 焊缝　273π × 2mm = 857 × 2mm = 1714mm

② f_{min}的计算。

A1 焊缝　$f_{min} \geqslant 10 \times d \times b^{2/3} = 10 \times 2 \times (26 + 4)^{2/3}$mm = 194. 1mm

B1 焊缝　$f_{min} \geqslant 10 \times d \times b^{2/3} = 10 \times 2 \times (20 + 4)^{2/3}$mm = 166. 4mm

B3、B4 焊缝　$f_{\min} \geqslant 10 \times d \times b^{2/3} = 10 \times 2 \times (9+2)^{2/3}\text{mm} = 98.9\text{mm}$

③ 确定焦距。焊缝 B1、B3 和 B4 均选用 600mm；焊缝 B2 选用(1 100 + 52 + 4) mm/2 = 578mm。

（4）一次透照长度 L_3 和每条焊缝最少的透照片数 $N_{0.2}$

1）A1 焊缝按公式计算。

已知：$f = 600\text{mm} - (26+4)\text{mm} = 570\text{mm}$，$L = 700\text{mm}$。

求：$N_{0.2}$ 和 L_3。

解：$\because L_3 \leqslant f/2 = 570\text{mm}/2 = 285\text{mm}$，取 $L_3 = 250\text{mm}$。

$N_{0.2} = (L/L_3) \times 20\% = (700/250) \times 20\% = 0.56$ 片，取 $N = 1$ 片。

2）B1 焊缝的计算。

已知：$D_0 = D_i + 2T = (1\,100 + 40)\text{mm} = 1\,140\text{mm}$，$f = 600\text{mm} - (20+4)\text{mm} = 576\text{mm}$，$T = 20\text{mm}$。

求：$N_{0.2}$ 和 L_3。

解：$N = 180°/\alpha = 180°/(\theta - \eta)$

$\because \theta = \arccos[(0.21T + D_0)/(1.1D_0)] = \arccos[0.21 \times 20 + 1\,140)/(1.1 \times 1\,140)] = 24.16°$

$\eta = \arcsin[D_0 \cdot \sin\theta/(D_0 + 2f)] = \arcsin[1\,140 \times \sin 24.16°/(1\,140 + 2 \times 576)] = 11.74°$

则

$$N = 180°/(24.16° - 11.74°) = 14.49 \text{ 片}$$

$$N_{0.2} = N \cdot 20\% = 2.9 \text{ 片，取 } N_{0.2} = 3 \text{ 片}$$

$$L_3 = \pi D_0/N = 1\,140\text{mm} \times 3.14/14.49\text{mm} = 247\text{mm}$$

3）B2 焊缝的计算。

已知：$D_0 = D_i + 2T = 1\,100\text{mm} + 2 \times 26\text{mm} = 1\,152\text{mm}$。

求：$N_{0.2}$ 和 L_3。

解：理论上，$N = 1$。实际上，根据题中给出的胶片规格，取 $L_3 = 250\text{mm}$。

则

$$N = \pi D_0/L_3 = 3.14 \times 1\,152\text{mm}/250\text{mm} = 14.48 \text{ 片}$$

$N_{0.2} = N \cdot 20\% = 2.89$ 片，取 $N_{0.2} = 3$ 片

4）B3 和 B4 焊缝的计算。

已知：$D_0 = 273\text{mm}$，$F = 600\text{mm}$，$T = 9\text{mm}$。

求：$N_{0.2}$ 和 L_3。

解：$N = 180°/\alpha = 180°/(\theta + \eta)$

$\because \theta = \arccos[(0.44T + D_0)/(1.2D_0)] = \arccos[(0.44 \times 9 + 273)/(1.2 \times 273)] = 32.28°$

$\eta = \arcsin[D_0 \cdot \sin\theta/(2F - D_0)] = \arcsin[273 \times \sin 32.28°/(2 \times 600 - 273)] = 9.05°$

则

$$N = 180°/(32.28° + 9.05°) = 4.36 \text{ 片}$$

$N_{0.2} = N \cdot 20\% = 0.87$ 片，取 $N_{0.2} = 1$ 片

$$L_3 = \pi D_0/N = 273\text{mm} \times 3.14/4.36\text{mm} = 196.9\text{mm}$$

5）开孔两侧 B1 和 B2 焊缝的计算。均在以 1.5 倍开孔直径为半径的圆范围内，属必检范围，其计算方法如下：

① 将开孔处展开，如图6-21a 所示。$\overline{AB}$即为B1 和B2 必检部位的弦长。

$$\overline{AB}=2\overline{AO}=2\times(409.5^2-350^2)\text{mm}/2=2\times212.6\text{mm}$$

② $\overset{\frown}{AB}$为B1 缝开孔处必检的弧长，$\overset{\frown}{A'B'}$为B2 缝开孔处必检的弧长，如图6-21b 和c 所示。

$$\overset{\frown}{AB}=2R_1\pi\cdot2\alpha_1/360°=2\times570\text{mm}\times3.14\times2\times\arcsin(212.6/570)/360°=435.7\text{mm}$$

$$\overset{\frown}{A'B'}=2R_2\pi\cdot2\alpha_2/360°=2\times576\text{mm}\times3.14\times2\times\arcsin(212.6/576)/360°=435.5\text{mm}$$

由此可见，每一开孔处B1 和B2 焊缝均应加拍2 片，即B1 和B2 每缝必照5 片。

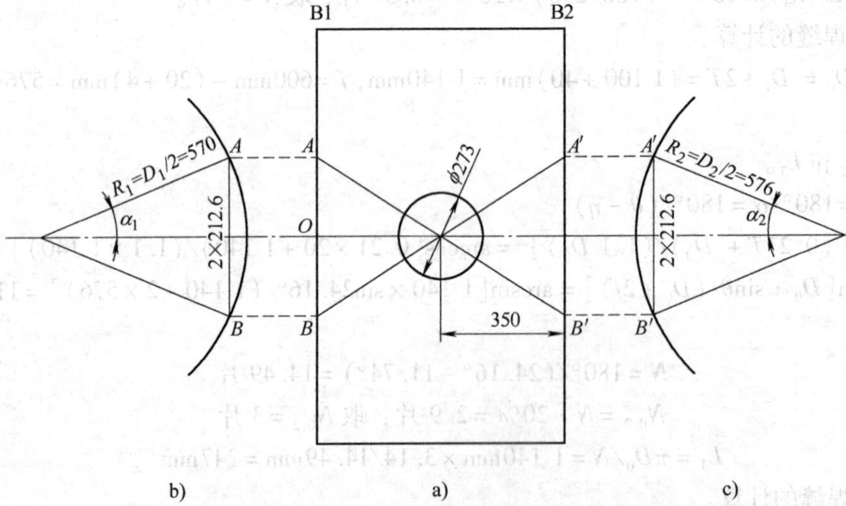

图6-21 浮头式换热器管箱开孔展开图

（5） 曝光规范的确定 按检测条件4 确定曝光规范。

1） B1 焊缝。由曝光曲线查得，$F=600\text{mm}$，曝光量为15mA · min 时，能量 $=5T_A+80=5\times(20+4)+80=200$。

2） B3 和B4 焊缝。由曝光曲线查得，$F=600\text{mm}$，曝光量为15mA · min 时，能量 $=5T_A+80=5\times(2\times9+2)+80=180$。

3） B2 焊缝。由曝光曲线查得，$F=600\text{mm}$，曝光量为15mA · min 时，能量 $=5T_A+80=5\times(26+4)+80=230$。

由平方反比定律换算，当 $F=578\text{mm}$，曝光量为 $15\text{mA}\cdot\text{min}\times578^2/600^2=14\text{mA}\cdot\text{min}$。即曝光时间为2.8min。

将上面确定的检测器材、检测工艺参数、技术要求的内容和检测部位图填入焊缝射线检测工艺卡中，经编制审核人签章，即编制完成了该射线检测工艺卡。浮头式换热器管箱组件的焊缝射线检测工艺卡（编号0601）见表6-8。

2. 在用压缩机出口分液罐射线检测工艺卡

某企业有一台在用压缩机出口分液罐，如图6-22 所示，产品编号为0602，容器类别为二类，材料牌号为20R，容器规格为 $\phi800\text{mm}\times1\,500\text{mm}\times12\text{mm}$，其他工艺接管的规格尺寸及开孔方位如图6-22 所示。

表 6-8　焊缝射线检测工艺卡

工艺卡编号：0601　　　　辽 B5-11

共　页　第　页

<table>
<tr><td rowspan="2">工件</td><td>产品名称</td><td colspan="2">浮头式换热器管箱组件</td><td>产品（制造）编号</td><td>0601</td></tr>
<tr><td>材料牌号</td><td colspan="2">16MnR</td><td>规格</td><td>ϕ1 100mm×1 000mm</td></tr>
<tr><td rowspan="5">器材</td><td>源种类</td><td colspan="2">☑X □Ir192 □Co60</td><td>设备型号</td><td>XXH—2505/XXQ—2505</td></tr>
<tr><td>焦点尺寸</td><td colspan="2">1.0mm×2.4mm/2.0mm×2.0mm</td><td>胶片牌号</td><td>AgfaC7</td></tr>
<tr><td>铅增感屏厚度</td><td colspan="2">前屏 0.03mm 后屏 0.03mm</td><td>胶片规格</td><td>80mm×300mm/80mm×240mm</td></tr>
<tr><td>屏蔽方式</td><td colspan="2">必要时背衬薄铅板</td><td>冲洗方式</td><td>□自动 ☑手工</td></tr>
<tr><td>显影液配方</td><td colspan="2">胶片厂家配方</td><td>显影条件</td><td>时间 4~8min 温度 18~21℃</td></tr>
<tr><td rowspan="12">检测工艺参数</td><td>焊缝编号</td><td>A1</td><td>B1</td><td>B2</td><td>B3、B4</td></tr>
<tr><td>板厚/mm</td><td>26</td><td>20</td><td>26</td><td>9</td></tr>
<tr><td>像质计型号</td><td>Fe-6/12</td><td>Fe-6/12</td><td>Fe-6/12</td><td>Fe-10/16</td></tr>
<tr><td>透照方式</td><td>单壁外透</td><td>单壁外透</td><td>中心透照</td><td>双壁单影</td></tr>
<tr><td>f（焦距）/mm</td><td>（600）</td><td>（600）</td><td>（578）</td><td>（600）</td></tr>
<tr><td>能量/kV</td><td>230</td><td>200</td><td>230</td><td>180</td></tr>
<tr><td>管电流/mA</td><td>5</td><td>5</td><td>5</td><td>5</td></tr>
<tr><td>曝光时间/min</td><td>3</td><td>3</td><td>2.8</td><td>3</td></tr>
<tr><td>应识别丝号</td><td>10</td><td>11</td><td>10</td><td>12F</td></tr>
<tr><td>焊缝长度/mm</td><td>700</td><td>3581</td><td>3619</td><td>857×2</td></tr>
<tr><td>一次透照长度/mm</td><td>250</td><td>247</td><td>250</td><td>196.9</td></tr>
<tr><td>拍片数量/片</td><td>1</td><td>5</td><td>5</td><td>1×2</td></tr>
<tr><td colspan="2">合格级别/级</td><td>Ⅲ</td><td>Ⅲ</td><td>Ⅲ</td><td>Ⅲ</td></tr>
<tr><td colspan="2">检测比例（%）</td><td>≥20</td><td>≥20</td><td>≥20</td><td>≥20</td></tr>
<tr><td>技术要求</td><td colspan="5">1. 检测标准：JB/T 4730.2—2005。
2. 射线检测技术等级：AB 级。
3. 底片黑度范围 D：2.0~4.0。
4. 本工艺卡未规定事宜，按射线通用工艺规程执行。
5. 补充说明：开孔处对应的 B1 和 B2 焊缝每处应加拍 2 片。</td></tr>
</table>

透照部位示意图：

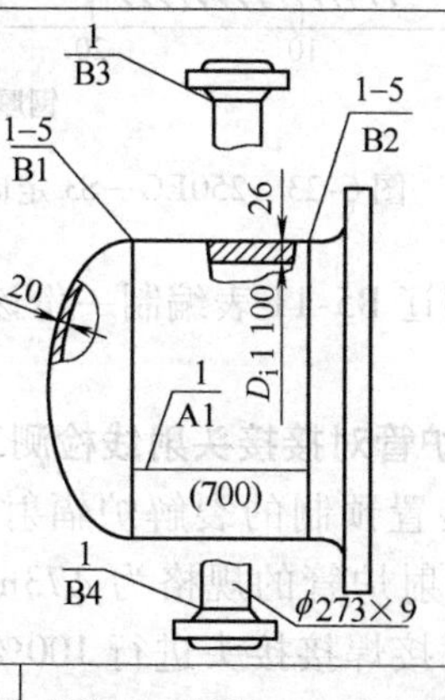

编制人（资格）：　Ⅱ××××年××月××日　　审核人（资格）：　Ⅱ（或Ⅲ）××××年××月××日

该企业检验部门在对该台容器进行全面检验时，制订的检验方案中包括对该容器焊缝B1进行100%射线检测，对其他各条对接焊缝（公称直径小于ϕ250mm接管焊缝除外）进行≥20%的射线检测，并要求按JB/T 4730.2—2005的AB级评定，不低于Ⅲ级为合格（假设不考虑在用压力容器超出制造标准的缺陷，允许适度放宽来划分安全状况等级的问题）。

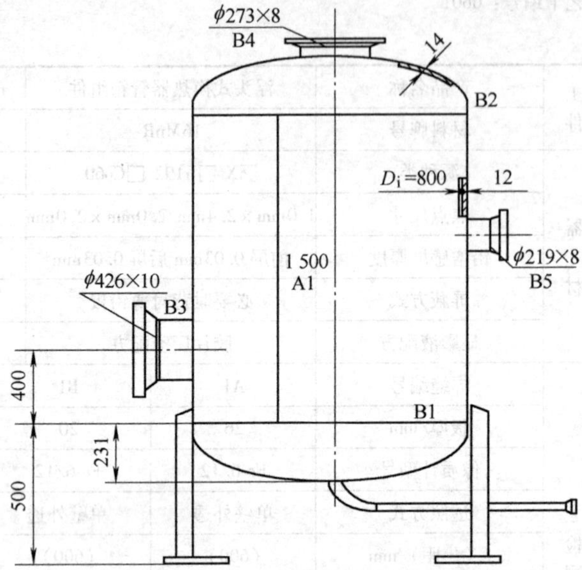

图 6-22 在用压缩机出口分液罐

该企业检验部门拥有的X射线机型号为250EG—S3，焦点尺寸为2mm×2mm，管电流为5mA；另一型号为200EGB1C，焦点尺寸为1.0mm×3.5mm，管电流为5mA。其曝光曲线分别如图6-23和图6-24所示。另有如下器材可供选择：胶片AgfaC7、天津Ⅲ型；规格360mm×80mm、240mm×80mm、180mm×80mm；增感屏Pb 0.03mm；冲洗方式为手工冲洗。

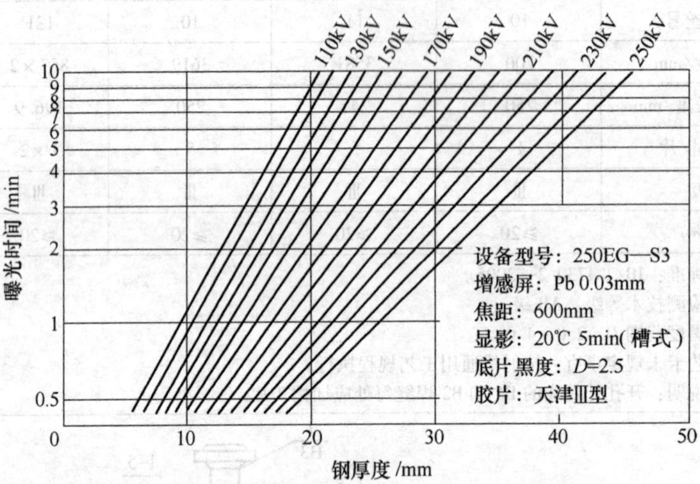

图 6-23 250EG—S3 定向X射线机曝光曲线

该企业检验部门采用辽B5-11表编制一份该台容器焊缝射线检测工艺卡（编号0602），见表6-9。

3. 乙烯裂解炉辐射炉管对接接头射线检测工艺卡

某制造厂为某乙烯装置预制的裂解炉辐射炉管结构如图6-25所示。炉管材质为P91（相当于9Cr1MoVN），辐射炉管的规格为ϕ73mm×9mm，焊缝宽度为10mm，焊缝余高为2mm。设计规定对每个对接焊接接头进行100%射线检测，执行JB/T 4730.2—2005检测，验收等级为Ⅱ级。

表 6-9　焊缝射线检测工艺卡

工艺卡编号：0602　　辽 B5-11

共　页　第　页

工件	产品名称	压缩机出口分液罐	产品（制造）编号	0602
工件	材料牌号	20R	规格	800mm×1 500mm×12mm
器材	源种类	☑X □Ir192 □Co60	设备型号	200EGB1C/250EG—S3
器材	焦点尺寸	1.0mm×3.5mm/2mm×2mm	胶片牌号	天津Ⅲ型
器材	铅增感屏厚度	前屏 0.03mm 后屏 0.03mm	胶片规格	360mm×80mm/240mm×80mm/180mm×80mm
器材	屏蔽方式	背衬薄铅板	冲洗方式	□自动 ☑手工
器材	显影液配方	胶片厂家配方	显影条件	时间 4～8min 温度 18～21℃

	焊缝编号	A1	B1	B2	B3	B4
检测工艺参数	板厚/mm	12	12	12	10	8
检测工艺参数	像质计型号	Fe-10/16	Fe-10/16	Fe-10/16	Fe-10/16	Fe-10/16
检测工艺参数	透照方式	单壁外透	中心透照	单壁外透	中心透照	双壁单影
检测工艺参数	f（焦距）/mm	(700)	(414)	(600)	(215)	(600)
检测工艺参数	能量/kV	120	120	120	120	120
检测工艺参数	管电流/mA	5	5	5	5	5
检测工艺参数	曝光时间/min	4	1.5	3	0.5	3
检测工艺参数	应识别丝号	12	12	12	13	13F
检测工艺参数	焊缝长度/mm	1 500	2 589	2 589	1 339	858
检测工艺参数	一次透照长度/mm	342	324	210	320	150
检测工艺参数	拍片数量/片	1	8	3	1	2
合格级别/级		Ⅲ	Ⅲ	Ⅲ	Ⅲ	Ⅲ
检测比例（%）		≥20	100	≥20	≥20	≥20

技术要求：

1. 检测标准：JB/T 4730.2—2005。
2. 射线检测技术等级：AB 级。
3. 底片黑度范围 D：2.0～4.0。
4. 本工艺卡未规定事宜，按射线通用工艺规程执行。
5. 补充说明：透照 B1、B3 焊缝使用 200EGB1C 探伤机，其他采用 250EG—S3 探伤机。

透照部位示意图：

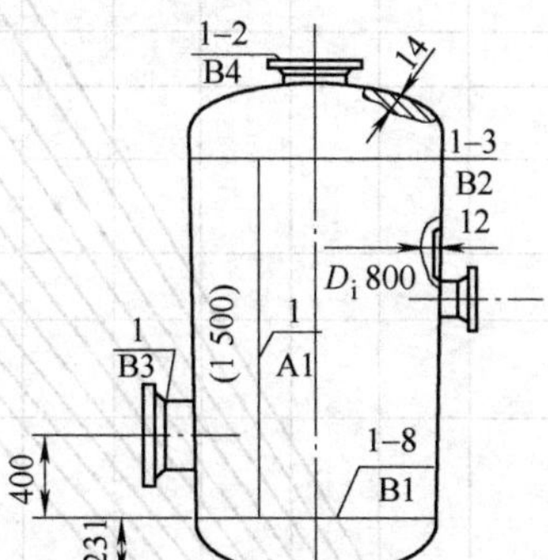

编制人（资格）：　Ⅱ××××年××月××日　　审核人（资格）：　Ⅱ（或Ⅲ）××××年××月××日

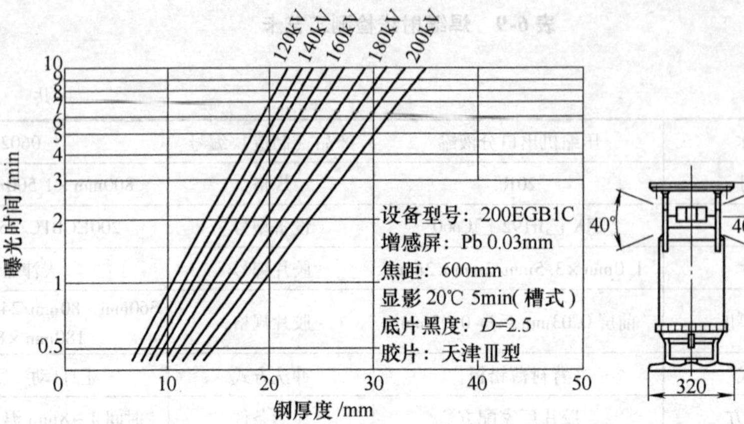

图 6-24　200EGB1C 周向 X 射线机曝光曲线及机头结构

该制造厂探伤室拥有的检测设备和材料包括：300EG—B2F 型周向 X 射线机、Se-75γ 射线机（现有活度 80Ci）和 Ir-192γ 射线机（现有活度 80Ci）；天津Ⅲ型、Ⅴ型胶片（胶片规格为 360mm×80mm、120mm×80mm）。

三台探伤机的曝光曲线分别如图 6-26～图 6-28 所示。

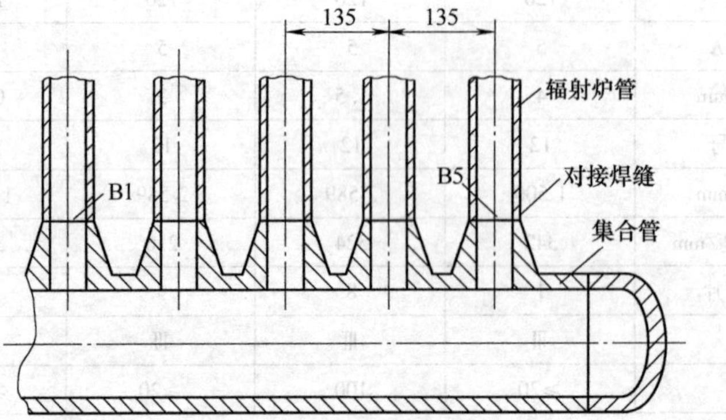

图 6-25　辐射炉管结构

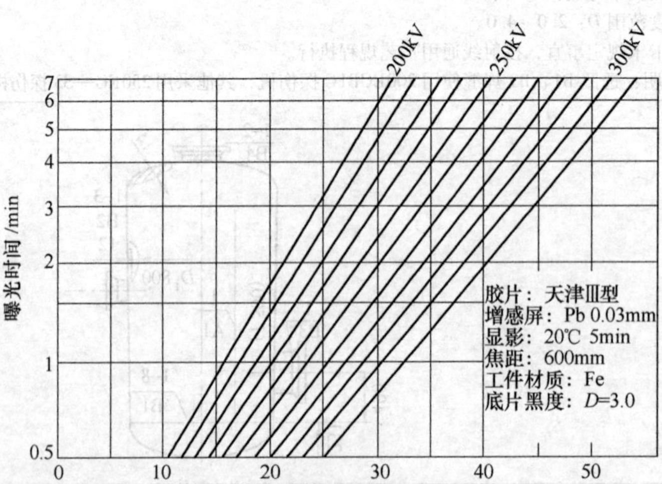

图 6-26　300EG—B2F 型周向 X 射线机曝光曲线（焦点尺寸：1.0mm×2.5 mm）

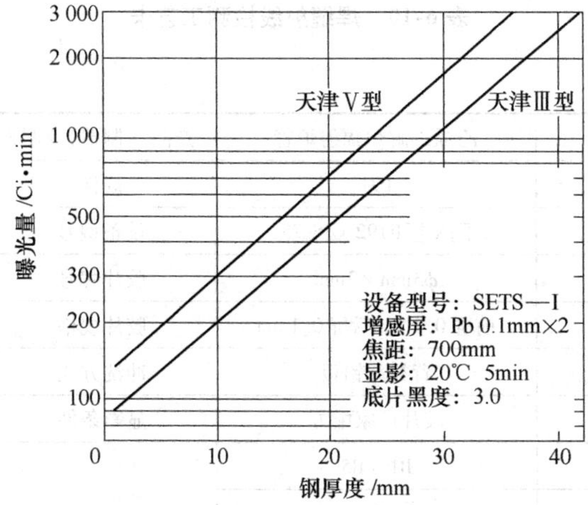

图 6-27　Se-75γ 射线机曝光曲线（焦点尺寸：ϕ3mm × 3mm）

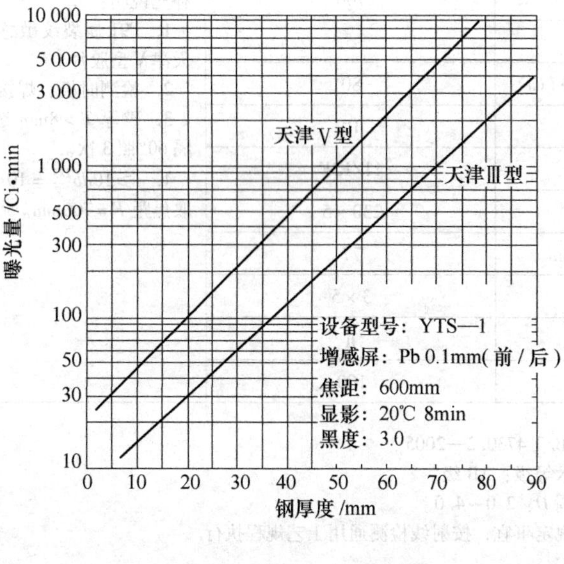

图 6-28　Ir-192γ 射线机曝光曲线（焦点尺寸：ϕ3mm × 3mm）

该制造厂探伤室采用辽 B5-11 表编制一份该台容器焊缝射线检测工艺卡（编号 0603），见表 6-10。

4．工业管道对接焊接接头射线检测工艺卡（见表 6-11）

5．综合检测工艺题（这是一道运用所学知识编制检测工艺的假想题）

假设有一台 07-01 的储罐，规格为 D_i 1 200mm × 1 800mm × 10mm，材料为 16MnR，筒节长 1 800mm，T = 10mm，两端为封头，右侧封头中心有一 D_i450mm × 8mm 高颈法兰人孔，短节长 280mm，罐体上有 ϕ273mm × 8mm 高颈法兰接管，左侧封头上有 ϕ89mm × 8mm 高颈法兰接管，如图 6-29 所示。试编制最佳检测工艺。

检测要求：按 JB/T 4730. 2—2005 进行 100 % 射线检测，不低于Ⅱ级为合格。

表 6-10　焊缝射线检测工艺卡

工艺卡编号：0603　　　　　　　　　　辽 B5-11

共　页第　页

工件	产品名称	乙烯裂解炉辐射炉管	产品（制造）编号	0603
工件	材料牌号	P91	规格	ϕ73mm × 9mm
器材	源种类	□X □Ir192 ☑Se75	设备型号	SETS-I（Se-75）
器材	焦点尺寸	ϕ3mm × 3mm	胶片牌号	天津Ⅴ型
器材	铅增感屏厚度	前屏 0.1mm 后屏 0.1mm	胶片规格	120mm × 80mm
器材	屏蔽方式	背衬薄铅板	冲洗方式	□自动　☑手工
器材	显影液配方	胶片厂家配方	显影条件	时间 4 ~ 8min 温度 18 ~ 21℃
检测工艺参数	焊缝编号	B1 ~ B5		
检测工艺参数	板厚/mm	9		
检测工艺参数	像质计型号	Fe-10/16		
检测工艺参数	透照方式	垂直重叠		
检测工艺参数	f（焦距）/mm	700		
检测工艺参数	能量/kV			
检测工艺参数	管电流（活度）/mA(Ci)	80		
检测工艺参数	曝光时间/min	10		
检测工艺参数	应识别丝号	11/12F		
检测工艺参数	焊缝长度/mm	230 × 5		
检测工艺参数	一次透照长度/mm	77		
检测工艺参数	拍片数量/片	3 × 5		
合格级别/级		Ⅱ		
检测比例（%）		100		

补充说明：

1. P91 属裂纹敏感性材料，选择 Se75 源配合天津Ⅴ型胶片。
2. 检测时机：焊接完成 24h 后。
3. 壁厚 $T > 8$mm 选择垂直透照重叠成像，相隔 60°照 3 次。
4. $f \geqslant 10db^{2/3} = 10 \times 3 \times 77^{2/3}$ mm = 543mm，选取焦距 $F = 700$mm。

技术要求：

1. 检测标准：JB/T 4730.2—2005。
2. 射线检测技术等级：AB 级。
3. 底片黑度范围 D：2.0 ~ 4.0。
4. 本工艺卡未规定事宜，按射线检测通用工艺规程执行。

透照部位示意图：

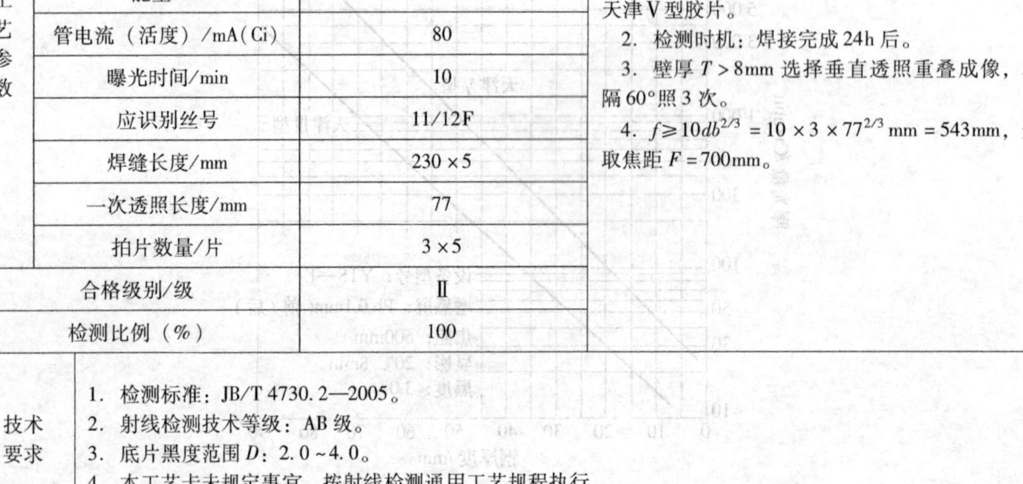

编制人（资格）：　Ⅱ××××年××月××日　　审核人（资格）：　Ⅱ（或Ⅲ）××××年××月××日

表 6-11　射线检测工艺卡

工艺卡编号：0604　　辽 B5-11

共　页第　页

管件规格/mm	透照方式	透照厚度/mm	识别像质丝号	像质计型号	透照示意图	周长/mm	曝光次数 N	一次透照长度/mm	焦距/mm	X 射线透照 C7 胶片 能量/kV	管电流/mA	曝光时间/min	^{192}Ir 透照 C7 胶片 曝光量/Ci·min	适用片长/mm
$\phi25\times3.5$	双壁双影	6	14	Fe-14	图 1	78.5	2	26.2	600	150	5	1	82.8	150×80
$\phi57\times6$		12	12	Fe-12	图 4	179.1	2	89.6	600	180	5	1	117.4	150×80
$\phi89\times6.5$		13	12	Fe-12	图 4	279.6	2	139.8	600	185	5	1	124.2	240×80
$\phi108\times5$	双壁单影	10	14F	Fe-10/16	图 2	339.3	5	67.9	260	150	5	1	4.8	150×80
$\phi159\times7$		14	13F	Fe-10/16	图 2	499.5	5	100	310	170	5	1	11.7	150×80
$\phi219\times6.5$		13	13F	Fe-10/16	图 2	688	5	137.6	370	170	5	1	18.1	240×80
$\phi237\times6.5$		13	13F	Fe-10/16	图 2	857.7	5	171.5	430	185	5	1	29.6	240×80
$\phi377\times11$		22	12F	Fe-10/16	图 2	1 184.4	5	236.9	530	200	5	1	91.4	300×80
$\phi426\times11$		22	12F	Fe-10/16	图 2	1 338.3	5	267.7	580	210	5	1	115.4	300×80

注：1）$D_0>100$mm 时，^{192}Ir 的曝光量按 $F=D_0+20$mm 计算。

2）采用 ^{192}Ir 透照裂纹敏感性材料时，应改用 T2 型胶片，如 AgfaD4，其曝光量增大 2.5～3.0 倍。

透照部位示意图：

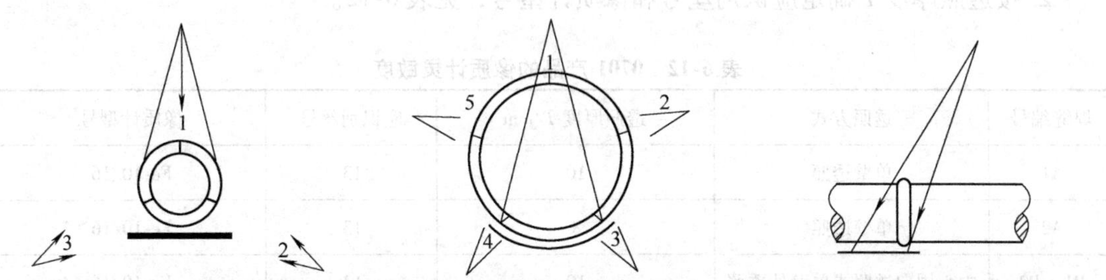

编制人（资格）：	Ⅱ级××××年××月××日	审核人（资格）：	××××年××月××日

检测条件：250EG—S3 定向 X 射线机（焦点尺寸 2mm×2mm）曝光曲线图如图 6-23 所示，200EGB1C 周向 X 射线机（焦点尺寸 1.0mm×3.5mm）曝光曲线及机头结构如图 6-24 所示；胶片 Agfa C7、天津Ⅲ型和天津Ⅴ型；增感屏规格 360mm × 80mm、300mm × 80mm 和 240mm×80mm；各种铅字、像质计齐全。假如 200EGB1C 周向 X 射线机出现故障，又如何编制最佳检测工艺。

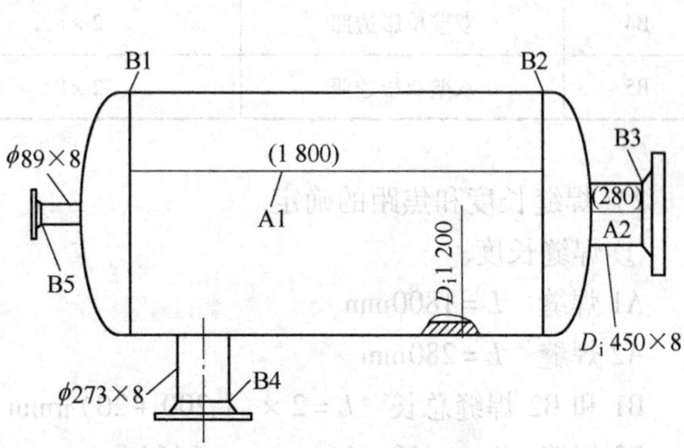

图 6-29　储罐及焊缝布置图

07-01 储罐射线检测工艺卡的编制程序和计算如下。

（1）检测条件的确定

1）由图 6-29 可知，有内径 ϕ450mm 的人孔，200EGB1C 周向 X 射线机可送入罐内且它的射线窗口可对 B1 和 B2 进行中心周向曝光；B3 若能满足几何不清晰度的要求，也可进行中心周向曝光。下面计算 B3 的几何不清晰度。

已知：$b = 8\text{mm} + 4\text{mm} = 12\text{mm}$，$d = (1.0 + 3.5)\text{mm}/2 = 2.25\text{mm}$，$D_i = \phi450\text{mm}$，则 $f = 10db^{2/3} = 10 \times 2.25 \times 12^{2/3}\text{mm} = 118\text{mm} < D_i/2 = 450\text{mm}/2 = 225\text{mm}$，满足几何不清晰度的要求，B3 可进行中心周向曝光。

其他焊缝采用 250EG—S3 定向 X 射线机。当周向 X 射线机出现故障时，均可采用该机。

2）胶片选用天津Ⅲ型，它与 AgfaC7 虽同属 T3 型，但没给曝光曲线图。天津Ⅴ型属于 T2 型胶片，16MnR 不是裂纹敏感性材料，又没给曝光曲线图，不能采用。胶片规格按 L_{eff} 确定。

3）增感屏规格。采用厚度为 0.03mm 铅增感屏，其规格同与胶片规格。

4）像质计。双壁双影采用等丝专用像质计，其他采用 Fe-R10 系列像质计。

（2）检测工艺参数的确定

1）透照方式、应识别丝号和像质计型号的确定。

① 透照方式。A1、A2 采用单壁透照，B1 ~ B3 采用中心周向透照或改用单壁外透照（假如 200EGB1C 周向 X 射线机出现故障），B4 采用双壁单影透照，B5 采用双壁双影透照。

② 按透照厚度 T 确定应识别丝号和像质计型号，见表 6-12。

表 6-12　0701 产品的像质计灵敏度

焊缝编号	透照方式	透照厚度 T/mm	应识别丝号	像质计型号
A1	单壁透照	10	13	Fe-10/16
A2	单壁透照	8	13	Fe-10/16
B1、B2	中心周向透照或单壁外透照	10	13	Fe-10/16
B3	中心周向透照或单壁外透照	8	13	Fe-10/16
B4	双壁单影透照	2×8	13F	Fe-10/16
B5	双壁双影透照	2×8	13F	Fe-13

2）焊缝长度和焦距的确定。

① 焊缝长度。

A1 焊缝　$L = 1800\text{mm}$

A2 焊缝　$L = 280\text{mm}$

B1 和 B2 焊缝总长　$L = 2 \times (1\,200 + 20)\pi\text{mm} = 2 \times 1\,220 \times 3.14\text{mm} = 7\,661.6\text{mm}$

B3 焊缝　$L = (450 + 16)\pi\text{mm} = 1464\text{mm}$

B4 焊缝　$L = 273\pi\text{mm} = 857.7\text{mm}$

B5 焊缝　$L=89\pi mm=279.6mm$

② f_{min}的计算。

a）采用 250EG—S3 定向 X 射线机。

A1、B1 和 B2 焊缝　$f_{min} \geq 10 \times d \times b^{2/3}=10 \times 2 \times (10+4)^{2/3}mm=116.2mm$

A2 和 B3 焊缝　$f_{min} \geq 10 \times d \times b^{2/3}=10 \times 2 \times (8+4)^{2/3}mm=105mm$

B4 焊缝　$f_{min} \geq 10 \times d \times b^{2/3}=10 \times 2 \times (8+2)^{2/3}mm=92.9mm$

B5 焊缝　$f_{min} \geq 10 \times d \times b^{2/3}=10 \times 2 \times (89+4)^{2/3}mm=410.5mm$

b）采用 200EGB1C 周向 X 射线机。

B1 和 B2 焊缝　$f_{min} \geq 10 \times d \times b^{2/3}=10 \times (1.0+3.5)/2 \times (10+4)^{2/3}mm=130.7mm$

B3 焊缝　$f_{min}=118mm$（前面已计算）

③ 确定焦距。由f_{min}的计算值和给定的曝光曲线图，再考虑到 K 值对一次透照长度的影响及工件结构原因，用定向探伤机各条焊缝焦距均采用 600mm。

B1、B2 焊缝周向曝光选用 $F=(1\ 200+20+4)mm/2=612mm$。

B3 焊缝周向曝光选用 $F=(450+16+4)mm/2=235mm$。

（3）一次透照长度 L_3 和每条焊缝最少的透照片数 N

1）A1 焊缝按公式计算。

已知：$T=10mm$，$\Delta L=0.5T$，$f=600mm-(10+4)mm=586mm$，$L=1\ 800mm$。

求：N、L_3 和 L_{eff}。

解：$\because L_3 \leq f/2=586mm/2=293mm$，取 $L_3=258mm$。

$L_{eff}=L_3+\Delta L=258mm+0.5 \times 10mm=263mm$，胶片长度取 300mm。

$N=L/L_3=1\ 800/258=7$。

2）A2 焊缝按公式计算。

已知：$T=8mm$，$\Delta L=0.5T$，$f=600mm-(8+4)mm=588mm$，$L=280mm$。

求：N、L_3 和 L_{eff}。

解：$\because L_3 \leq f/2=588mm/2=294mm$，取 $L_3=280mm$。

$L_{eff}=L_3+\Delta L=280mm+0.5 \times 8mm=284mm$，胶片长度取 360mm。

$N=L/L_3=280/280=1$。

3）B1 和 B2 焊缝的计算。

① 中心周向曝光。由前面的计算可知，焊缝周长 $L=3\ 830.8mm$，一次可照透照长度为整条焊缝，预定采用胶片长度为 300mm，取 $N=15$ 片，则 $L_3=L_{eff}=L/N=3830.8/15=255.39mm$。

② 单壁外透照。

a）计算法。

已知：$T=10mm$，$D_i=1\ 200mm$，$\Delta L=0.5T$，$D_0=D_i+2T=1\ 200mm+20mm=1\ 220mm$，$f=600mm-(10+4)mm=586mm$。

求：N、L_3 和 L_{eff}。

解：$N=180°/\alpha=180°/(\theta-\eta)$

$\because\ D_0/T >> 30 \quad \therefore \theta = 24.62°$

$\eta = \arcsin[D_0 \cdot \sin\theta/(D_0 + 2f] = \arcsin[1\,220 \times \sin 24.62°/(1\,220 + 2 \times 586)] = 12.26°$

$N = 180°/(24.62° - 12.26°) = 14.6$，取 $N = 15$

$L_3 = \pi D_0/N = 3.14 \times 1\,220\text{mm}/15 = 255.39\text{mm}$

$\Delta L = 1T = 10\text{mm}$

$L'_3 = \pi D_i/N = 3.14 \times 1\,200\text{mm}/15 = 251.3\text{mm}$

$L_{eff} = L'_3 + \Delta L 251.3\text{mm} + 10\text{mm} = 261.3\text{mm}$，胶片长度取300mm。

b）查表法。

已知：$T/D_0 = 10/1\,220 = 0.008\,2$，$D_0/f = 1\,220/586 = 2.082$。

求：N（L_3 和 L_{eff} 仍须按 a 计算，其值与 a 同）。

解：由附录图 B-3 查得，N = 15。

4）B3 焊缝的计算。

① 中心周向曝光。由前面的计算可知，焊缝周长 $L = 1\,464\text{mm}$，一次可照透照长度为整条焊缝，预定采用胶片长度为 300mm，取 $N = 6$，则 $L_3 = L_{eff} = L/N = 1\,464\text{mm}/6 = 244\text{mm}$。

② 单壁外透照。

a）计算法。

已知：$T = 8\text{mm}$，$D_i = 450\text{mm}$，$\Delta L = 0.5T$，$D_0 = D_i + 2T = 450\text{mm} + 16\text{mm} = 466\text{mm}$，$f = 600\text{mm} - (8 + 4)\text{mm} = 588\text{mm}$。

求：N、L_3 和 L_{eff}。

解：$N = 180°/\alpha = 180°/(\theta - \eta)$

$\because \theta = \arccos[(0.21T + D_0)/(1.1D_0)] = \arccos[0.21 \times 8 + 466)/(1.1 \times 466)] = 24.17°$

$\eta = \arcsin[D_0 \cdot \sin\theta/(D_0 + 2f)] = \arcsin[466 \times \sin 24.17°/(466 + 2 \times 588)] = 6.67°$

$N = 180°/(24.17° - 6.67°) = 10.29$，取 $N = 11$

$L_3 = \pi D_0/N = 3.14 \times 466\text{mm}/11 = 133\text{mm}$

$\Delta L = 1T = 8\text{mm}$

$L'_3 = \pi D_i/N = 3.14 \times 450\text{mm}/11 = 128.5\text{mm}$

$L_{eff} = L'_3 + \Delta L = 128.5\text{mm} + 8\text{mm} = 136.5\text{mm}$，胶片长度取240mm。

b）查表法。

已知：$T/D_0 = 8/466 = 0.017\,2$，$D_0/f = 466/588 = 0.793$。

求：N（L_3 和 L_{eff} 仍须按 a 计算，其值与 a 同）。

解：由附录图 B3 查得，$N = 11$。

5）B4 焊缝双壁单影透照的计算。

① 计算法。

已知：$T = 8\text{mm}$，$D_0 = 273\text{mm}$，$F = 600\text{mm}$，$K = 1.2$。

求：N 和 L_3。

解：$N = 180°/\alpha = 180°/(\theta + \eta)$

$\because \theta = \arccos[(0.44T + D_0)/(1.2D_0)] = \arccos[0.44 \times 8 + 273)/(1.2 \times 273)] = 32.43°$

$\eta = \arcsin[D_0 \cdot \sin\theta/(2F - D_0)] = \arcsin[273 \times \sin 32.43°/(2 \times 600 - 273)] = 9.09°$

$N = 180°/(32.43° + 9.09°) = 4.34$，取 $N = 5$

$L_3 = L_{eff} = \pi D_0/N = 3.14 \times 273mm/5 = 171mm$，胶片长度取240mm。

②查表法。

已知：$T/D_0 = 8/273 = 0.029$，$D_0/F = 273/600 = 0.455$。

求：N（L_3 仍须按①计算，其值与①同）。

解：由附录图B6查得，$N = 5$。

6）B5焊缝双壁双影透照的计算。

已知：$T = 8mm$，$D_0 = 89mm$。

求：N 和 L_3。

解：$g \leqslant D_0/4 = 89mm/4 = 22.25mm$，$T/D_0 = 8/89 = 0.09 < 0.12$，可采用倾斜透照椭圆成像，相隔90°透照两次，但由于工件结构原因，只能采用垂直透照重叠成像，相隔60°或120°透照3次，即 $N = 3$。

$$L_3 = \pi D_0/N = 3.14 \times 89mm/3 = 93.2mm$$

（4）曝光规范由焊缝的穿透厚度 T_A 确定

1）A1焊缝。$T_A = 10mm + 4mm = 14mm$，由图6-23的曝光曲线查得，$F = 600mm$ 时，选用130kV，曝光量取10mA·min。

2）A2焊缝。$T_A = 8mm + 4mm = 12mm$，由图6-23的曝光曲线查得，$F = 600mm$ 时，选用110kV，曝光量取10mA·min。

3）B1和B2焊缝。

① 周向曝光。$T_A = 10mm + 4mm = 14mm$，由图6-24的曝光曲线查得，$F = 600mm$ 时，选用140kV，曝光量取2×5mA·min。现使用焦距为612mm，当管电压不变时，由曝光因子公式计算曝光量为 $2 \times 5mA \cdot min \times 612^2/600^2 = 10.4mA \cdot min = 2.1 \times 5\ mA \cdot min$。

② 单壁透照。$T_A = 10mm + 4mm = 14mm$，由图6-23的曝光曲线查得，$F = 600mm$ 时，选用130kV，曝光量取2×5mA·min。

4）B3焊缝。

① 周向曝光。$T_A = 8mm + 4mm = 12mm$，由图6-24的曝光曲线查得，$F = 600mm$ 时，选用120kV，曝光量取1.5×5mA·min。现使用焦距为235mm，当管电压不变时，由曝光因子公式计算曝光量为 $1.5 \times 5mA \cdot min \times 235^2/600^2 = 1.2\ mA \cdot min = 0.2 \times 5\ mA \cdot min$。

② 单壁透照。$T_A = 8mm + 4mm = 12mm$，由图6-23的曝光曲线查得，$F = 600mm$ 时，选用160kV，曝光量取2×5mA·min。

5）B4焊缝双壁单影透照。$T_A = 2 \times 8mm + 2mm = 18mm$，由图6-23的曝光曲线查得，$F = 600mm$ 时，选用160kV，曝光量取2×5mA·min。

6）B5焊缝双壁双影透照。$T_A = 2 \times 8mm + 4mm = 20mm$，由图6-23的曝光曲线查得，$F = 600mm$ 时，选用170kV，曝光量取2×5mA·min。

将上面确定的检测器材、检测工艺参数、技术要求的内容和检测部位图填入焊缝射线检测工艺卡中，经编制审核人签章，即编制完成了该射线检测工艺卡。

储罐的焊缝射线检测工艺卡（编号0701）见表6-13。

表 6-13 焊缝射线检测工艺卡

工艺卡编号：0701 辽 B5-11

共 页第 页

工件	产品名称	储罐	产品（制造）编号	07-01
	材料牌号	16MnR	规格	D_i1 200mm×1 800mm×10mm
器材	源种类	☑X □Ir192 □Co60	设备型号	250EG—S3/200EGB1C
	焦点尺寸	2mm×2mm/1.0mm×3.5mm	胶片牌号	天津Ⅲ型
	铅增感屏厚度	前屏 0.03mm，后屏 0.03mm	胶片规格	360mm×80mm/300mm×80mm/240mm×80mm
	屏蔽方式	必要时背衬薄铅板	冲洗方式	□自动 ☑手工
	显影液配方	胶片厂家配方	显影条件	时间 4～8min 温度 18～21℃

检测工艺参数	焊缝编号	A1	A2	B1、B2	B1、B2	B3	B4	B5	B3
	板厚/mm	10	8	10	10	8	8	8	8
	像质计型号	Fe-10/16	Fe-10/16	Fe-10/16	Fe-10/16	Fe-10/16	Fe-10/16	Fe-13	Fe-10/16
	透照方式	单壁透照	单壁透照	中心周向透照	单壁外透	中心周向透照	双壁单影	垂直透照	单壁外透
	f（焦距）/mm	600	600	612	600	235	600	600	600
	能量/kV	130	110	140	130	120	160	170	160
	管电流/mA	5	5	5	5	5	5	5	5
	曝光时间/min	2	2	2.1	2	0.2	2	2	2
	应识别丝号	13	13	13	13	13	13F	13F	13
	焊缝长度/mm	1 800	280	3 831×2	3 831×2	1 464	858	280	1 464
	一次透照长度/mm	258	280	256	256	244	171	94	133
	拍片数量/片	7	1	15×2	15×2	6	5	3	11
合格级别/级		Ⅱ	Ⅱ	Ⅱ	Ⅱ	Ⅱ	Ⅱ	Ⅱ	Ⅱ
检测比例（%）		100	100	100	100	100	100	100	100

技术要求：

1. 检测标准：JB/T 4730.2—2005。
2. 射线检测技术等级：AB 级。
3. 底片黑度范围 D：2.0～4.0。
4. 本工艺卡未规定事宜，按射线检测通用工艺规程执行。

透照部位示意图：

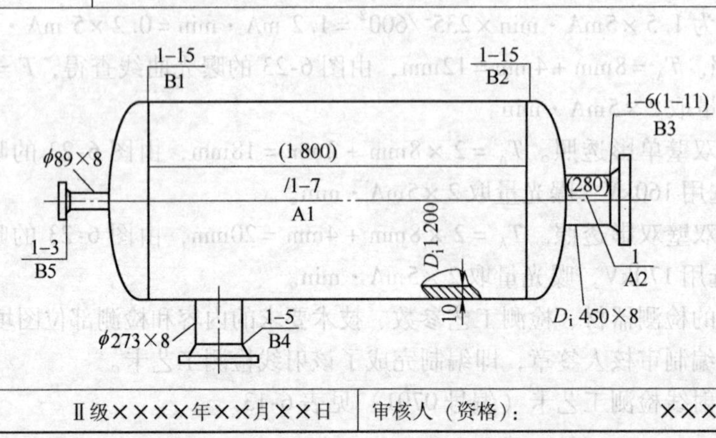

编制人（资格）： Ⅱ级××××年××月××日 审核人（资格）： ××××年××月××日

6.7　曝光曲线

6.7.1　曝光曲线概述

实际进行射线照相时，为确定透照参数经常采用曝光曲线。从曝光曲线给出的关系可方便地确定某种材料、某个厚度的工件为满足规定的质量要求应选用的射线能量、焦距及曝光量等参数。

曝光曲线是在一定条件下绘制的透照参数（射线能量、焦距和曝光量）与透照厚度之间的关系曲线。主要条件如下：

1）透照材料。

2）射线源。

3）胶片、暗室处理技术及增感等。

4）射线照相质量要求。

所给定的曝光曲线只适于在给定的条件下使用，如果使用时的条件与绘制曲线的条件不一致，则必须对从曝光曲线得到的数据进行修正，或重新制作曝光曲线。

6.7.2　曝光曲线的典型形式

X 射线照相的曝光曲线有两种典型的类型。第一种类型曝光曲线（见图 6-30）以透照电压（kV）为参数，给出一定焦距下曝光量的对数（lg$E$）与透照厚度（T）之间的关系。第二种类型曝光曲线（图 6-31）以曝光量为参数，给出一定焦距下透照电压与透照厚度之间的关系。从图 6-30 中的曲线可以看到，采用某一透照电压，在透照不同厚度时，曝光量相差得很大。由于在实际中曝光量既不能很大，也不能很小，所以某个透照电压实际上只适于透照较小的厚度范围。

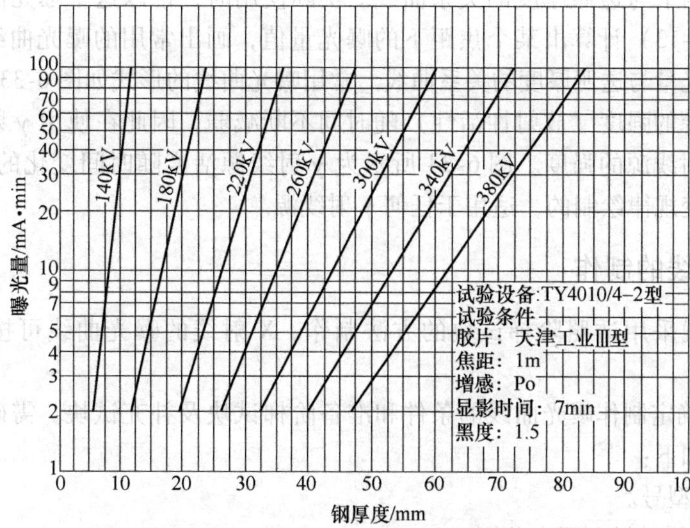

图 6-30　以透照电压为参数的曝光曲线

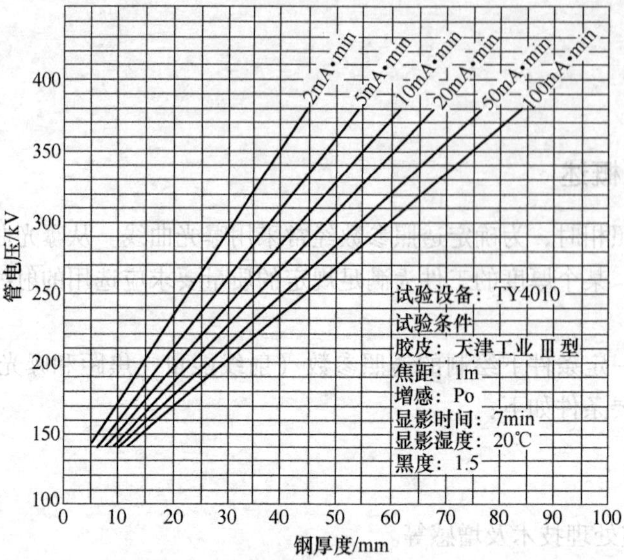

图 6-31　以曝光量为参数的曝光曲线

从图 6-31 可以看到，对于每条曲线，当透照厚度超过适当的值之后，曲线就呈现为直线，而小于这个厚度时就不是直线。其原因与 X 射线是连续谱射线有关。对图中直线部分，可以导出曝光量的对数与透照厚度之间的关系，即

$$\lg E = kT + C \tag{6-37}$$

式中　E——曝光量，单位为 mA · min；

T——透照厚度，单位为 mm；

k——曝光曲线的斜率；

C——常数。

γ 射线曝光曲线的一般形式如图 6-32 所示，它是以给定的黑度为条件，对于一个 γ 射线源画出的曝光因子与透照厚度的关系曲线。实际使用时，常以这个曝光曲线得到曝光因子，再按照式（6-13）计算出某个焦距下的曝光量值，画出常用的曝光曲线，即以给定的焦距为条件的曝光量与透照厚度的关系曲线。常用曝光曲线的形式如图 6-33 所示。

由于 γ 射线源的强度（放射性活性）随时间不断减弱，因此在使用 γ 射线的曝光曲线时，必须知道 γ 射线源的强度。图 6-34 所示为 γ 射线源活度随时间变化的一般关系曲线，是按照放射性衰变规律绘制的，适用于任何 γ 射线源。

6.7.3　曝光曲线的制作

通常曝光曲线采用透照阶梯试块的方法制作。X 射线的曝光曲线可按照下面的步骤制作。

（1）准备　确定制作曝光曲线的条件和准备阶梯试块及补充试块。需确定的制作曝光曲线的条件主要如下：

1）X 射线机型号。

2）透照物体的材料和厚度范围。

3）透照的主要条件（胶片、焦距及增感屏等）。

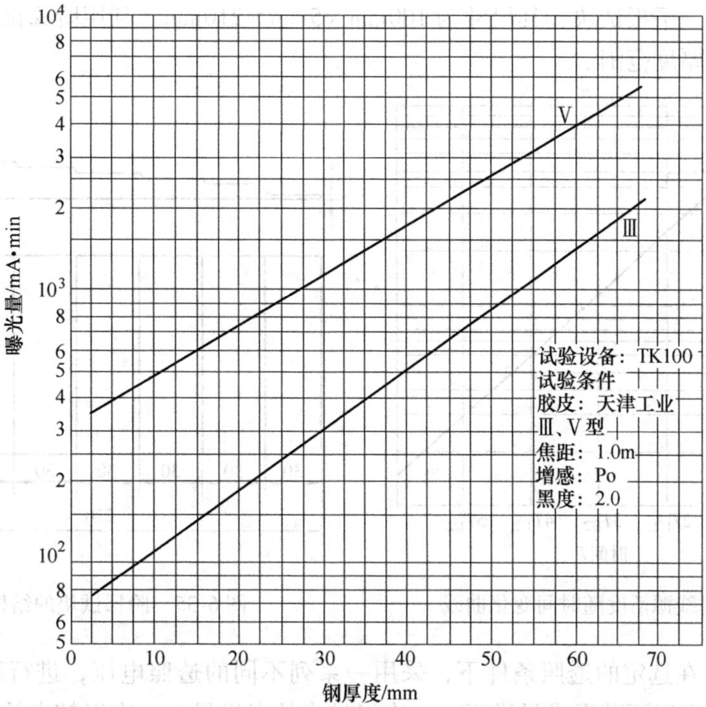

图 6-32　^{192}Irγ 射线曝光曲线

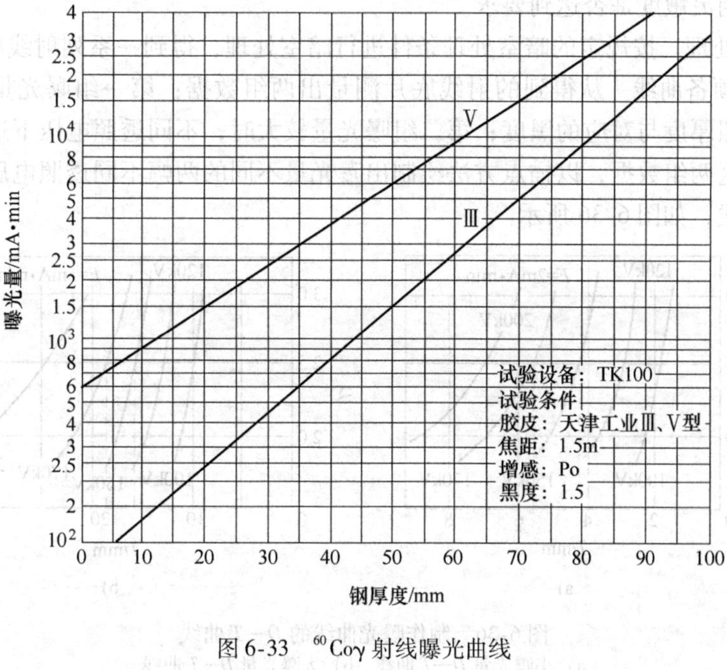

图 6-33　^{60}Coγ 射线曝光曲线

4）射线照相的质量要求（灵敏度、黑度等）。

阶梯试块的结构和尺寸如图 6-35 所示，它应选用与被透照物体材料相同或相近的材料制作，每个阶梯的厚度差常取为 2mm。为适应透照厚度范围，通常还需要制作几块补充试块，补充试块是一平板试块，其尺寸为100mm×5mm×210mm。利用阶梯试块和补充试块就可以构成较大的厚度范围。

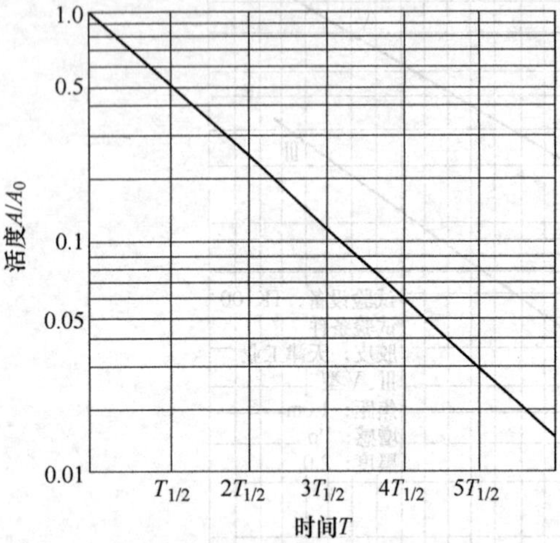

图6-34　γ射线源活度随时间变化曲线

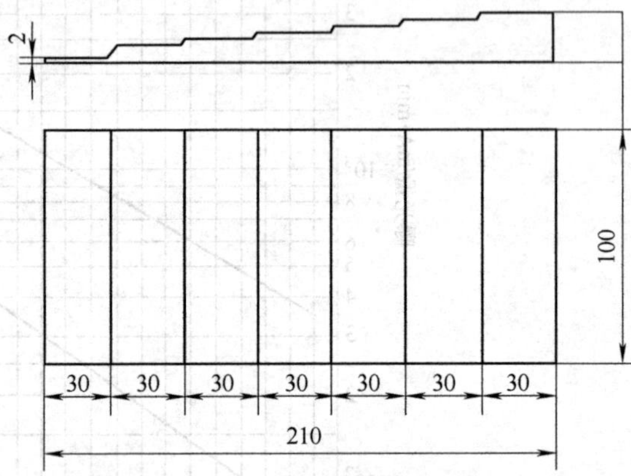

图6-35　阶梯试块的结构和尺寸

（2）透照　在选定的透照条件下，采用一系列不同的透照电压，进行阶梯试块的射线照相。射线照相应以两种曝光量进行，一次以较小的曝光量，一次以较大的曝光量，较小的曝光量不应太小，两个曝光量应有几十毫安分的差距。严格时应在每个阶梯上放置像质计，以判断射线照相灵敏度是否达到要求。

（3）暗室处理　按规定的暗室处理条件进行暗室处理，得到一系列射线底片。

（4）绘制预备曲线　从得到的射线底片测量出两组数据：第一组曝光量较小时，不同透照电压下透照厚度与对应的黑度；第二组曝光量较大时，不同透照电压下透照厚度与对应的黑度。根据这两组数据，以描点方法绘制出曝光量不同的两幅不同透照电压的黑度与透照厚度的关系曲线，如图6-36所示。

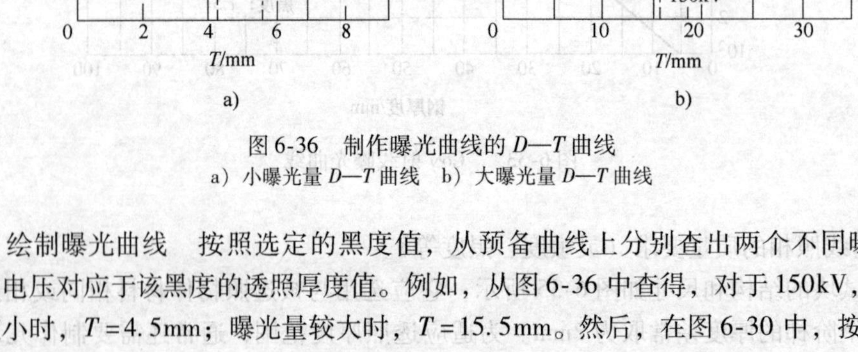

图6-36　制作曝光曲线的D—T曲线

a）小曝光量D—T曲线　b）大曝光量D—T曲线

（5）绘制曝光曲线　按照选定的黑度值，从预备曲线上分别查出两个不同曝光量下，不同透照电压对应于该黑度的透照厚度值。例如，从图6-36中查得，对于150kV，$D=2.5$，曝光量较小时，$T=4.5$mm；曝光量较大时，$T=15.5$mm。然后，在图6-30中，按曝光量和厚度值标出这两点（见图 6-37），以直线连接这两个点，即得到一透照电压的曝光曲线。将各透照电压的数据都这样绘制出曲线，即得到完整的第一类型的曝光曲线。

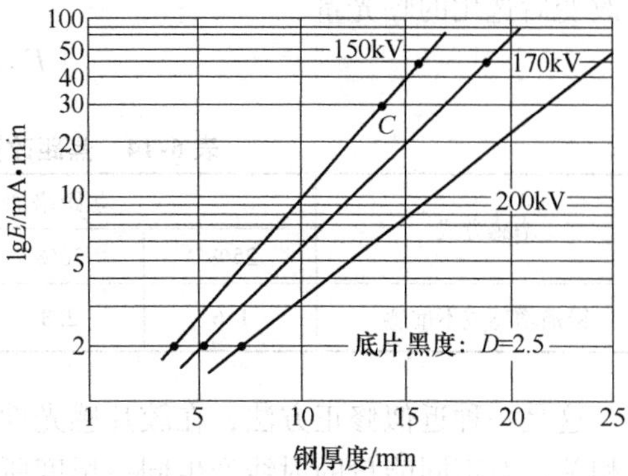

图 6-37　lgE—T 曲线

从这幅曝光曲线图上，选定一曝光量，作一平行于横坐标的直线，找出与各透照电压曝光曲线的交点（例如，30mA · min 曝光量的直线与 150kV 透照电压曝光曲线的交点 C），就可得到一组在某曝光量下透照电压与透照厚度关系的数据，用这组数据即可画出第二种类型的曝光曲线。

对 γ 射线的曝光曲线可以采取类似于 X 射线曝光曲线的制作方法进行制作，即采用两个相差较大的曝光因子值，对阶梯试块进行射线照相，从得到的射线底片测量黑度与透照厚度的关系数据，然后绘制预备曲线，再绘制曝光曲线。

6.7.4　曝光曲线的应用

如果射线照相的条件与制作曝光曲线的条件完全一致，则可以简单地从曝光曲线直接查出所需要的透照参数。即根据透照厚度选择适当的透照电压或 γ 射线源，进一步再确定曝光量。当然，在上述过程中常常需要依据射线照相检验技术级别，要求综合考虑射线能量和曝光量。

实际射线照相的条件有时不同于制作曝光曲线的条件，这时候不能简单地直接从曝光曲线确定透照参数，而必须对从曝光曲线得到的透照参数进行修正。主要可分为下面四种情况。在下面的讨论中，所采用的符号意义如下：

E_0——从曝光曲线直接得到的曝光量，单位为 mA · min；

E——修正后的曝光量，单位为 mA · min；

U_0——从曝光曲线直接得到的透照电压，单位为 V；

U——修正后的透照电压，单位为 V；

F_0——制作曝光曲线时采用的焦距，单位为 mm；

F——射线照相时实际采用的焦距，单位为 mm；

D_0——曝光曲线采用的射线底片黑度；

D——射线照相时射线底片采用的黑度。

下面将针对 X 射线照相进行讨论。

（1）焦距不同时的修正　射线照相时，如果实际使用的焦距不同于制作曝光曲线时的焦距，则应对从曝光曲线得到的曝光量进行修正。

对于使用铅箔增感屏和不增感的情况，可以按照式（6-12）进行计算修正，表 6-14 给出了一些具体的修正系数。

（2）黑度不同时的修正　如果射线底片采用的黑度不同于曝光曲线给定的黑度，那么应对从曝光曲线得出的曝光量进行修正，这时必须具有所使用的射线胶片的特性曲线。修正方法为：先从胶片特性曲线上查出对应于黑度 D_0 与 D 的曝光量 H_0 与 H（见图 6-38a）；然

后求出这两个曝光量之比 H/H_0。最后，将曝光曲线上得到的曝光量乘以这个比，即得到黑度改变后选用的曝光量

$$E = E_0 H/H_0$$

表 6-14 焦距改变时曝光量的修正系数

增感方式	焦距增加			焦距减少		
	25%	50%	100%	20%	33%	50%
铅箔增感或不增感	1.6	2.3	4	0.64	0.45	0.25

这是一种近似修正方法，在胶片感光性能的讨论中已经指出，胶片的感光度与射线的能量相关，对不同能量的射线产生同一黑度所需的曝光量不同，而胶片特性曲线仅仅是按照标准规定的能量制作的关系曲线，因此当把它应用到不同能量的射线时将产生误差。

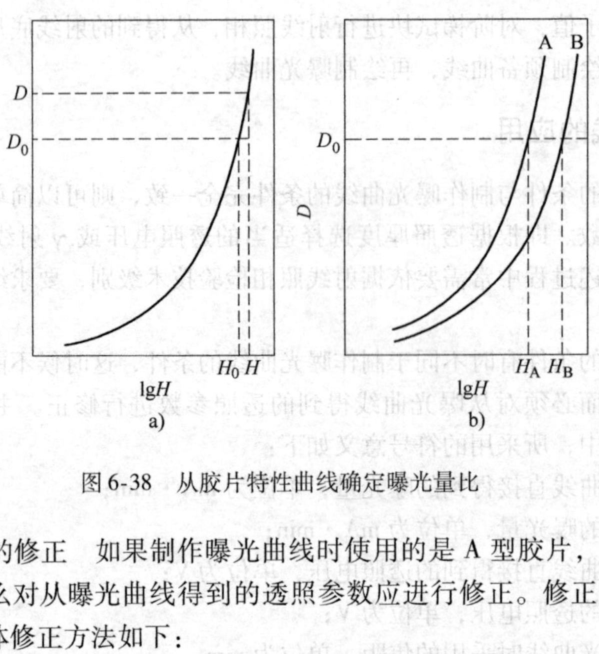

图 6-38 从胶片特性曲线确定曝光量比

（3）胶片不同时的修正 如果制作曝光曲线时使用的是 A 型胶片，实际射线照相时采用的是 B 型胶片，那么对从曝光曲线得到的透照参数应进行修正。修正时必须具有这两种胶片的特性曲线。具体修正方法如下：

先从胶片特性曲线查出为得到黑度 D_0，它们应采用的曝光量 H_A、H_B（见图 6-38b），然后求出 H_B 与 H_A 之比，最后将 A 型胶片曝光曲线上求得的曝光量乘以这个比值，即得到用 B 型胶片时应采用的曝光量

$$E = E_0 H_B/H_A$$

显然，由于与黑度修正时相同的原因，这里的修正也存在近似性。

（4）材质不同时的修正 如果被透照的物体的材料不同于制作曝光曲线时的材料，就不能直接运用曝光曲线确定透照参数。为了从对一种材料制作的曝光曲线给出其他材料的透照参数，可借助于材料的射线照相等效系数。表 6-15 给出了常见材料的射线照相等效系数。

材料的射线照相等效系数是指不同材料对射线吸收的等效性。所谓“等效”也就是说尽管材料不同、厚度也不一样，但只要是对射线的“阻碍”作用相同，就可以称之为等效。类似于互易定律，对于材料 1：$I_1 = I_0 e^{-\mu_1 T_1}$，对于材料 2：$I_2 = I_0 e^{-\mu_2 T_2}$，因为等效，即 $I_1 =$

I_2，所以有 $I_0 e^{-\mu_1 T_1} = I_0 e^{-\mu_2 T_2}$，即 $\mu_1 T_1 = \mu_2 T_2$，亦即 $\frac{T_1}{T_2} = \frac{\mu_2}{\mu_1}$。令 $\beta = \frac{\mu_2}{\mu_1}$，则 $T_1 = \beta T_2$。其中，β 为材料的等效系数。

表 6-15　常见材料的射线照相等效系数

材料	X 射线							γ 射线		
	100kV	150kV	220kV	400kV	1MV	2MV	4～5MV	^{192}Ir	^{137}Cs	^{60}Co
镁	0.05	0.05	0.08							
铝	0.08	0.10	0.18					0.35	0.35	0.35
铝合金	0.1	0.14	0.18					0.35	0.35	0.35
钛		0.54	0.54	0.71	0.9	0.9	0.9	0.9		0.9
钢、钛	1.0	1.0	1.0	1.0	1.0	1.0	1.0	1.0	1.0	1.0
铜	1.5	1.6	1.4	1.4	1.1	1.1	1.2	1.1	1.1	1.1
锌		1.4	1.3	1.3			1.2	1.1	1.0	1.0
黄铜		1.4	1.3	1.3	1.2	1.1	1.0	1.1	1.1	1.0
锆	2.4	2.3	2.0	1.5	1.0	1.0	1.0	1.2		1.0
铅	14.0	14.0	12.0		5.0	2.5	2.7	4.0	3.2	2.3
铀			22.0	12.0	4.0		3.9	12.6	5.6	3.4

利用材料的射线照相等效系数，可以把一种材料的厚度转换为另一种材料的厚度，这样也就能够把一种材料的曝光曲线应用到另一种材料。表 6-15 中给出的等效系数是以钢作为基准的，即不同材料对射线的吸收都与钢进行比较。简单地说，可以看成 1mm 厚的任何材料相当于多少毫米厚的钢。由于材料对射线的吸收不仅与材料本身的性质有关，而且也与射线能量有关，因此对不同能量的射线照相等效系数并不完全相同，表 6-15 中的数据清楚地说明了这一点。

（5）射线照相的“厚度宽容度”　射线照相的“厚度宽容度”是指采用选定的透照参数在一次透照中，可以透照的厚度范围，在这个厚度范围内，射线照相灵敏度和射线底片黑度都应符合规定的要求。射线照相厚度宽容度取决于透照时所选用的射线能量和射线胶片。对 X 射线的曝光曲线，每一条曲线由于透照电压不同，因此其厚度宽容度也不同，即采用不同的透照电压，一次可透照的厚度范围不同。

图 6-39 所示为透照电压为 U_1、U_2 的曝光曲线的厚度宽容度。从图中清楚地看到，这两条曝光曲线的厚度宽容度不相等。透照电压高的厚度宽容度大，透照电压低的厚度宽容度小。

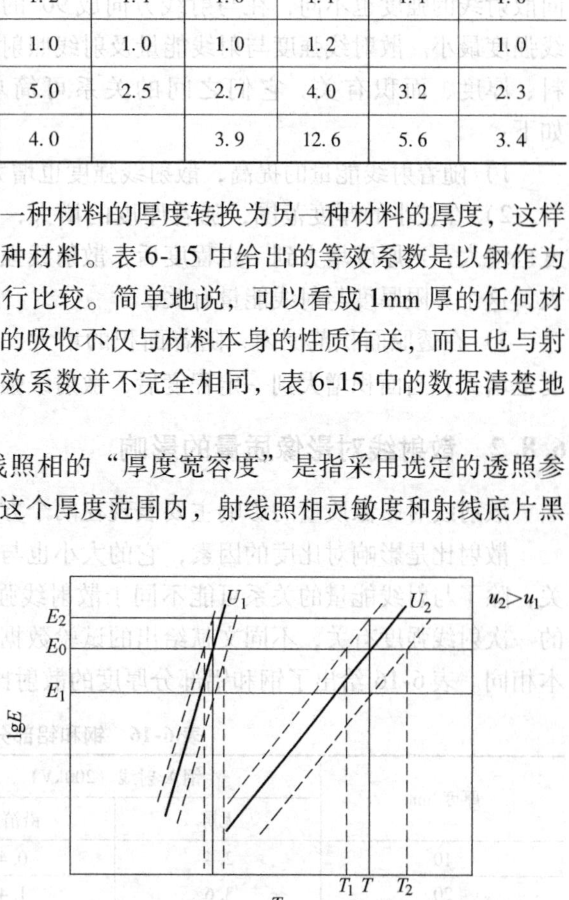

图 6-39　曝光曲线的厚度宽容度

6.8 散射线与散射线的控制

6.8.1 散射线的产生

透射射线中总包括下列的成分：

1）一次射线：从射线源发出，沿直线穿透物体的透射射线。

2）散射线：射线与物体相互作用时产生的次级射线。散射线的能量总是低于一次射线，方向一般都不同于一次射线。有时也称它为二次射线。

在射线照相中，散射线产生于射线照射的任何物体（见图6-40），包括被透照的工件、放置工件的台面或支架以及工件周围的各种物体（如地面、墙壁和其他物体）。但其中最主要的散射源是被透照的工件本身，其次是工件背面与周围的物体。

射线的入射面和透射面都存在散射线，而且在不同方向散射线的强度也不同，在与射线方向成90°的方向散射线强度最小。散射线强度与射线能量及射线照射物体的材料、厚度、面积有关。它们之间的关系可简单地概括如下：

1）随着射线能量的提高，散射线强度也增大。

2）在较小的厚度范围，随着厚度的增大，散射线强度也增大；当厚度增大到一定程度后，散射线强度不再增大，这个界限厚度与射线能量有关。

3）在透照面积范围内，随着面积的增大，散射线强度也增大；当面积增大到一定程度后，散射线强度不再增大。

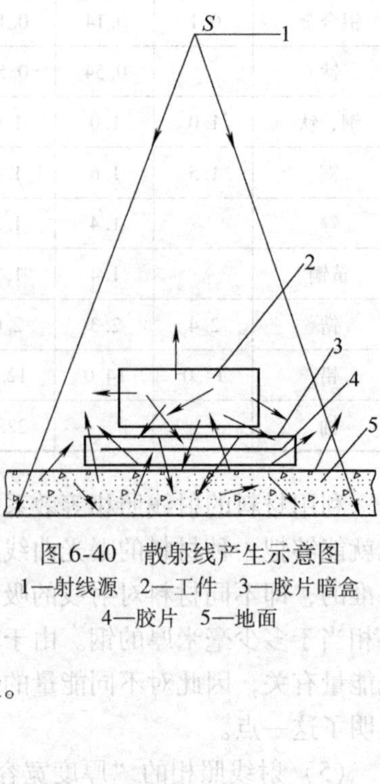

图6-40 散射线产生示意图

1—射线源 2—工件 3—胶片暗盒 4—胶片 5—地面

6.8.2 散射线对影像质量的影响

散射线对影像质量的影响主要表现在两个方面：降低影像的对比度和产生“边蚀”。

散射比是影响对比度的因素，它的大小也与射线能量、透照物体的材料、厚度、面积有关，除了与射线能量的关系可能不同于散射线强度与射线能量的关系外（因为这将与透射的一次射线强度有关，不同文献给出的试验数据也不同），其他方面与散射线强度的关系基本相同。表6-16给出了钢和铝部分厚度的散射比试验数据。

表6-16 钢和铝部分厚度的散射比

厚度/mm	钢X射线（200kV）		铝X射线（100kV）	
	无屏	铅箔屏	无屏	铅箔屏
10	2.4	0.4	—	0.4
20	3.6	1.4	—	0.8
30	5.6	2.6	—	1.4
40	8.2	4.5	—	2.0

散射线对影像质量的另一个主要影响是"边蚀"。在透照物体的边界区，由于透照厚度的急剧变化，造成散射状况的急剧改变，特别是透照物体边界之外，胶片将直接受到射线的照射，X 射线的软射线部分更容易被胶片吸收，产生大量的散射线。这些能量低的射线产生的感光作用也更强，如果不采取防护措施，它们将使影像的边界区域变得模糊，这就是边蚀。实际上边蚀主要是由于透照物体边界之外部分的胶片，在无遮蔽的情况下产生的散射线造成的。

6.8.3　控制散射线的主要方法

控制、减少散射线到达胶片的主要方法是采用滤波、光阑、遮蔽及屏蔽等。具体的布置示意图如图 6-41 所示。

（1）滤波　在 X 射线照相中，使用的 X 射线源一般都是辐射连续谱 X 射线，因此总包含有一定的长波（低能量）部分的 X 射线。当它们直接照射射线胶片或穿过薄的物体到达射线胶片时，可以被强烈吸收并产生散射线。为了减少射线中的这部分成分，常采用滤波的方法，即在 X 射线管窗口附近放置滤波片。射线从窗口射出之后首先要穿过滤波片，使长波部分的 X 射线被吸收。滤波片是某种适当厚度的金属材料平板，它的厚度应按射线能量选取。表 6-17 所列为典型的滤波片厚度。

当然，滤波片本身也会产生散射线，但由于滤波片与胶片之间具有较大的距离，按照平方反比定律，到达胶片的散射线强度将大大降低。

（2）光阑与遮蔽　为减少物体被检验区以外受到射线照射的范围，常用限制射线束大小的方法，如用遮蔽遮盖不需要透照的区域。

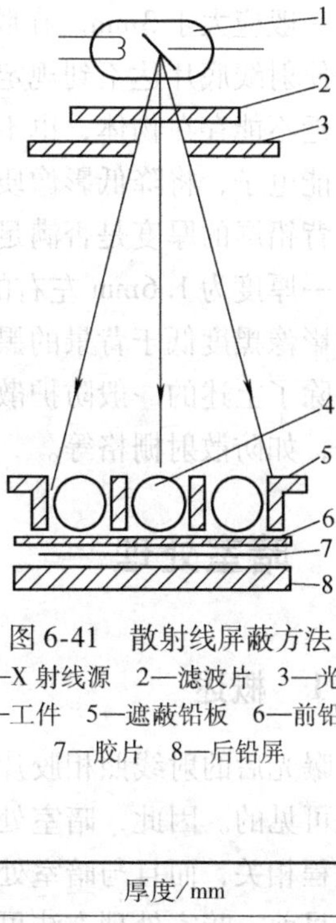

图 6-41　散射线屏蔽方法

1—X 射线源　2—滤波片　3—光阑　4—工件　5—遮蔽铅板　6—前铅屏　7—胶片　8—后铅屏

表 6-17　典型的滤波片厚度

透照电压/kV	材料	厚度/mm
150	铅	0.25
200 ~ 250	铅	0.5
400	铅	0.6 ~ 1.0
1 000	铅	1.0 ~ 1.5

光阑和遮蔽物采用对射线具有强烈吸收性能的材料制作。例如，采用铅板制作，其厚度应能有效地吸收入射的射线。光阑的孔径和孔的形状可按透照区的大小和形状设计，光阑通常放在靠近射线源的位置。遮蔽物的形状和大小应按照被透照物体的具体情况进行设计。遮蔽物不仅能够吸收射线束的射线，而且可以吸收来自周围物体或其他被透照工件的散射线。特别应注意的是，被透照的工件小于所使用的胶片，射线的能量又比较低，被透照工件物质的原子序数也比较低时，更应对直接处于射线束照射下的那部分胶片进行遮蔽。

在实际射线照相中，遮蔽是控制散射线的重要方法。

（3）屏蔽　尽管采用了上述方法防止散射线，但无论如何被透照工件本身总要产生一定的散射线。因此，还必须采取其他方法来防护这些散射线。由于这些散射线的波长比一次射线的长，因而防护这部分散射线的主要方法是在工件与胶片之间放置适当厚度的屏蔽板，吸收从被透照工件产生的散射线。通常都采用铅箔做这种屏蔽板，它一方面吸收散射线，另一方面也会吸收一部分一次射线，同时在一次射线的照射下，它还能够产生电子而产生附加的感光作用。当然，铅箔也会产生散射线，但对常用能量的射线来说，这远低于它吸收的散射线。为了达到以上的目的，应正确地选取铅屏蔽箔的厚度。在实际的射线照相中，一般不单独设置这种铅屏蔽箔，而是以增感屏的前屏实现上述功能。在透照较厚的物体时，这种屏蔽的作用十分明显。除了上述的前屏蔽外，还常需要在胶片暗袋后面放置较厚的铅板，吸收来自被透照物体周围产生的、从胶片后方到达胶片的散射线。这种屏蔽常简称为背屏，它的厚度一般应大于3mm。在胶片后方较近的地方存在物体时，必须放置背铅屏，否则散射线将会使射线底片达不到规定的影像质量要求。在采用高能射线进行射线照相时，胶片暗袋后面附近不能存在物体，也不能放置铅屏蔽，因为这时射线在铅屏蔽上也能激发较强的散射线和高能电子，将降低影像质量。

背铅屏的厚度是否满足防护散射线的要求，可以采用下述的方法检验。在胶片暗袋背面贴附一厚度为1.6mm左右的铅字B，在得到的射线底片上观察这个铅字的影像黑度。如果它的影像黑度低于背景的黑度，则说明背铅屏厚度还应加大。

除了上述的一般防护散射线的方法外，对一些特殊的问题还必须采用特殊的散射线防护方法，如防散射栅格等。

6.9　暗室处理

6.9.1　概述

曝光后的射线照相胶片所形成的是潜影，潜影是不可见的，必须经过暗室处理以后潜影才是可见的。因此，暗室处理是射线照相法的基本技术环节，射线照相底片的质量不仅与透照过程相关，而且与暗室处理过程密切相关。

目前，暗室处理方法可分成自动处理和手工处理两类。自动处理采用胶片自动处理机和特殊的专用显影液、定影液、停显液配方，一般是在较高的温度下进行，得到的射线底片质量好并且稳定，在我国正在逐渐普及中。手工处理可分为盘（盆）式处理和槽式处理两种方式：槽式处理适于处理规格比较一致的胶片，盘式处理适于胶片规格不固定、变化较大情况的暗室处理。盘式处理要求操作人员具有熟练的暗室操作技术和较高的操作水平，否则将难以得到质量良好的射线底片。

为了保证暗室处理的质量，暗室环境应满足一些基本要求。暗室应设计成分立的两部分，一部分是存放胶片、暗袋（盒）、增感屏以及切装胶片的工作室（常称为干区），另一部分是进行从显影至干燥的工作室（即湿区），图6-42所示为暗室的基本布置图。

暗室的环境条件的主要要求如下：

1）室温：20℃±5℃。

2）湿度：30%~60%（切装胶片室）。

3）通风：5 ~ 10 次/h（换气量）。

4）照明：两种照明方式——白炽灯、安全（红）灯。

5）墙壁与地面：反光少，地面和局部墙壁应防水、防化学腐蚀。

6）门：一般应设成双道门来保证暗的环境。

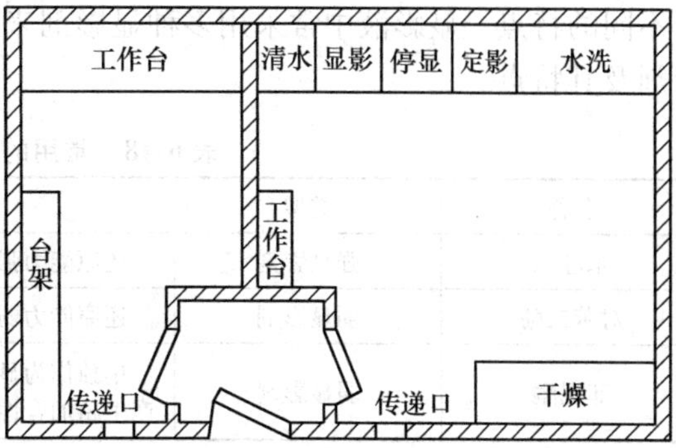

图 6-42　暗室的基本布置图

关于照明应说明的是，白炽灯用于暗室处理的准备工作照明，其亮度应较低，一般不要超过 25W，以利于尽快适应暗室处理工作状况。切装胶片和胶片冲洗处理过程必须在安全（红）灯照明下进行，否则将使胶片感光。安全（红）灯主要是指灯的颜色和亮度，应保证射线胶片在切装和冲洗处理过程中不被感光。灯的颜色应为暗红色，一般用 15 ~ 25W 白炽灯加装滤色片构成。为保证灯的照明亮度适宜，应控制灯与工作台的距离，特别是安全（红）灯与显影、切装胶片工作台的距离。安全（红）灯的可靠性检查方法为：开启安全（红）灯，在不同的工作部位各放置一条胶片，并用硬纸板盖住，然后每经一定时间移动一段纸板，使胶片产生不同时间的曝光，最后按照规定的程序进行暗室处理，将得到的黑度与未曝光部分的黑度比较，以不产生灰雾黑度为准，即可确定安全（红）灯的可靠工作时间和距离。

6.9.2　胶片切装

切装胶片之前，应清洁工作台面、切刀及有关用具。操作人员在切装胶片前应洗手，必要时应带细纱手套进行切装胶片。操作时必须避免胶片之间、胶片与工作台面、胶片与暗盒间的严重摩擦，避免胶片发生弯折和受到严重挤压。取放胶片时应尽量夹持其边角部位、两个侧边，尽量减少手与胶片表面的接触面积和时间。切装胶片应安排好正确的流程，避免错装、漏装。粗心的操作常导致胶片损伤，并将严重损害射线底片的质量，甚至造成返工。

6.9.3　显影

显影是暗室处理中最重要的环节，也是与影像质量关系最密切的暗室处理过程。

1. 显影过程的作用

显影过程在本质上是一个还原过程。显影过程具有强烈的自动催化效应，即一旦有了第一个显影剂电子向银离子迁移，并在卤化银微粒表面形成一个银原子，就会推动第二个电子向卤化银微粒迁移。显影过程具有放大作用，显影得到的银量比曝光得到的银量可以大到 10^{10} 倍。显影后得到的影像由极细小的银微粒聚集形成，由于它不能反射光线而显现为黑色。在这个过程中，经曝光和没有曝光的显影微粒都具有还原作用，但还原的速度不同，曝光的卤化银微粒还原速度远高于未曝光的卤化银微粒。

2. 显影液的组分与配制

通常使用的显影液含有四种组分：显影剂、保护剂、促进剂及抑制剂。调整各个组分的比例，可以得到不同性能的显影液。

1）显影剂：使已感光的卤化银还原为金属银。它是显影液的基本组分，不同的显影剂有不同的特点，显影液中常采用多种显影剂来调整显影液的性能。表6-18列出了常用的显影剂及其特点。

表6-18 常用的显影剂及其特点

名称	类型	主要特点
米吐尔	强显影剂	还原能力强，作用快，反差低；显影能力对温度变化不敏感；易氧化
对苯二酚	弱显影剂	还原能力弱，作用慢，反差高；显影能力对温度非常敏感
菲尼酮	弱显影剂	单独作为显影剂时显影能力很弱，作用快，反差低；与对苯二酚组合产生超加合性，有强显影能力

2）保护剂：防止显影剂氧化，延长显影液的寿命。保护剂具有较强的与氧化合的能力，能够优先与进入显影液的氧发生反应，减少了显影剂与氧的化合。显影液中经常采用的保护剂是亚硫酸钠。

3）促进剂：中和显影液中的氢离子，调节氢离子浓度，控制显影液的碱性。强碱性可以使显影速度加快、对比度大，但颗粒粗；弱碱性的加速作用小，得到的影像的颗粒细。显影液中常用的促进剂是碳酸钠、硼砂，都是弱碱性物质。

4）抑制剂：减少未曝光卤化银微粒的显影程度，降低灰雾。经常使用的抑制剂是溴化钾。

不同牌号的射线胶片其感光乳剂的配方、制备工艺不同，感光乳剂的性能不同，显影时只有使用与其相适应的显影液配方，才能获得应有的感光性能，因此各胶片制造厂都研制了自己胶片的专用显影液配方。部分射线胶片的显影液配方见表6-19。

表6-19 显影液配方与使用条件

药品	天津	柯达 D-19	阿克发	依尔福 ID-11	富士
米吐尔/g	4	2.2	3.5	2.3	4
无水亚硫酸钠/g	65	96	60	72	60
对苯二酚/g	10	8.8	9	8.8	10
无水碳酸钠/g	45	48	40	47.9	53
溴化钾/g	5	5	3.5	4	2.5
水/mL	1 000	1 000	1 000	1 000	1 000
显影温度/℃	20	20	18	20	20
显影时间/min	4~8	5	5~7	4	5

采用菲尼酮的显影液配方见表6-20。

表6-20 菲尼酮配方显影液

药品	自动洗片用	普通洗片用	高活性配方
水/mL	1 000	1 000	1 000
对苯二酚/g	24	11	35
菲尼酮/g	0.75	0.275	0.6

（续）

药品	自动洗片用	普通洗片用	高活性配方
无水亚硫酸钠/g	60	60	100
无水碳酸钠/g	—	40	25
偏硼酸钠/g	33	—	—
氢氧化钠/g	19	4	21
溴化钾/g	10	4	1
6-硝基苯并咪唑/g	0.5	—	—
蒽醌-2-磺酸 g	0.2	—	—
苯骈三氮唑/g	—	0.10	0.5
E. D. T. A/g	3.5	2	2
聚乙二醇/mL	0.2	—	—
明胶坚膜剂/g	17	—	—
显影温度/℃	27.5 ~32	20	27
显影时间/min	7 ~13	4 ~5	1.5 ~2

配制显影液时主要应注意下列事项：

1）所用的水应不含杂质，一般应用蒸馏水，配制时水的温度应控制在配方指定的范围，一般是 40 ~50℃。若水温过高，药品将分解失效，水温过低药品溶解太慢。

2）必须按照配方规定的顺序和数量顺次加入各种药品，后一种药品必须在前一种药品完全溶解后才能加入。

3）药品放入水中后应进行搅拌，促进溶解，但搅拌不能过度，以免造成大量空气溶入水中，导致显影液氧化。

4）如果采用了强碱性（如氢氧化钠）或化学性质活泼的药品，应注意其特性，正确使用，避免发生意外事故。

5）配制显影液的容器应是玻璃、不锈钢、搪瓷罐等材料的制品，不能采用铜、铁等材料制作的容器，以免配制显影液的药品与容器发生反应。

配制好的显影液应贮存在密闭、避光的容器中，不能长时间暴露在空气中，造成显影液不断被氧化。

3. 影响显影的因素

显影过程对射线底片影像的质量具有重要影响，因此必须严格控制显影过程。影响显影过程的因素主要是显影的温度与时间、显影液的老化程度以及显影操作。

显影温度对显影液的显影能力具有明显影响，温度高时显影快，温度低时显影慢，一般显影液的显影温度为 18 ~20℃。温度过高可能使显影液中的药品分解失效，或造成显影液的变质，并可能损害乳剂层。显影温度过低，显影液的显影能力大大降低，甚至可能完全失去显影作用，造成影像的对比度（反差）降低。

图 6-43 所示为显影时间对胶片感光特性（感光度、平均梯度和灰雾度）的影响，从图

中可以看到，随着显影时间的加长，感光度、平均梯度和灰雾度变化的规律。此外，显影时间还影响影像的颗粒度。正常的显影时间一般是4～6min，它是综合考虑了显影时间的影响确定的，特别是考虑了平均梯度。对于新配制的或使用时间较长的显影液，显影时间是不相同的，从胶片放入显影液开始到胶片已经变黑（在红灯下观察胶片的局部可知）即可认为显影结束，这段时间就是实际的显影时间。显影时间过长或过短都不能得到良好的影像质量。

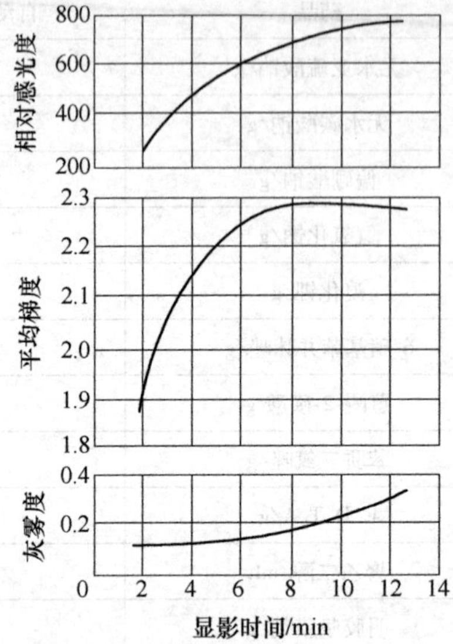

图6-43 显影时间对胶片感光特性的影响

显影液在使用过程中，其本身的浓度将降低，显影中的生成物对显影作用开始具有抑制作用。显影液氧化也将使显影液的显影能力降低，即显影液老化。因此，显影液在使用过程中应不断加入补充液，以提高显影液的活性。补充液的配方如下：

水	1 000mL
米吐尔	6g
无水亚硫酸钠	70g
对苯二酚	20g
无水碳酸钠	60g
氢氧化钠	10g

每次加入的补充液应不超过原显影液的2%～3%，如果补充液的体积已达原显影液的2～3倍，显影液即应报废。不使用补充液时则应加入适当的新显影液。

显影操作不正确将产生显影不均匀或造成各种假象。因此，在进行手工显影处理时，当胶片刚与显影液接触，一定要迅速使胶片全部浸入显影液中。显影过程中，特别是最初的1min时间里，一定要保证胶片在显影液中不断地作两个方向的移动，使胶片之间不相互粘贴，以免产生显影不均匀的痕迹（形成后难以再消除），并应避免胶片间发生较强的摩擦。显影之前先将胶片进行浸水，这是保证胶片均匀显影的一种有效措施。

6.9.4 停显或中间水洗

显影完成以后，胶片从显影液中取出，但显影作用并未立即停止，这时候胶片乳剂层中还残留着显影液，显影作用仍在继续进行，容易产生显影不均匀。如果这时立即将胶片放入定影液中，则可能产生二色性灰雾。二色性灰雾是极细的银粒沉淀，在反射光下呈现蓝绿色，在透射光下呈现粉红色，同时也会损害定影液。为了立即终止显影液的作用和防止对定影液的污染（损害），在显影之后应进行停显处理，即把从显影液中取出的胶片转移至停显液中，使胶片表面和乳剂层中残留的显影液与停显液发生相互作用，停止显影作用和防止污染。

常用的停显液是1.5%～5%的醋酸水溶液，停显时间约为1min。停显液配方如下：

水	1 000mL
冰醋酸	15mL（98%）

停显液的主要作用是其中的酸中和显影液中的碱。如果不采用停显液，则应在显影之后先将胶片放入流动水中冲洗约 1min，然后才能将胶片转入定影液中。

6.9.5　定影

1. 定影的作用

经过显影之后，胶片乳剂层中感光的卤化银还原为金属银，但大部分未感光的卤化银没有发生变化，还保留在乳剂层中，定影就是将这些未感光的卤化银从乳剂层中溶解掉，使显影形成的影像固定下来。

定影过程中，定影液与卤化银发生化学反应，生成溶于水的银络合物，但对已还原的金属银不发生作用。

2. 定影液的组分

定影液包含四个组分：定影剂、保护剂、酸性剂及坚膜剂。定影的基本作用由定影剂完成，每个组分作用如下：

(1) 定影剂　使用最广泛的定影剂是硫代硫酸钠（海波），在定影过程中，它与卤化银发生反应，生成成分比较复杂的银的络合物。

(2) 酸性剂　虽然胶片经过了停显，但是不能保证一点显影液也不会进入到定影液中去，为了中和进入定影液中的显影液的碱性，停止显影作用，在定影液中需加入一些酸，但不能加入过多，如果加入的酸过多（pH 值低于 4），将造成硫代硫酸钠分解。常用的酸性剂是冰醋酸和硼酸。

(3) 保护剂　为防止定影液的酸度升高，在定影液中需加入保护剂——亚硫酸钠。它的亚硫酸根离子可以和氢离子结合，抑制定影液酸度升高。

(4) 坚膜剂　坚膜剂主要是为了降低乳剂层在水洗过程中的膨胀，从而减少在水洗、干燥中可能产生的机械损伤。酸性定影液常用的坚膜剂是硫酸铝钾（明矾），它的坚膜能力在 pH 值为 4 ~6 时较好。

常用的定影液配方见表 6-21。

表 6-21　常用的定影液配方

药品	天津	柯达 F-5
水/mL	600	600
硫代硫酸钠/g	240	240
无水亚硫酸钠/g	15	15
冰醋酸/mL	15（98%）	39（36%）
硼酸/g	7.5	7.5
硫酸铝钾/g	15	15
加水至/mL	1 000	1 000

配制定影液的注意事项与配制显影液的相同。

3. 影响定影的因素

影响定影的因素主要是定影液的温度与时间、定影液的老化程度以及定影操作。

定影过程受温度影响较大，温度低定影进行缓慢，温度高定影进行加快。温度过高可能造成定影药品分解失效，使乳剂层膨胀加剧，容易产生划伤和脱膜。定影液温度应与显影液相近，常控制在 16～24℃。

完成定影所需要的时间与定影液中硫代硫酸钠的浓度、定影液的老化程度、定影的温度都有关。胶片从停显液移入定影液开始至未感光部分呈现透明（在红灯下观察胶片的局部可知）所需的时间常称为通透时间（或定透时间）。如果定影时间短于通透时间，射线底片将呈现灰白雾状，影像明显不清楚。定影时间超过通透时间，胶片未感光部分也会呈现透明状态，但也不能据此简单地认为定影过程已经完成。定影过程中硫代硫酸钠与卤化银的反应要经过多个阶段，中间阶段生成银的络合物，它是无色但稍溶于水的物质，因此在胶片未感光的部分已呈现透明时，很可能这些反应生成物并未转移至定影液中，定影过程也未进行完毕。实验证明，定影时间应为通透时间的 2 倍。

定影液在使用过程中定影剂不断消耗，卤化物、银的络合物的积累将导致定影液定影能力降低（即定影液不断老化）。随着定影液的老化，通透时间将不断加长。当定影液老化到通透时间已长到新定影液通透时间的 2 倍时，则应该认为定影液已失效。定影操作对定影过程也具有很大影响。在定影过程中注意使胶片经常与新鲜定影液接触，可以加快定影过程的进行，并有助于得到均匀的定影效果。特别是在定影的最初阶段，一定要注意使胶片在两个不同方向移动，以保证定影能够均匀进行。

6.9.6　水洗

定影以后，胶片在表面和内部都吸附着硫代硫酸钠和银的络合物（主要是定影过程中的中间衍生物，一种磺酸盐），如果它们留在射线底片里，银的络合物会很快分解，硫代硫酸钠会缓慢地与空气中的水分、二氧化碳进行反应，最终产生棕黄色的硫化银，导致在射线底片上出现斑点，使射线底片发黄。水洗就是为了清除这些有害物质，使射线底片具有稳定的质量。

水洗的质量决定于水洗的温度、时间及方式。温度高可缩短水洗时间，但温度过高会损害乳剂层，水洗温度一般控制在 16～22℃。水洗时间一般需要 30min，通常应用流动水洗方式进行水洗，使胶片总是接触新鲜清水，以利于清除残留的有害物质。为节约用水，推荐采用级联递进水洗方式，图 6-44 所示为级联递进水洗示意图。这种水洗方式将从定影液中取出的胶片先放入第一个水槽，然后依次再放入第二、第三……个水槽，而水则是从最后一个水槽进入，然后依次流入前方的水槽。它同时可以水洗多批胶片，但又不使处于不同水洗状况的胶片互相污染，既节约了用水，又可得到良好的水洗效果。

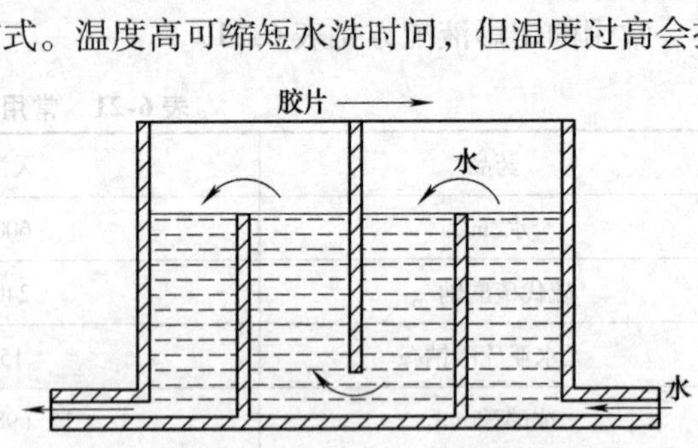

图 6-44　级联递进水洗示意图

水洗效果可用下面的方法鉴别。用蒸馏水配制 1% 浓度的硝酸银溶液，取出待鉴别的射线底片（刚水洗完毕的射线底片应擦去表面的水），用滴管将配制的硝酸银溶液滴一滴到射线底片比较透明处，静止 1min 左右，用试纸吸去所滴溶液，然后观察该处的颜色，颜色无变化表示水洗充分；颜色呈微黄表示水洗不够充分；颜色呈棕黄表示水洗不足，应重新水洗。

6.9.7　干燥

干燥是为了排除膨胀的乳剂层中的水分。为避免干燥后在射线底片上可能产生的水迹，可在水洗后、干燥前进行润湿处理。即将水洗后的胶片浸入约 0.1% 浓度的洗涤剂水液中约 30s，然后取出，使水从胶片表面流掉，再进行干燥。干燥方法主要有两种：自然干燥和烘箱干燥。

自然干燥是在清洁、干燥、空气流动的室内，把水洗后的胶片悬挂起来，让水分自然挥发，使胶片干燥。烘箱干燥是把水洗后的胶片悬挂在烘箱内干燥，烘箱中通过热风，热风的温度一般不能高于 40℃，并应对热风进行过滤，尽量减少热风带入的杂质和灰尘。

6.9.8　胶片自动处理

胶片自动处理是从显影到干燥的整个过程采用专用自动洗片机自动处理，胶片的传送一般都是采用辊子作为传送装置。将胶片送入自动洗片机内，并顺序通过显影、停显、定影、水洗、干燥过程，送出一张处理质量良好的射线底片。完成上述全过程的处理的时间约为 4～14min，时间的长短取决于洗片温度，温度高、时间短。

为了在短时间内完成全部暗室处理，自动洗片机需要在高温下工作，因此自动洗片机需要用特殊的专用显影液和定影液，并需自动计量、监测、补充显影液和定影液。为了保证处理质量的一致性和可靠性，必须保证同批工件透照参数的一致性。它特别适合大批量工件的射线照相检验。

自动洗片机采用连续冲洗方式，能自动完成显影、停显、定影、水洗、干燥整个暗室处理过程。与手工处理胶片相比，它的处理工艺严格规范化，处理质量稳定、可靠；速度快，自动洗片机能在约 12min 内提供干燥好、可供评定的射线照相底片；效率高，每小时约可处理 360mm × 100mm 胶片 100 张；质量好，只要摄片条件正确，通过自动洗片机处理的底片表面光洁、性能稳定、像质好；劳动强度低，操作者只需将胶片逐张输入自动洗片机即可，对操作者的技术熟练程度要求不高。自动洗片机工作原理如图 6-45 所示。

使用自动洗片机时，应注意如下的事项：

1）自动洗片机正式投入使用前，除对主机做大量的调整试验外，由于自动洗片机显影的温度和时间是固定的，对摄片条件要求较为苛刻，因此必须对所有射线探伤机重新制作曝光曲线，以适应自动洗片机的特点，否则底片的黑度不能达到预期的效果。在透照时应严格按照采用自动洗片条件制作的新曝光曲线控制摄片条件，才能得到满意的底片。

2）每次使用前要开机预热一段时间，使各项温度均满足自动处理条件。先输入一张 35cm × 43cm 的清洗片，等它输出后确定无异常时，才能连续输入需冲洗的胶片。清洗片的作用是清除暴露在空气中的液筒上沾染的被空气氧化的显影液和定影液。最好的清洗方法是在自动洗片机工作结束或开始工作前，将送片滚筒取出，用洗涤液和清水冲洗。

3）清洗片和胶片输入时，必须注意与导向边一端成直角送入，并注意不要让暗盒等物沾污胶片，尤其要防止异物进入洗片机，防止划伤滚筒。

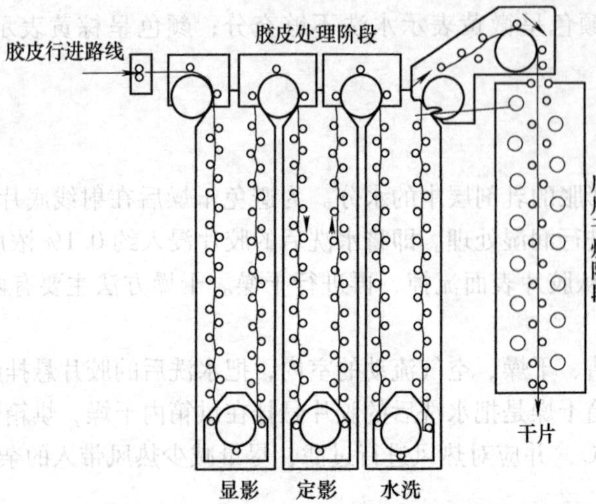

图 6-45　自动洗片机工作原理

6.10　射线底片的观察

观片是指用可见光穿透底片，并对底片图像进行观察的操作工序。通过对射线照相底片的观察、辨认和测量，判断被检工件的缺陷性质、大小和位置，依照标准对被检工件的质量作出评定结论。

6.10.1　眼睛的视觉特性

眼睛的视觉具有如下三方面的主要特性：

（1）只对可见光具有感受性　眼睛只对波长为 380～780nm 的电磁辐射具有感受性，但对波长不同的光的感受灵敏度不同，即对同样强度但波长不同的光，眼睛产生的亮度感觉不同。眼睛对波长为 550～560nm 的光感觉最灵敏。

（2）双重视觉功能　眼睛具有双重视觉功能，一种是明视觉功能，另一种是暗视觉功能。明视觉功能是在明亮的条件下的视觉功能，这时候眼睛可以识别颜色和细节。暗视觉功能是在微光条件下的视觉功能，这时候眼睛不能识别颜色和细节。

（3）暗适应性　当照明条件改变时，眼睛的视觉感受灵敏度也将改变，从明亮的条件转入黑暗的条件时，视觉的感受灵敏度将逐步提高，其变化的规律如图 6-46 所示。

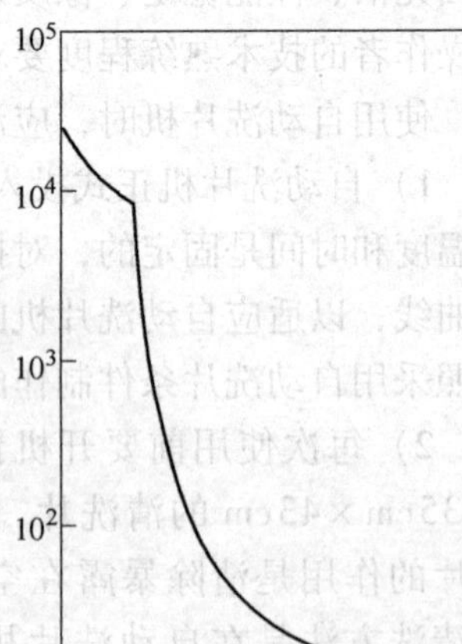

图 6-46　眼睛的暗适应过程

这个过程称为暗适应过程。从图 6-46 所给出的关系可以看到，眼睛充分完成暗适应过程约需经过 30min 以上的时间，在最初的 10min 可识别的阈强度降低不迅速；在 10～20min 期间可识别的阈强度将迅速降低，也就是眼睛的感受灵敏度迅速提高，产生的差别可以达到 100 倍以上，此后变化又趋于平缓。

6.10.2　观片灯

观片灯主要应满足光的颜色、光源强度、照相方式与范围三方面的要求。光的颜色一般应为白色光；光源强度应可调整，并能达到与射线底片黑度相适应的值，多数标准规定的值见表 6-22，这些规定值就是保证从射线底片透射的光强度不低于表中最后一列的值。例如，对于黑度 $D=2.0$ 的底片，要求光源的入射光强度 $I_0 \geqslant 3\ 000\text{cd/m}^2$、透射光强度 $I \geqslant 30\text{cd/m}^2$，即 $\lg(I_0/I)=\lg(3\ 000/30)=\lg100=2$。此外，就是光源的照明应为漫射方式，照明区域的大小应当可以调整，可控制在评片者注意观察的范围。

表 6-22　观片灯亮度的规定

射线底片黑度 D	观片灯亮度 I_0/(cd/m²)	透过射线底片的亮度 I/(cd/m²)
1.0	≥300	≥30
1.5	≥1 000	≥30
2.0	≥3 000	≥30
2.5	≥10 000	≥30
3.0	≥10 000	≥10
3.5	≥30 000	≥10

为了充分地识别射线底片上的细节影像，评片者在进入评片室开始观察射线底片之前必须经历一定的暗适应时间，以提高视觉的感受灵敏度。对暗适应过程经历的时间，射线照相标准中的主要规定是：从日光下转入评片暗适应时间不能少于 10min，从室内光线下转入评片暗适应时间不能少于 30s。

在更换射线底片时，如果破坏了眼睛的暗适应状态，那么必须重新进行暗适应过程。观片灯装有亮度可调的光源。从它的观察窗口辐射出均匀的可见光。观察窗有大小可调的遮光窗栏，以备观察不同大小的底片或对底片全部和局部观察之用。

若观片灯亮度不足，将使观片的效果受到影响，在观察高黑度底片时，观片灵敏度降低。用 GD2 型观片灯，在照度分别为 40、420、850cd/m² 时，用Ⅱ型、Ⅲ型胶片和Ⅴ型胶片对金属丝像质计射线照相灵敏度观片的实测结果如图 6-47 和图 6-48 所示。Ⅱ型和Ⅲ型胶片的实验结果相同。由图 6-47 可知，当底片黑度为 0.5 和 1.0 时，灵敏度均低于 2%；黑度为 1.5～3.0，若观片灯有足够的照度，观片灵敏度为 2%。但是，观片灯照度不足时，观片灵敏度将显著降低。实验结果表明，为了获得较高的探伤灵敏度，底片的黑度应在合适的范围。为了使观片灵敏度较高，观片灯的亮度也应足够地高。

设底片上有黑度为 D_1 和 D_2 的图像，并且 $D_1>D_2$，它们的对比度为：对某张黑度一定的底片，当用弱光观片时，透过光强度小，底片两个部位透过光强度差也小，观察者分辨不了；当用强光观片时，透过光强度增大，底片两个部位透过光强度之差也成正比增大。但是观片者肉眼必须在透过光强度差足够大时才能分辨，为此提高观片灯亮度，使透过光的强度差增大，当增大到足够大时，观察者就可以分辨了。由此可见，用强光观察高黑度底片，由于识别界限对比度 ΔD_{min} 减小，从而提高了观片灵敏度。金属丝的识别界限对比度随黑度的增大而增大。

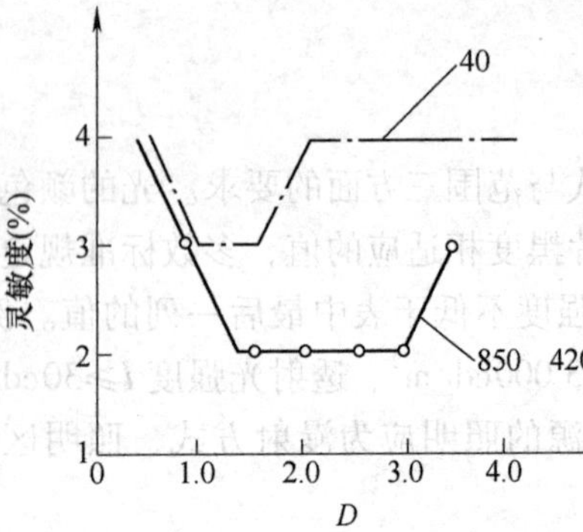

图 6-47 照度对观片灵敏度的影响
（Ⅱ型和Ⅲ型胶片）

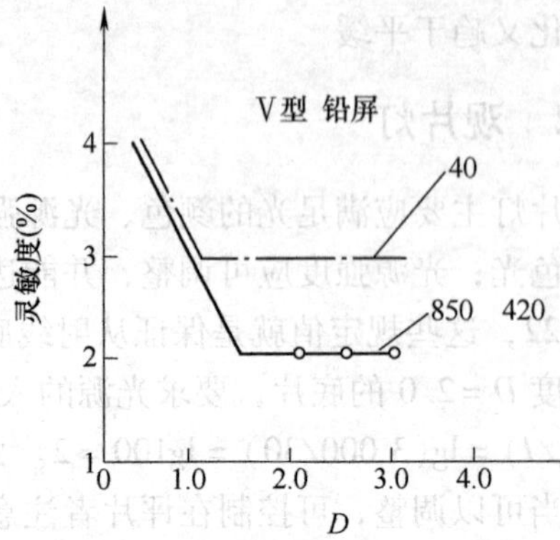

图 6-48 照度对观片灵敏度的影响
（Ⅴ型胶片）

另一方面，由于胶片的反差系数在一定的黑度范围内有较大的值，一定的厚度差产生的对比度在不同黑度时不同，黑度过低或黑度过高，对比度均较小。能分辨某一金属丝影像的黑度范围如图 6-49 所示。

用强光观片时，由于识别界限对比度减小，能分辨的黑度范围向高黑度一边扩展。同时，由于 ΔD 和 $\Delta D_{\min}$ 两者黑度差增大，弱光观片能分开的，强光观片更容易发现和分辨，如图 6-50 所示。

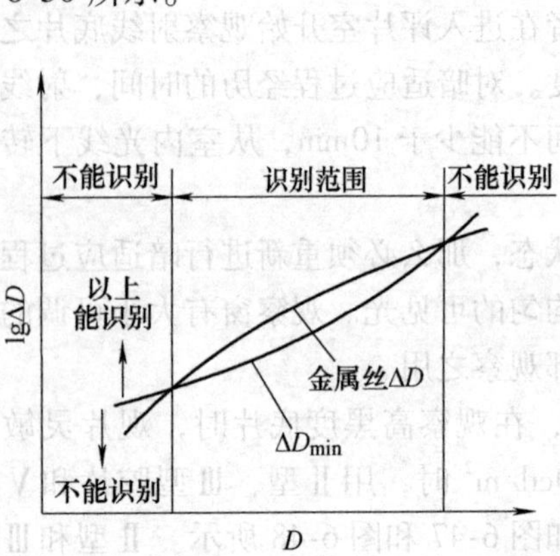

图 6-49 识别范围示意图

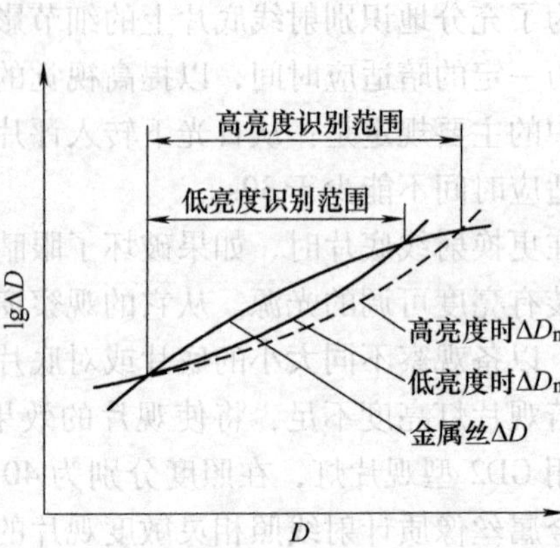

图 6-50 亮度对识别范围的影响示意图

6.10.3 观片室

观片室应保持安静、整洁，以利于观片和不污损底片。观片室内的照明光线应避免从底片的观察表面反射到观察者。如果在暗室内观片，效果更好。例如，观片室有强度为 I_S 的散光，观察底片的对比度将减小到无散光时的 $1/(1+n)$ 倍（其中，$n=I_S/I$）。

图 6-51 所示为散射光对识别范围影响示意图。因此，评片室的照明亮度应适当的低，应保证杂散光线在评定的射线底片的表面上不产生较强的反射光线，以免干扰对小细节影像的识别。此外，评片室应具有安静的环境、适宜的温度及新鲜的空气。

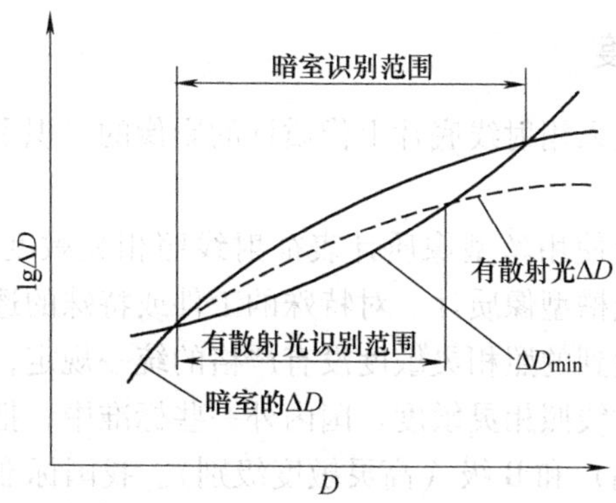

图 6-51　散射光对识别范围影响示意图

6.11　射线底片质量

进行评定的射线底片必须合格，只有符合质量要求的射线底片才能作评定工件质量的依据。射线底片质量的基本要求如下：

1）黑度应处于规定的范围内。

2）射线照相灵敏度应达到规定的要求。

3）标记系应符合有关的规定。

4）表观质量应满足规定的要求。

6.11.1　黑度

黑度是射线底片质量的一个重要指标，它直接关系射线底片的照相灵敏度和射线底片记录细小缺陷的能力。从前面讨论的胶片特性曲线和胶片特性曲线的梯度与黑度关系曲线可知，只有当黑度达到一定值以后，黑度与曝光量之间才具有近似直线的关系，胶片特性曲线的梯度才会达到较大的值，这时候曝光量发生一较小的改变就能在射线底片产生一较大的黑度差，亦即产生较大的对比度。此外，射线底片只有达到一定的黑度才形成细小缺陷的影像。标准中关于射线底片黑度范围的规定，正是从这些基本的考虑确定的。表 6-23 列出了一些标准对射线底片黑度的规定，总的倾向是提高射线底片的黑度对灵敏度有利。

表 6-23　部分标准关于射线底片黑度的规定

技术级别	GB/T 3323—2005	GB/T 3558—2011	GB/T 5677—2007	ISO5579	DIN54111	ASTME1032
A	1.2 ~ 3.5	1.2 ~ 4.0	1.0 ~ 3.5	≥1.5	≥1.7	1.5 ~ 4.0
B	1.5 ~ 3.5	1.2 ~ 4.0	1.5 ~ 3.5	≥2.0	≥2.0	1.5 ~ 4.0

上述规定仅仅是射线底片可以采用的黑度范围。国内外某些标准进一步规定了同一张射线底片的允许黑度范围，以保证同一张射线底片具有相同的射线照相灵敏度。这种规定同时具有限定有效透照区的作用。黑度应采用底片黑度计测量，一般应对一点附近测量几次，以它们的平均值表示这点的黑度。

6.11.2　射线照相灵敏度

射线底片的照相灵敏度采用射线底片上像质计的影像的可识别性来测定，它是射线底片影像质量的一个综合评定。

对金属工件，目前广泛使用丝型像质计表征射线照相灵敏度。某些材料和某些标准规定，采用片状孔型像质计或槽型像质计。对特殊的工件或特殊的透照方式，应采用特殊设计的像质计。对射线底片应达到的照相灵敏度没有严格的统一规定，一般是按照采用的射线照相技术级别规定应达到的射线照相灵敏度。国内外一些标准中，把射线照相技术分为两个级别：A 级（普通灵敏度级别）和 B 级（高灵敏度级别）。我国标准 GB/T 3323—2005 还增加了一个中等灵敏度级别，称为 AB 级。不同国家、不同工业部门标准的规定不完全相同，评定射线底片的射线照相灵敏度是否达到规定的要求时，应按照所执行的具体标准来确定。

6.11.3　标记系

射线底片上应有标记的影像，它们是射线底片的识别标记，同时它们还具有缺陷定位的作用，某些标准中也称为定位标记。标记系主要包括：

1）工件编号。

2）透照部位编号。

3）定位标记。

4）搭接标记。

此外，还可能有一些辅助标记，如透照角度、散射线检验和返修等。在规定的情况下，射线底片必须有完整的标记系影像。

标记一般都由铅质数字、字母及符号构成，所使用的标记系在原始记录中应有记载，标记的影像应位于射线底片的非评定区，避免干扰对缺陷的识别。焊缝射线照相的典型标记如图 6-52 所示。

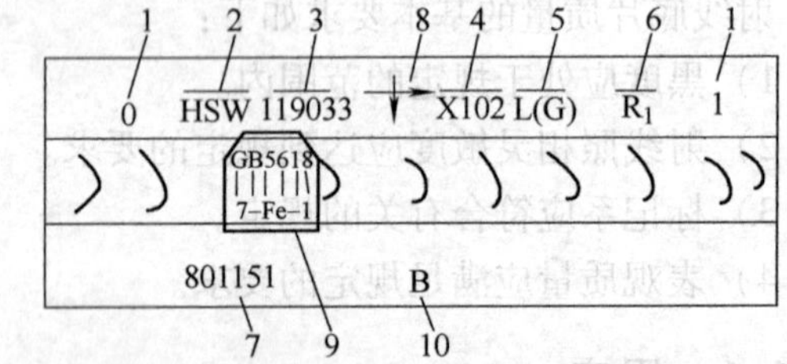

图 6-52　各种标记的相互位置（标记带）

1—定位及分编号（搭接标记）　2—制造厂代号　3—产品令号（合同号）　4—工件编号　5—焊缝类别（纵、环缝）及编号　6—返修次数　7—检验日期　8—中心定位标记　9—像质计　10—B 标记（B 标记应贴附在暗盒背面，用以检查背散射防护效果。若在较黑背景上出现 B 的较淡影像，应予重照）

6.11.4　表观质量

对射线底片表观质量的主要要求是：在有效检测区内不应存在明显干扰缺陷评定的机械损伤、污染及伪缺陷。

第7章　评　　片

射线照相底片评定是射线照相的最后一道工序，是一项有一定难度的技术工作，是射线照相的一项重要的工作内容，而且它在考证中所占比例是实际考核的一半。

7.1　评片基本知识

7.1.1　观片的基本操作

观片的操作可分为两个阶段：通览底片和影像细节观察。

1. 通览底片

通览底片的目的是获得焊接接头质量的总体印象，找出需要分析研究的可疑影像。通览底片时必须注意，评片区域不仅是焊缝，还包括焊缝两侧的热影响区，对这两部分区域都应仔细观察。

2. 影像细节观察

影像细节观察是为了作出正确的分析判断。因细节的尺寸和对比度极小，识别和分辨是比较困难的。为尽可能看清细节，常采用下列方法：

1）调节观片灯亮度，寻找最适合观察的透过光强。

2）用黑纸框等物体遮挡住细节部位邻近区域透过的光线，提高表现对比度（即对显示缺陷不起作用的光线进入评片人眼中，使观察到的缺陷对比度 ΔD 下降至 ΔD_0 的对比度称为表现对比度）。

3）使用放大镜进行观察。

4）移动底片，不断改变观察距离和角度。

7.1.2　评片的主要内容

评片一般包括下面的主要内容：

1）评定射线照片本身质量的合格性。这项工作就是考查射线照片的质量，不合格的底片是不允许参与评定的。一张合格底片的要求是：①底片黑度应处于标准或相关技术文件规定的范围；②射线照相灵敏度应达到规定的要求；③标记系应符合有关的规定；④表观质量应满足规定的要求。其中前两项之中有一项不满足要求，则底片就是不合格的。

2）正确识别射线照片上的影像。

3）依据从射线照片上得到的工件缺陷数据，按照有关技术标准或文件对工件质量作出评定（详见7.1.3）。

4）完成有关的各种原始数据记录和资料整理。

7.1.3 质量评定

质量评定是按照射线照片得到的工件存在的缺陷数据，依据质量验收标准，对工件的质量作出结论性评定。

质量评定的具体工作可分为如下四步：

1）准备。主要是充分理解和掌握质量验收标准。

2）整理数据。对从射线照片得到的缺陷数据进行归纳、分析。

3）质量分级。依据质量验收标准的规定对工件的质量级别进行评定。

4）结论。依据质量分级的结果对工件质量作出结论。

深刻地理解质量验收标准是正确完成质量评定的重要基础。

质量验收标准的规定主要包括下面三方面的内容。

1. 缺陷类型

质量验收标准对缺陷一般都按照缺陷对质量的影响，进行一些重新归纳、分类，规定了质量分级时采用的缺陷类型。按照缺陷性质本属于同一性质的缺陷，这时可能属于不同类型的缺陷。而本是不同性质的缺陷，这时可能归属于同一类型。例如，在 JB/T 4730—2005 标准中，列出了圆形缺陷，它包括气孔，也包括点状夹渣。这种缺陷重新分类，是质量验收标准的基本规定之一，它是质量级别评定的基础，在运用质量验收标准时，首先应理解和掌握质量验收标准这方面的规定，有的质量验收标准则以其他方式列出这方面的规定，这时候需要质量评定人员从有关的规定中分析、归纳出缺陷类型的规定。

2. 缺陷数据测定方法

质量评定必然涉及缺陷的尺寸、数量等具体数据，质量验收标准关于质量级别评定第二方面的重要规定是，如何按照射线照片上显示的影像测定缺陷的有关数据。如果没有这方面的具体的规定，对同一射线照片上的同一缺陷影像，不同的人员完全可能得到不同的数据。特别是对于影像边界模糊时，数据的差异可能很大，甚至会涉及是否判废的问题。此外，质量验收标准还规定了如何将测定的缺陷数据转换为缺陷质量级别评定的数据。不同的质量验收标准规定的测定方法不同，必须理解和掌握所应用质量验收标准的具体规定。

3. 质量分级的具体规定

质量分级的规定包括质量验收标准对质量级别的设立和各质量级别的具体要求。关于各质量级别的具体要求一般包括下面六方面的规定。

（1）缺陷性质　规定了各质量级别允许存在的缺陷和不允许存在的缺陷。对不允许存在的缺陷不讨论缺陷的尺寸大小、数量多少等；对允许存在的缺陷，则按照缺陷的类型、尺寸、数量、位置等进行进一步的规定。

（2）缺陷最大尺寸　对各质量级别允许存在的缺陷，规定允许的缺陷最大尺寸。

（3）缺陷数量　对各质量级别允许存在的缺陷，规定允许存在的数量。这个规定常包括两个方面，一是“评定区”内允许的数量，二是工件整体允许的数量。不同的质量验收标准不一定都包括这两个方面的规定。

（4）缺陷位置　对各质量级别允许存在的缺陷的具体分布进行规定，主要是缺陷的相互间距、缺陷与工件某些特定部位的距离等。

（5）评定区　评定区是质量验收标准中规定的进行质量级别评定时对允许存在的缺陷

考虑框面积单元，以这个面积单元中缺陷的数据对质量级别作出评定。质量验收标准中对评定区的规定包括：评定区的尺寸大小、评定区选取的原则。对不同类型缺陷评定区的大小可能不同，评定区都是选在缺陷最严重的区域，对分段（部位）透照时必须注意将各段（部位）连接起来考虑，才能正确地选定评定区。

（6）综合评级 综合评级是规定评定区内出现不同类型缺陷时评定质量级别的方法。

从上述对质量验收标准的分析可以总结出进行质量分级的基本思路如下：

1）审查缺陷类型，判断是否存在不允许存在的缺陷，以便直接确定质量级别。

2）对允许存在的缺陷，首先审查是否存在尺寸超过质量级别规定的情况。

3）确定可能的评定区（有时，不进行具体计算难以确定缺陷最严重的部位），对可能的评定区按缺陷类型分别进行质量分级。

4）考虑应进行的综合评级。

5）综合得到的结果，判定质量级别。

在进行质量级别评定时应注意的是，理解质量验收标准规定的内在含意，避免简单地套用标准的规定。

7.2 底片影像分析

底片影像分析是评片人员的基本功。评片时首先要认定其评定底片是单面焊还是双面焊，是自动焊还是手工焊，是平焊、立焊还是横焊、仰焊。只有按焊接接头的特征才能区别情况，确定缺陷的位置和形貌，区分焊接形状缺陷和伪缺陷，达到准确评片的目的。因此，本节以图片的形式重点介绍不同焊接方法、焊接形式、施焊位置在底片上焊缝的影像特征和各种焊接缺陷特征，并对焊接形状缺陷和伪缺陷的影像特征作简要介绍。

7.2.1 施焊位置的影像分析

1. 平焊底片的影像特征

试件或工件的对接接头处于平面位置进行施焊，如手工焊，一般焊缝成形较好，焊缝余高不大，焊缝宽度较均匀。在底片上的特征是：焊缝影像清晰，黑白明显，焊缝余高影像有明显过渡的特点，焊缝焊波分布均匀。手工单面焊影像如图7-1所示。管子手工平焊其根部易产生焊瘤、烧穿等缺陷。

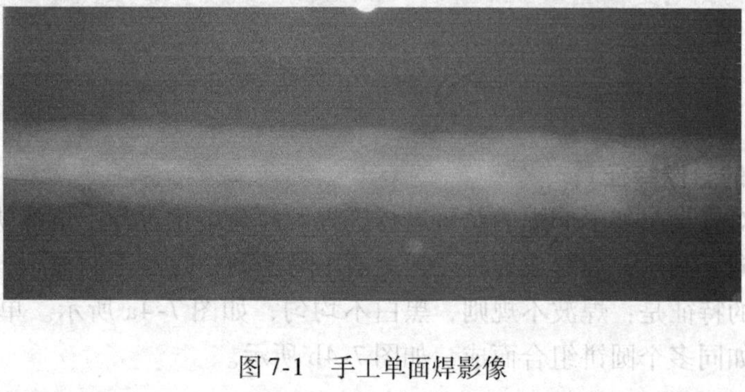

图7-1 手工单面焊影像

2. 立焊底片的影像特征

试件或工件的对接接头处于直立的位置，一般采用“向上立焊”，焊缝表面成形粗糙，焊波呈鱼鳞状。焊缝纹理不太明显，整条焊缝余高偏大。在底片上的特征是：焊波呈鱼鳞状，余高呈黑白交替，成形较规整。双面手工立焊影像如图 7-2 所示。

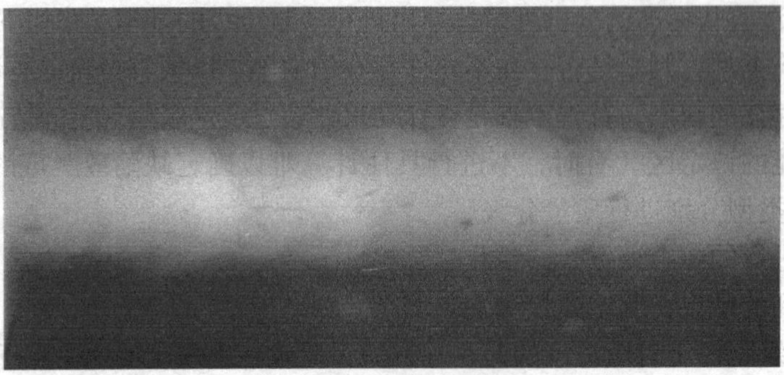

图 7-2　双面手工立焊影像

3. 横焊底片的影像特征

试件或工件的对接接头处于横向的位置进行施焊，一般由坡口的下边一层接一层地向上焊接。焊缝熔化过程熔池易往下流动，堆积后才结晶，形成乳头形状的叠加。焊缝表面似多条小焊缝平行排列。在底片上的特征是：焊缝影像似乳头状，焊缝下部较白，上部略黑一些。每一层的轮廓较清晰，层与层黑白相间，不易看出起弧、熄弧的位置特征，双面手工横焊影像如图 7-3 所示。横焊易产生平行于焊缝的条渣、未熔合等缺陷。

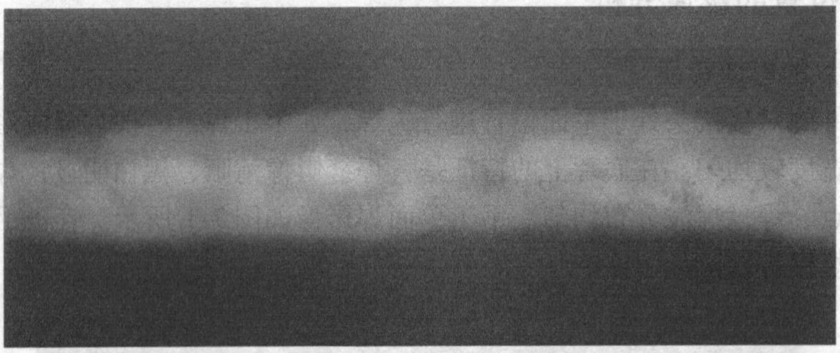

图 7-3　双面手工横焊影像

4. 仰焊底片的影像特征

试件或工件对接接头处于仰焊的位置进行施焊。焊缝熔化过程中熔池朝下，熔溶金属在重力场的作用下向下滴落，焊缝成形较差，余高不易控制，焊波不明显，容易产生各种焊接缺陷。在底片上的特征是：焊波不规则，黑白不均匀，如图 7-4a 所示。单面焊时往往有内凹存在，其影像如同多个圆饼组合而成，如图 7-4b 所示。

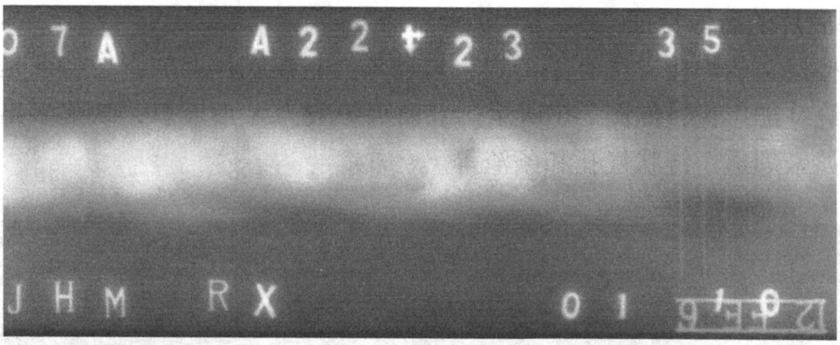

a)

b)

图 7-4　仰脸焊影像

7.2.2　焊接形式的影像分析

1. 单面焊底片的影像特征

单面焊对接接头的焊接一般采用手工焊，它的施焊位置平、立、横、仰都可采用。它在底片上的影像特征是：除可以分辨出平、立、横、仰的焊接位置外，最明显的区别就是焊缝的根部成形较好，根焊道呈现一条较窄的白色影像，如图 7-5 所示。成形不好的易产生缺陷，如内凹、根部未熔合、根部未焊透和根部轮廓圆滑的线状气孔等。

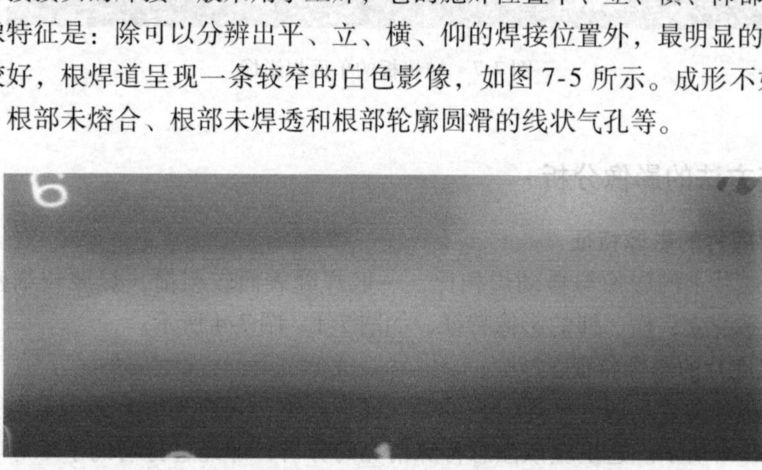

图 7-5　单面焊影像

2. 双面焊底片的影像特征

双面焊对接接头的焊接方法有手工焊、自动焊。它在底片上的影像特征是：能较明显地看出有两条焊缝叠加影像，如图7-6所示。双面焊一般为X形坡口，缺陷多出现在焊缝中心线的钝边处，如未焊透、链状气孔和条渣等。

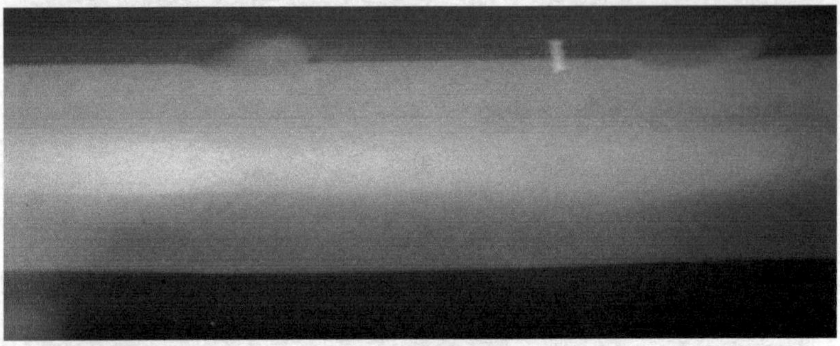

图7-6 双面焊影像

3. 加垫板的单面焊的影像特征

加垫板的单面焊的影像特征是：由于垫板比母材部位厚度大，在底片上形成一条宽于焊缝的较白的影像带，有时可见垫板与母材点接的焊迹，如图7-7所示。加垫板的单面焊多为V形坡口，根焊道两侧易产生条渣、咬边和收缩沟等缺陷。

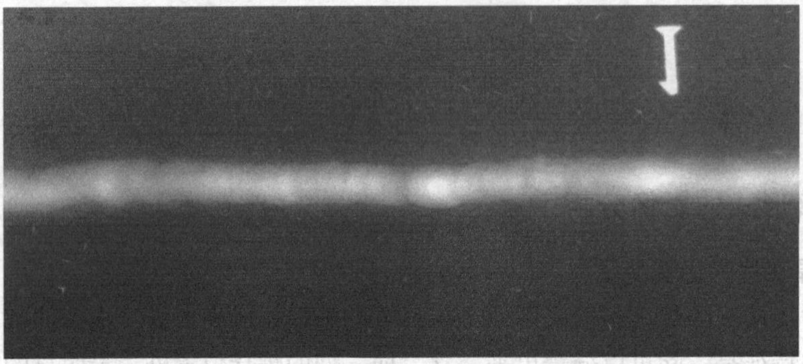

图7-7 加垫板的单面焊影像

7.2.3 焊接方法的影像分析

1. 手工焊底片的影像特征

手工焊在底片上的影像与自动焊相比，一般焊缝表面较粗糙，焊波较细密，多呈半弧形，有明显的平、立、横、仰的影像特征，如图7-1～图7-4所示。

2. 自动焊底片的影像特征

自动焊的施焊位置一般为平焊，它的影像成形规整，表面光滑，无手工电弧焊运条产生的焊波，如图7-6所示。这里应该注意特殊情况的分析，即经过打磨的手工焊底片上也没有焊波，但是它没有自动焊那么规整。

3. 手工钨极氩弧焊底片的影像特征

手工钨极氩弧焊又称为非熔化极氩弧焊，是采用光丝焊，焊丝摆动速度低于手工电弧焊，表面成形光滑，运条纹理明显少于手工电弧焊，如图7-8所示。手工钨极氩弧焊易产生夹钨缺陷。

图7-8 手工钨极氩弧焊影像

7.3 焊接缺陷影像分析

焊接缺陷分为外观缺陷（如咬边、烧穿、焊瘤、弧坑和焊接飞溅等）和内部缺陷（如裂纹、未焊透、未熔合、夹渣、气孔等）。分析确定焊接缺陷主要有以下几个方面的内容：缺陷的几何形状、缺陷的黑度及缺陷的位置。

7.3.1 焊缝内部缺陷的影像分析

1. 裂纹的影像特征

裂纹是材料局部断裂形成的缺陷。底片上裂纹的典型影像是轮廓分明的黑线和黑丝，其细节特征包括：黑线有微小的锯齿，有分叉，粗细和黑度有时变化，有些裂纹影像呈较粗的黑线与较细的黑线相互交织在一起；线的端部尖细，端头前方有时有丝状阴影延伸。按其形态可分为纵向裂纹（图7-8）、横向裂纹（图7-9）、弧坑裂纹和放射裂纹（星形裂纹）。裂纹可能发生在焊接接头的任何部位。

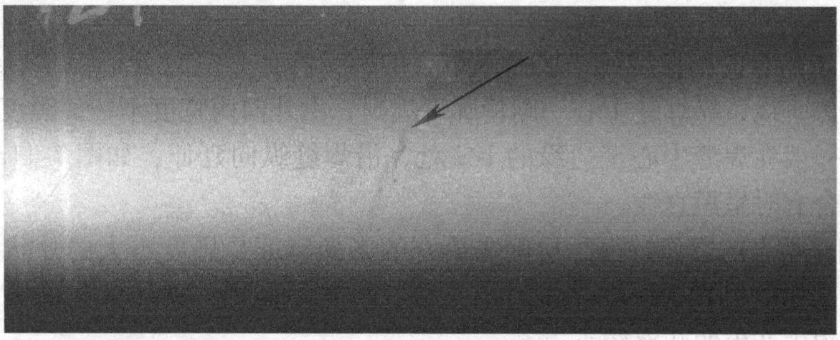

图7-9 横向裂纹影像

2. 未熔合的影像特征

未熔合是焊接金属与母材或焊接金属之间未熔化结合在一起的缺陷。未熔合可分为根部未熔合、坡口未熔合和层间未熔合。

（1）根部未熔合的影像特征　根部未熔合在底片上的特征是一条连续或断续的细直黑线，长度不一。有时黑线靠母材一侧轮廓整齐且黑度较大，为坡口或钝边的痕迹；靠焊缝中心一侧轮廓可能较规则也可能不规则，有时呈曲齿状。根部未熔合在底片上的位置一般处于根焊缝边缘，如图 7-10a、b 所示。

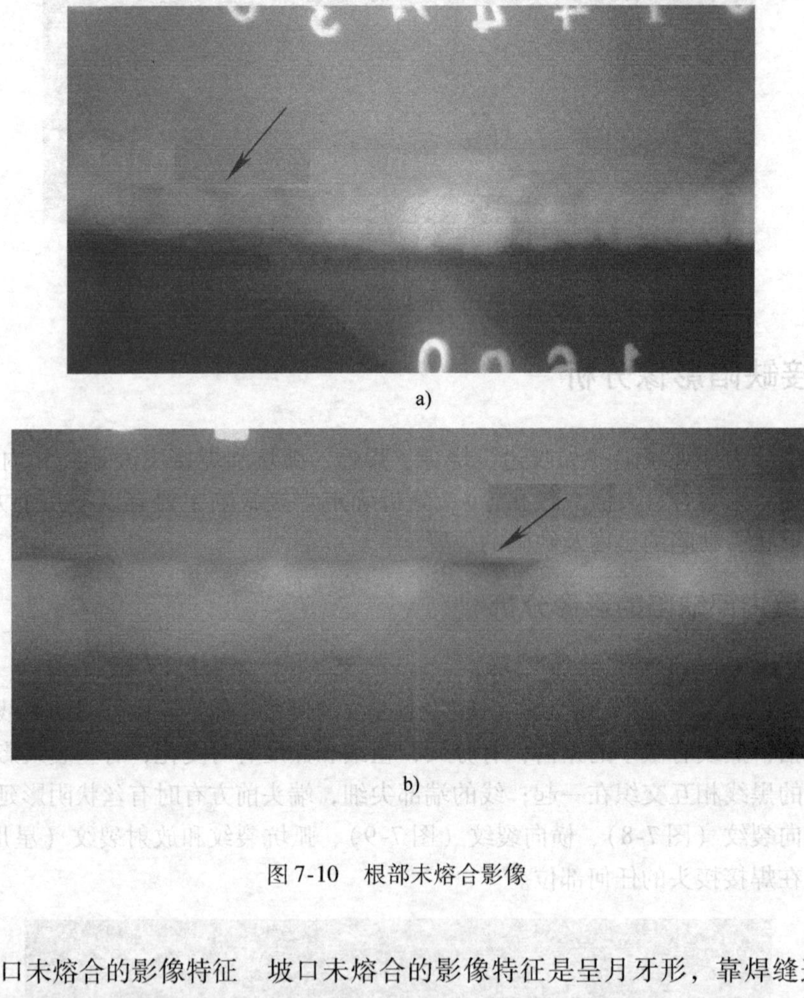

a)　b)

图 7-10　根部未熔合影像

（2）坡口未熔合的影像特征　坡口未熔合的影像特征是呈月牙形，靠焊缝边缘一侧是连续或断续的黑直线，靠焊缝中心一侧轮廓不规则，由外向内宽度不一，黑度逐渐变淡。在底片上的位置一般在焊缝中心至边缘的 1/2 处，沿焊缝纵向延伸，如图 7-11a、b 所示。单面焊坡口未熔合有时呈短直线。

（3）层间未熔合的影像特征　层间未熔合的影像特征是黑度不大的片状影像，多含气体，边缘光滑。如图 7-12 所示，有时伴有夹渣，形状不规则，夹渣部位的黑度较大。这种缺陷一般在施焊中产生的几率较小。

3. 未焊透的影像特征

未焊透是指母材金属之间的未熔化。按其焊接方法可分为单面焊根部未焊透、双面焊坡口钝边处中心未焊透。

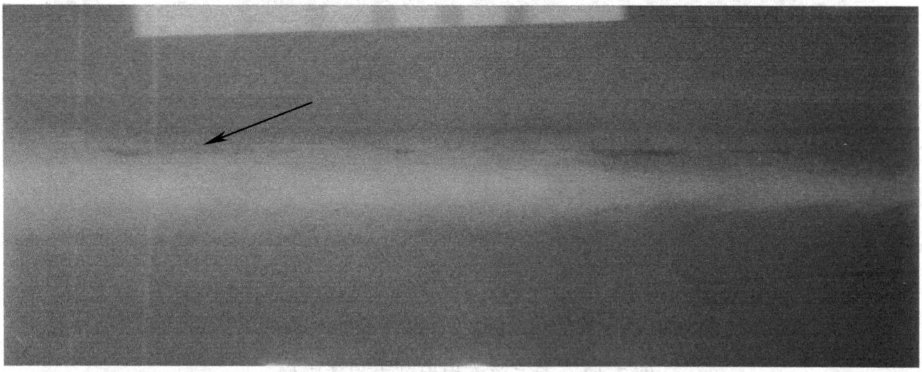

a)

b)

图 7-11　坡口未熔合影像

图 7-12　层间未熔合影像

未焊透在底片上的影像特征是黑直线，两侧轮廓都很整齐，宽度一般为坡口钝边间隙宽度，有时坡口钝边有部分熔化，影像轮廓变得不很整齐，直线宽度和黑度有局部变化，也有时伴有点状缺陷。未焊透呈断续或连续分布，有时能贯穿整张底片，一般在焊缝影像的中心线上，因透照角度或焊偏等原因也可能偏向一侧，手工单面焊根部未焊透影像如图 7-13 所示，双面自动焊未焊透影像如图 7-14 所示。

图 7-13　手工单面焊根部未焊透影像

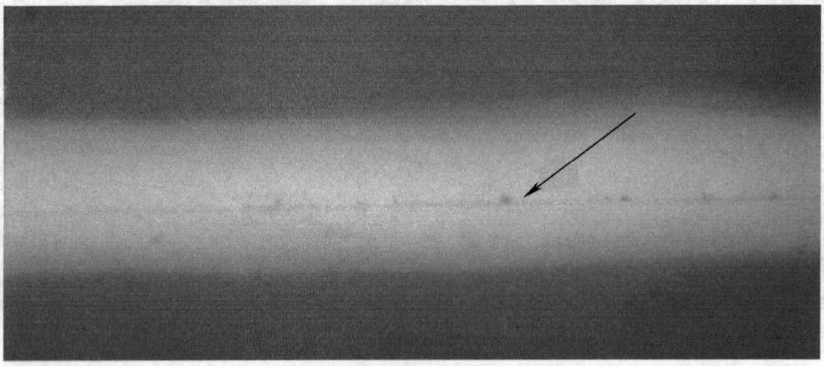

图 7-14　双面自动焊未焊透影像

4. 夹渣的影像特征

夹渣是指焊接金属中残留有外来固体物质所形成的缺陷。按其成分可分为非金属夹渣和金属夹渣，按其形状可分为点状（块状）和条状。

非金属夹渣在底片上的影像特征是黑条和黑块，形状不规则，黑度变化无规律，轮廓不圆滑，有的带棱角。它可能发生在焊缝中的任何位置。条状夹渣的延伸方向多与焊缝平行，如图 7-15 所示。

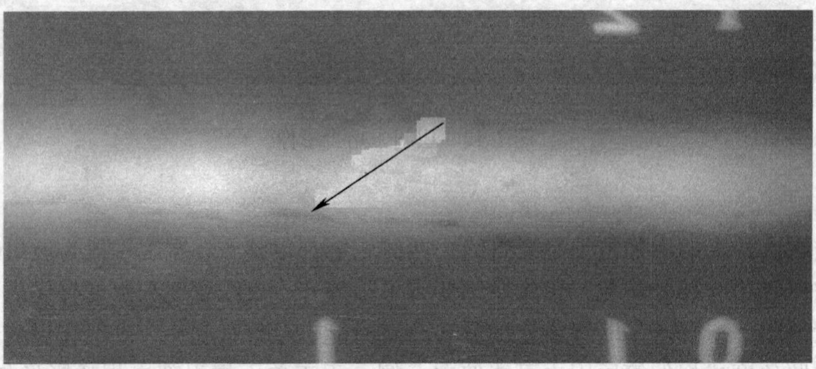

图 7-15　条状夹渣影像

钨夹渣属于金属夹渣，只产生在非熔化钨极氩弧焊焊缝中。在底片上多呈现为白色亮点，尺寸一般不大，形状不规则，大多数情况以单个形式出现，少数情况是以弥散状态出现，如图7-16所示。

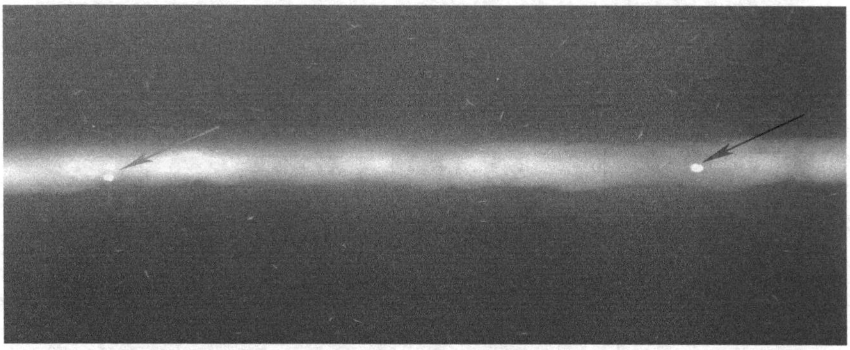

图7-16 钨夹渣影像

5. 气孔的影像特征

气孔是指溶入焊缝中的残留气体形成的空穴。它是在焊缝中常见的缺陷，从形状上可分为球状气孔、线状气孔和其他形状不规则的气孔。从分布上可分为单个、密集和链状气孔。气孔在底片上的影像特征是黑色圆点，也是呈黑线（线状气孔）或其他不规则形状的。气孔的轮廓比较圆滑，其黑度中心较大，边缘稍淡。

气孔可以发生在焊缝任何部位，如手工单面焊根部线状气孔、双面焊的链状气孔、焊缝中心线两侧的虫状气孔等。针孔直径较小，但是影像黑度较大，一般发生在焊缝中心。夹珠是另一类特殊的气孔，它是由前一道焊接生成的气孔，被后一道焊接熔穿，铁液流进气孔的局部空间而形成的。在底片上的影像为黑色气孔中含着一个白色圆珠。图7-17所示为线状气孔影像，图7-18所示为点状气孔影像，图7-19所示为密集气孔影像，图7-20所示为夹珠影像。

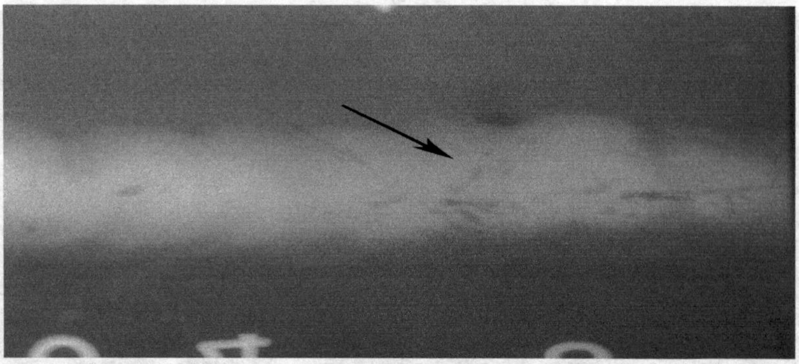

图7-17 线状气孔影像

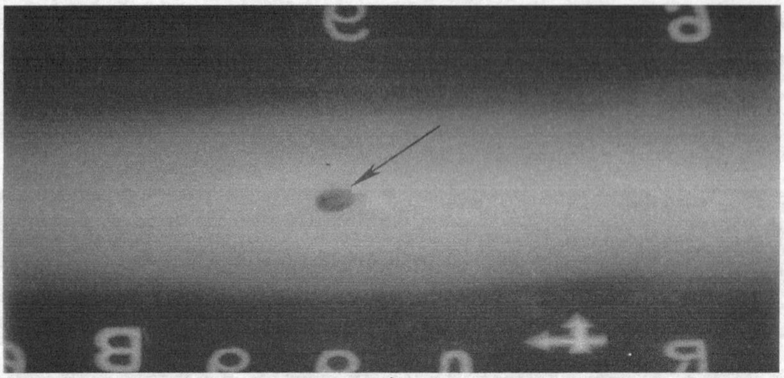

a)

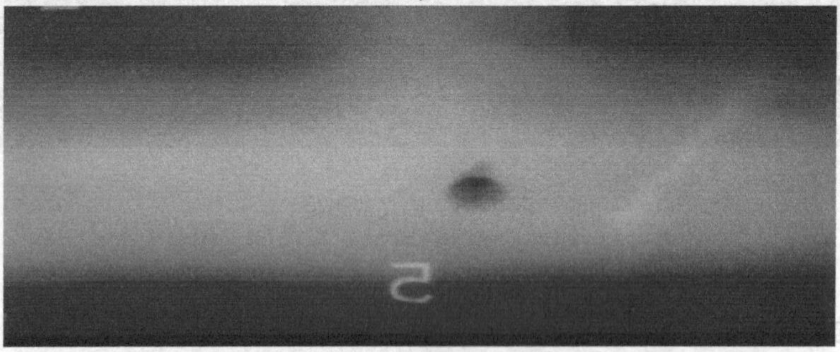

b)

图 7-18　点状气孔影像

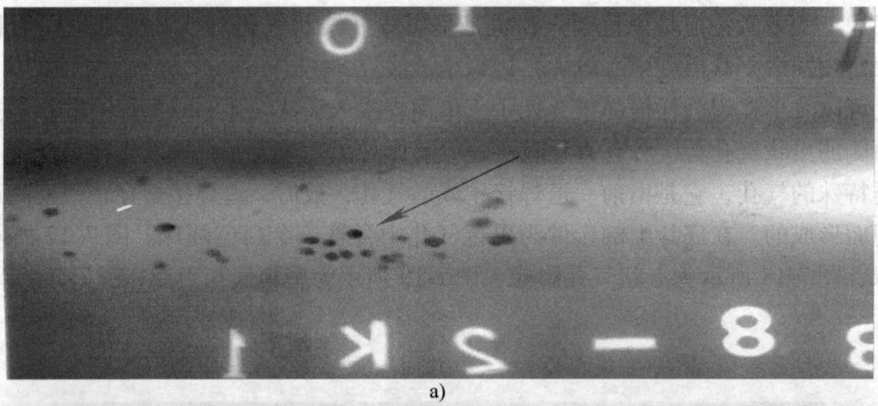

a)

b)

图 7-19　密集气孔影像

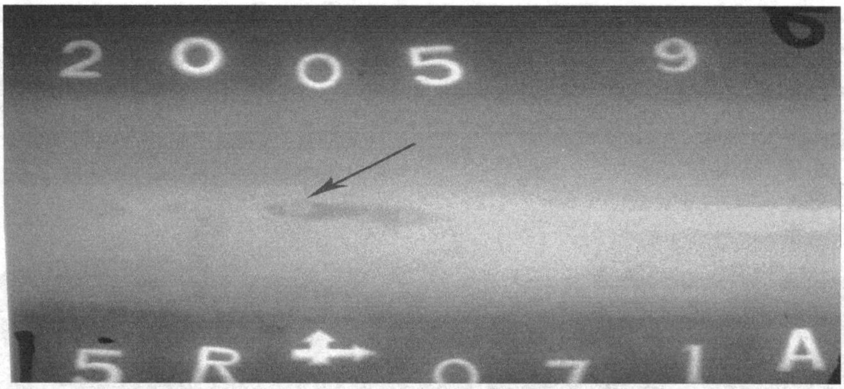

图7-20　夹珠影像

7.3.2　焊缝形状缺陷的影像分析

焊缝形状缺陷是指焊缝金属表面形成不良或其他原因造成的缺陷，这些缺陷多出现在管道焊缝中。

1. 咬边的影像特征

咬边是沿焊趾的母材部位被电弧熔化时形成的沟槽或凹陷。它有连续和断续之分，在底片的焊缝边缘，靠母材侧呈现粗短半弧状的黑色条状影像，黑度不均匀，轮廓不明显，形状不规则，两端无尖角。咬边分为焊趾咬边和根部（包括带垫板的焊根）咬边。

2. 内凹的影像特征

内凹是单面焊焊缝根部所形成的低于母材的局部低洼部分，多出现在仰焊部位，它是焊接过程中熔敷金属冷却下塌，在根部形成较圆滑的收缩凹槽。在底片上的焊缝影像中多呈现为不规则的长形黑化区域，黑度是由焊缝边缘向中心逐渐增大，轮廓不清晰。

3. 收缩沟的影像特征

收缩沟是焊缝收缩过程中，沿背面焊道的两侧形成的根部收缩沟槽或缩根。它是在底片的焊缝影像两侧出现的黑度不均匀、轮廓欠清晰地条状影像。

4. 烧穿的影像特征

烧穿是焊接过程中，熔敷金属背面流出后所形成的空洞。它可分为完全烧穿（背面可见空穴）和不完全烧穿（背面仅能见凹坑）。烧穿大多伴随塌漏同生。烧穿在底片的焊缝影像中，其形貌多为不规整的圆形，中心黑度大而不均匀，轮廓不清晰。如图7-21所示。

5. 焊瘤的影像特征

焊瘤是熔敷根焊道时，因短暂的热量过度输入而引起的根部余高过大，形成的凸起。焊瘤在底片上的影像多呈中间白、向外侧黑度逐渐加大的圆形或椭圆形。如图7-22所示。

6. 错口的影像特征

错口常发生在水平位置接头的对口上，由于椭圆度的差异或厚度不同而引起的，大多出现在管道的对接焊缝中，错口在底片上影像的主要特征是在焊缝中心线上出现黑直线，这条直线的一侧黑度大，另一侧黑度小，是明暗部位的分界线。

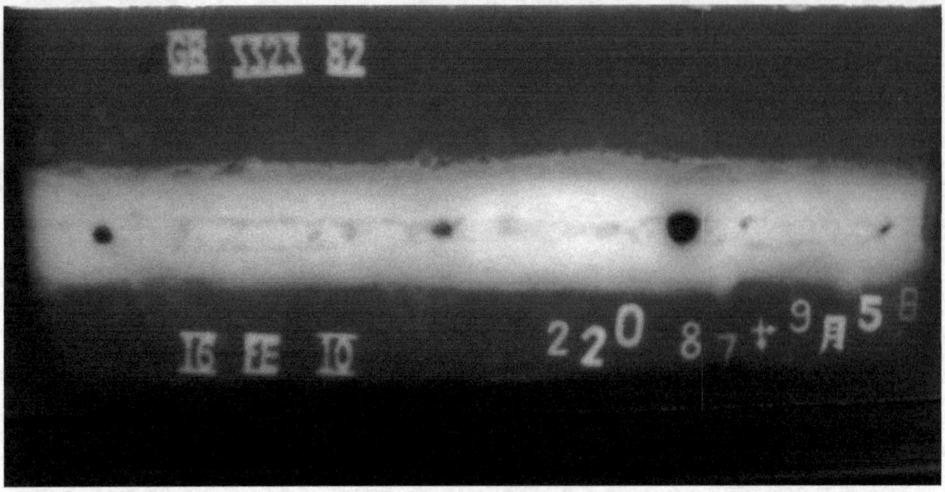

图 7-21　烧穿影像

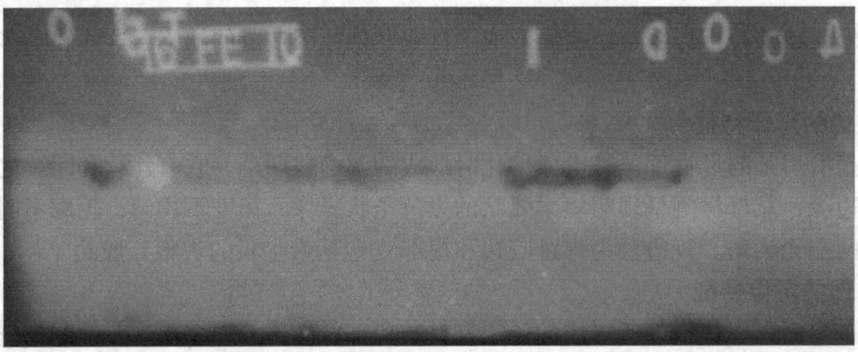

图 7-22　焊瘤影像

7.3.3　常见伪缺陷影像及识别方法

伪缺陷是指由于照相材料、工艺或操作不当，在底片上留下的影像。常见的有以下几种：

1. 划痕

划痕是胶片局部受压引起局部感光，从而在底片上留下的黑线。划痕细而光滑，十分清晰。识别方法主要是借助反射光观察，可以看到底片上药膜有划伤痕迹。

2. 压痕

胶片局部受压会引起局部感光，从而在底片上留下压痕。压痕是黑度很大的黑点，其大小与受压面积有关，借助反射光观察，可以看到底片上药膜有压伤痕迹。

3. 折痕

胶片受弯折，会发生减增感效应。曝光前受折，折痕为白色影像；曝光后受折，折痕为黑色影像。最常见的折痕呈月牙形。借助反射光观察，可以看到底片有折伤痕迹。

4. 水迹

由于水质不好或底片干燥处理不当，会在底片上出现水迹，水滴流过的痕迹是一条黑线或黑带，水滴最终停留的痕迹是黑色的点或弧线。水迹可以发生在底片的任何部位，黑度一般不大，水流痕迹直而光滑，可以找到起点和终点，水珠痕迹形状与水滴一致，借助反射光观察，有时可看到底片上水迹处药膜有污物痕迹。

5. 静电感光

胶片生产过程中或切装时，因摩擦产生放电现象使胶片感光，在底片上留下黑色影像。静电感光影像以树枝状最为常见，也有点状或冠状斑纹影像。如图7-23所示。

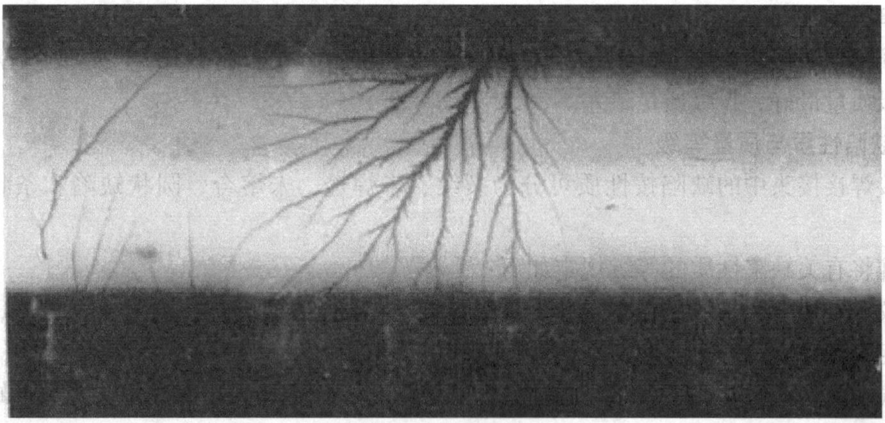

图7-23 静电感光影像

6. 显影斑纹

由于曝光过度，显影液温度过高，浓度过大导致快速显影，或因显影时搅动不及时，均会造成显影不均匀，从而产生显影斑纹。显影斑纹呈黑色条状、宽带状，在整张底片范围出现，影像对比度不大，轮廓模糊，一般不会与缺陷影像混淆。

7. 显影液沾染

显影操作开始前，胶片上沾染了显影液，沾上显影液的部位提前显影，黑度比其他部位大，影像可能是点、条状或成片区域的黑影。

8. 定影液沾染

显影操作开始前，胶片上沾染了定影液，沾上定影液的部位发生了定影作用，使得该部位黑度小于其他部位，影像可能是点、条状或成片区域的黑影。

9. 增感屏伪缺陷

由于增感屏的损坏或污染使局部增感性能改变而在底片上留下的影像。例如，增感屏上的折裂或划伤会在底片上造成黑色伪缺陷影像，而增感屏上的污物在底片上生成白色影像。增感屏重复使用时伪缺陷会重复出现，避免此类伪缺陷的方法是经常检查增感屏，及时淘汰损坏了的增感屏。

底片上其他伪缺陷还有因胶片质量不好或暗室处理不当引起的药膜脱落，网纹、指印、污染，以及因胶片保存或使用不当造成的漏光、霉点等。

7.4 焊接接头的质量等级评定

7.4.1 概述

底片上的缺陷确认后，下一步就是对照标准，评出焊接接头的质量等级。

不同的射线检测标准关于质量分级的具体规定各不相同，但确定质量等级的原则和依据大体上是一致的。评片人员应熟悉标准中的有关内容，正确运用并严格执行。

本节结合 JB/T 4730. 2—2005 标准，简要介绍钢制焊接接头质量分级的有关规定。

1. 等级划分

标准根据对接接头中存在的缺陷性质、数量和密集程度，将其质量等级划分为四个等级。Ⅰ级质量最好，Ⅳ级质量最差。

2. 缺陷性质与质量等级

对接焊接接头中的缺陷按性质可分为裂纹、未焊透、未熔合、圆状缺陷和条状缺陷等五类。

标准将有关缺陷性质的等级规定如下：

裂纹、未熔合、未焊透在Ⅰ、Ⅱ、Ⅲ级对接焊接接头内属于不允许存在的缺陷，只要发现即评定为Ⅳ级。

对气孔、夹渣长宽比不大于 3 的定义为圆形缺陷，长宽比大于 3 的定义为条形缺陷。对两者分别制订控制标准。其中，Ⅰ级对接焊接接头不允许条状缺陷存在。

3. 缺陷数量与质量等级

缺陷数量包括单个尺寸、总量和密集程度三个方面。定量的依据（包括缺陷长度和宽度尺寸及间距）是在底片上量得的尺寸，不考虑投影放大或畸变造成的影像。

标准允许圆形缺陷存在，根据母材厚度获得对缺陷数量加以限制。规定缺陷长径不得超过母材公称厚度的 1/2；对缺陷总量采用点数换算，对缺陷密集程度采用评定区控制。各质量等级允许的缺陷点数都有明确规定。规定由于材质或结构等原因进行返修可能会产生不利后果的对接接头，各级别的原形缺陷点数可放宽 1 ~ 2 点。还规定对致密性要求高的对接焊接接头，制造方底片评定人员应考虑将圆形缺陷的黑度作为评级的依据。通常将黑度大的圆形缺陷定义为深孔缺陷，当对接焊接接头存在深孔缺陷时，其质量级别应评为Ⅳ级。

标准对条状缺陷也是根据母材公称厚度来限制的，以单个条状缺陷长度、纵长和间距三项指标分别对单个缺陷尺寸、总量、密集程度作出限制。此外，在圆形缺陷评定区内同时存在圆形缺陷和条状缺陷时，应进行综合评级。

有关钢制对接接头质量分级的规定见 JB/T 4730. 2—2005 标准第 5 条和第 6 条。

7.4.2 举例

例 7-1 有一母材厚度为 8mm 的钢焊缝，经透照发现底片上有如图 7-24 所示的圆形缺陷。试按照 JB/T 4730. 2—2005 标准评定焊缝级别。

解 依题意，所有圆形缺陷均在 $10 \times 10\text{mm}^2$ 评定区内，按照 JB/T 4730. 2—2005 标准规定，两个长径为 0. 5mm 的气孔不记点数，故缺陷总点数 $N = 2 + 10 = 12$，超过Ⅲ级规定的上

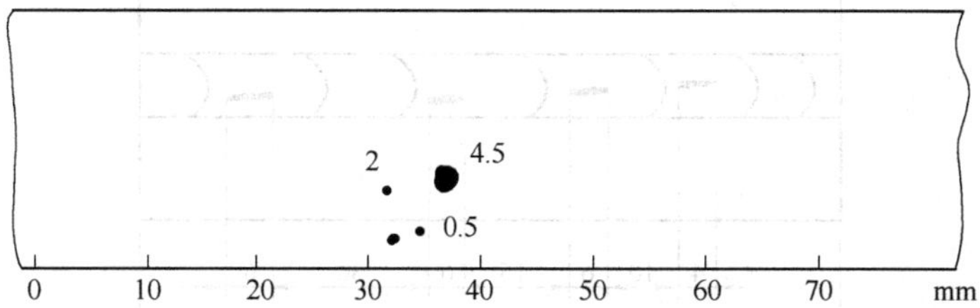

图 7-24 例 7-1 图

限点数 6，应评为Ⅳ级。

同时长径为 4.5mm 的气孔也已超过$\frac{1}{2}T=4\text{mm}$，据此也应评为Ⅳ级。故该焊缝终评级别为Ⅳ级。

例 7-2 有一母材厚度为 110mm 的钢焊缝，经透照发现底片上有如图 7-25 所示的密集型气孔。试按照 JB/T 4730.2—2005 标准评定焊缝级别。

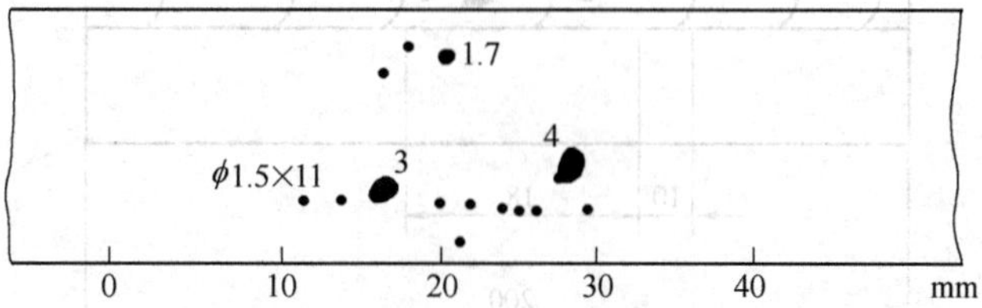

图 7-25 例 7-2 图

解 依题意，所有圆形缺陷均在 $10\times30\text{mm}^2$ 评定区内，共有 $\phi1.5\text{mm}$ 的气孔 11 个，按照标准规定，母材厚度大于 50mm 的焊缝中允许不记点数的最大缺陷长径≤1.4%T，故在该焊缝中实际允许缺陷的长径 $L=1.4\%\times110\text{mm}=1.54\text{mm}$，则 $\phi1.5\text{mm}$ 的缺陷可不计，但是在数量上已超出Ⅰ级焊缝的要求，据此可评为Ⅱ级。

在评定区内，记点数的缺陷总点数 $N=2+3+6=11$，已超过Ⅰ级规定的上限点数 6，但未超过Ⅱ级的 18 点，而且最大长径为 4mm 的气孔也未超过$\frac{1}{2}T=55\text{mm}$，据此也应评为Ⅱ级。故该焊缝终评级别为Ⅱ级。

例 7-3 有一钢焊缝，母材厚度为 20mm，以Ⅲ级为验收级别，图 7-26 是条状夹渣的分布，按照 JB/T 4730.2—2005 标准进行质量分级是否可以验收？

解 依题意，底片上出现条渣群，先以Ⅱ级条状夹渣总长初评。在长度为 $12T$ 的任意选定条形缺陷评定区内，相邻缺陷间距不超过 $6L$ 的任一组条状夹渣计算总长：$L=L_1+L_2+L_3+L_4=(4+6+6+6)\text{mm}=22\text{mm}$。按照标准规定，$L=22\text{mm}>T=20\text{mm}$，超过Ⅱ级。

再按Ⅲ级预评定。在长度为 $6T$ 的任意选定条形缺陷评定区内，相邻缺陷间距不超过 $3L$ 的任一组条状夹渣计算总长：$L=(4+6+6)\text{mm}=16\text{mm}$。按照标准规定，$L=16\text{mm}<T=20\text{mm}$，应评为Ⅲ级。

综上该焊缝终评级别为Ⅲ级，未超过验收级别，可以验收。

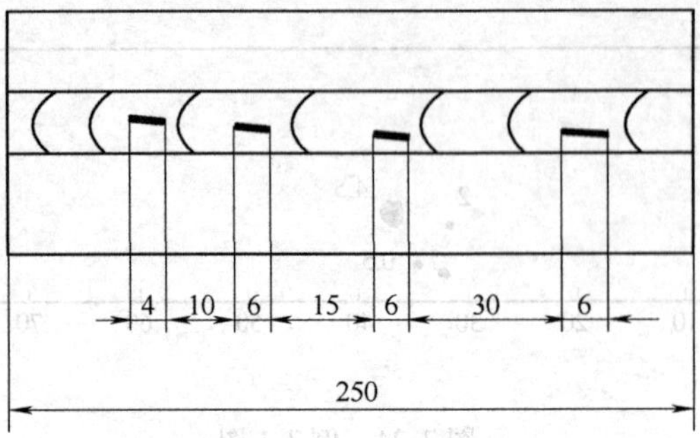

图 7-26　例 7-3 图

例 7-4　钢焊缝，母材厚度为 30mm，经射线照相，发现如图 7-27 分布的缺陷，请按照 JB/T 4730.2—2005 标准进行质量分级。

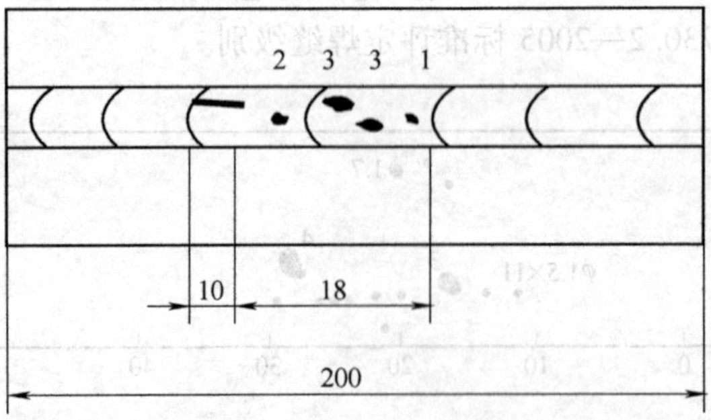

图 7-27　例 7-4 图

解　依题意得知，焊缝中既存在圆形缺陷又存在条形缺陷，按照标准规定，在圆形缺陷评定区内同时存在上述两种缺陷，应进行综合评级。

对于单个条状渣，$L=10\text{mm}$ 未超过 $\frac{1}{3}T=10\text{mm}$，应评为Ⅱ级。

对于圆形缺陷，4 个均在 $10\times20\text{mm}^2$ 评定区内，缺陷总点数 $N=N_1+N_2+N_3+N_4=2+3+3+1=9$。

由于 4（Ⅰ级）$<N<$ 12（Ⅱ级），故也应评为Ⅱ级。

综合评级：Ⅱ + Ⅱ − 1 = Ⅲ级。故该焊缝终评级别为Ⅲ级。

7.4.3　射线检测记录与报告

评片人员对射线检测结果及有关事项进行详细记录并出具报告。其主要内容包括：委托单位、被检产品（名称、编号、规格、材质和焊接方法）、检测设备（名称、型号和焦点尺寸）、检测标准和验收等级、检测规范（技术等级、透照布置、胶片、增感屏、射线能量、曝光量、焦距、暗示处理方式和条件等）、检测结果及质量分级、工件检测部位示意图、检测人员和责任人签字及技术资格以及检测日期。参考表 7-1 和表 7-2。

表 7-1　焊缝射线检测报告　　报告编号：

<table>
<tr><td colspan="2">委托单位</td><td colspan="3"></td><td>工程名称</td><td colspan="2"></td></tr>
<tr><td colspan="2">射线源名称</td><td></td><td colspan="2">工件名称</td><td></td><td>焊接方式</td><td></td></tr>
<tr><td colspan="2">射线源规格</td><td></td><td colspan="2">主体质</td><td></td><td>透照方式</td><td></td></tr>
<tr><td rowspan="4">透照工艺</td><td>管电压</td><td></td><td colspan="2">胶片规格</td><td></td><td>像质指数</td><td></td></tr>
<tr><td>管电流</td><td></td><td colspan="2">像质计类型</td><td></td><td>增感屏</td><td></td></tr>
<tr><td>曝光时间</td><td></td><td colspan="2">焦距</td><td></td><td>黑度</td><td></td></tr>
<tr><td>透照方式</td><td></td><td colspan="2">胶片类型</td><td></td><td>有效评定长度</td><td></td></tr>
<tr><td colspan="2">执行标准</td><td></td><td rowspan="2">拍片</td><td>总数</td><td></td><td>不合格数量</td><td></td></tr>
<tr><td colspan="2">合格级别</td><td></td><td>比例</td><td></td><td>检测时机</td><td></td></tr>
<tr><td colspan="8">检测示意图：</td></tr>
<tr><td colspan="8">检测结论：</td></tr>
</table>

批准人员 （日期）	审核人员 （级别）	评片人员 （级别）	拍片人员 （级别）				

表 7-2　焊缝射线检测结果记录

序号	构件焊缝和底片编号	厚度	缺陷性质						缺陷位置 －—↑→＋	评定等级				合格与否	备注
			①	②	③	④	⑤	⑥		Ⅰ	Ⅱ	Ⅲ	Ⅳ		

①气孔　②夹渣　③未焊透　④内凹　⑤裂缝　⑥其他

批准人员 （日期）	审核人员 （级别）	评片人员 （级别）	拍片人员 （级别）					

附　　录

附录 A　JB/T 4730.2—2005 标准中各技术等级的像质计灵敏度

表 A-1　像质计灵敏度值——单壁透照，像质计置于源侧

应识别丝号（丝径/mm）	透照厚度 T/mm		
	A 级	AB 级	B 级
18（0.063）	—	—	≤2.5
17（0.080）	—	≤2.0	>2.5~4.0
16（0.100）	≤2.0	>2.0~3.5	>4~6
15（0.125）	>2.0~3.5	>3.5~5.5	>6~12
14（0.160）	>3.5~5.5	>5.5~11	>12~18
13（0.20）	>5.5~11	>11~17	>18~30
12（0.25）	>11~17	>17~26	>30~42
11（0.32）	>17~26	>26~39	>42~55
10（0.4）	>26~39	>39~51	>55~70
9（0.50）	>39~51	>51~64	>70~100
8（0.63）	>51~64	>64~85	>100~180
7（0.80）	>64~85	>85~125	>180~300
6（1.00）	>85~125	>125~225	>300
5（1.25）	>125~225	>225~375	—
4（1.60）	>225~375	>375	—
3（2.00）	>375	—	—

表 A-2　像质计灵敏度值——双壁双影透照，像质计置于源侧

应识别丝号（丝径/mm）	透照厚度 T/mm		
	A 级	AB 级	B 级
18（0.063）	—	—	≤2.5
17（0.080）	—	≤2.0	>2.5~4.0
16（0.100）	≤2.0	>2.0~3.0	>4~6

（续）

应识别丝号（丝径/mm）	透照厚度 T/mm		
	A 级	AB 级	B 级
15（0.125）	>2.0 ~3.0	>3.0 ~4.5	>6 ~9
14（0.160）	>3.0 ~4.5	>4.5 ~7	>9 ~15
13（0.20）	>4.5 ~7	>7 ~11	>15 ~22
12（0.25）	>7 ~11	>11 ~15	>22 ~31
11（0.32）	>11 ~15	>15 ~22	>31 ~40
10（0.4）	>15 ~22	>22 ~32	>40 ~48
9（0.50）	>22 ~32	>32 ~44	>18 ~56
8（0.63）	>32 ~44	>44 ~54	—
7（0.80）	>44 ~54	—	—

表 A-3　像质计灵敏度值——双壁双影或双壁单影透照，像质计置于胶片侧

应识别丝号（丝径/mm）	公称厚度 W/mm		
	A 级	AB 级	B 级
18（0.063）	—	—	≤2.5
17（0.080）	—	≤2.0	>2.5 ~40
16（0.100）	≤2.0	>2.0 ~3.5	>4 ~6
15（0.125）	>2.0 ~3.5	>3.5 ~5.0	>6 ~8
14（0.160）	>3.5 ~5.0	>5.0 ~7	>8 ~12
13（0.20）	>5.0 ~7	>7 ~10	>12 ~20
12（0.25）	>7 ~10	>10 ~15	>20 ~30
11（0.32）	>10 ~15	>15 ~25	>30 ~35
10（0.4）	>15 ~25	>25 ~32	>35 ~45
9（0.50）	>25 ~32	>32 ~40	>45 ~65
8（0.63）	>32 ~40	>40 ~55	>65 ~120
7（0.80）	>40 ~55	>55 ~85	>120 ~200
6（1.00）	>55 ~85	>85 ~150	>200 ~350
5（1.25）	>85 ~150	>150 ~250	>350
4（1.60）	>150 ~250	>250 ~350	—
3（2.00）	>250 ~350	>350	—
2（2.50）	>350	—	—

附录 B　JB/T 4730.2—2005 标准中环向对接焊接接头的透照次数图

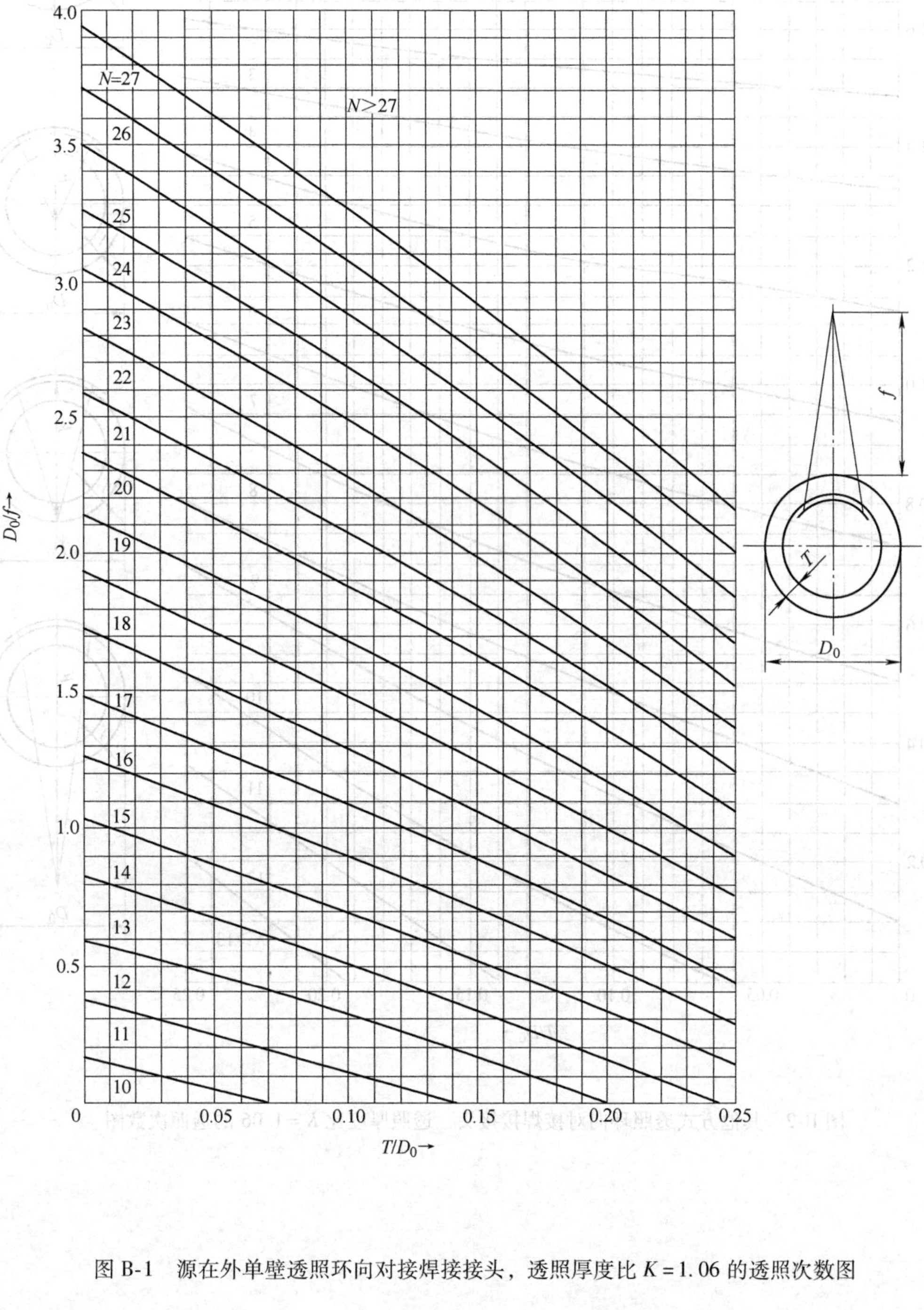

图 B-1　源在外单壁透照环向对接焊接接头，透照厚度比 $K=1.06$ 的透照次数图

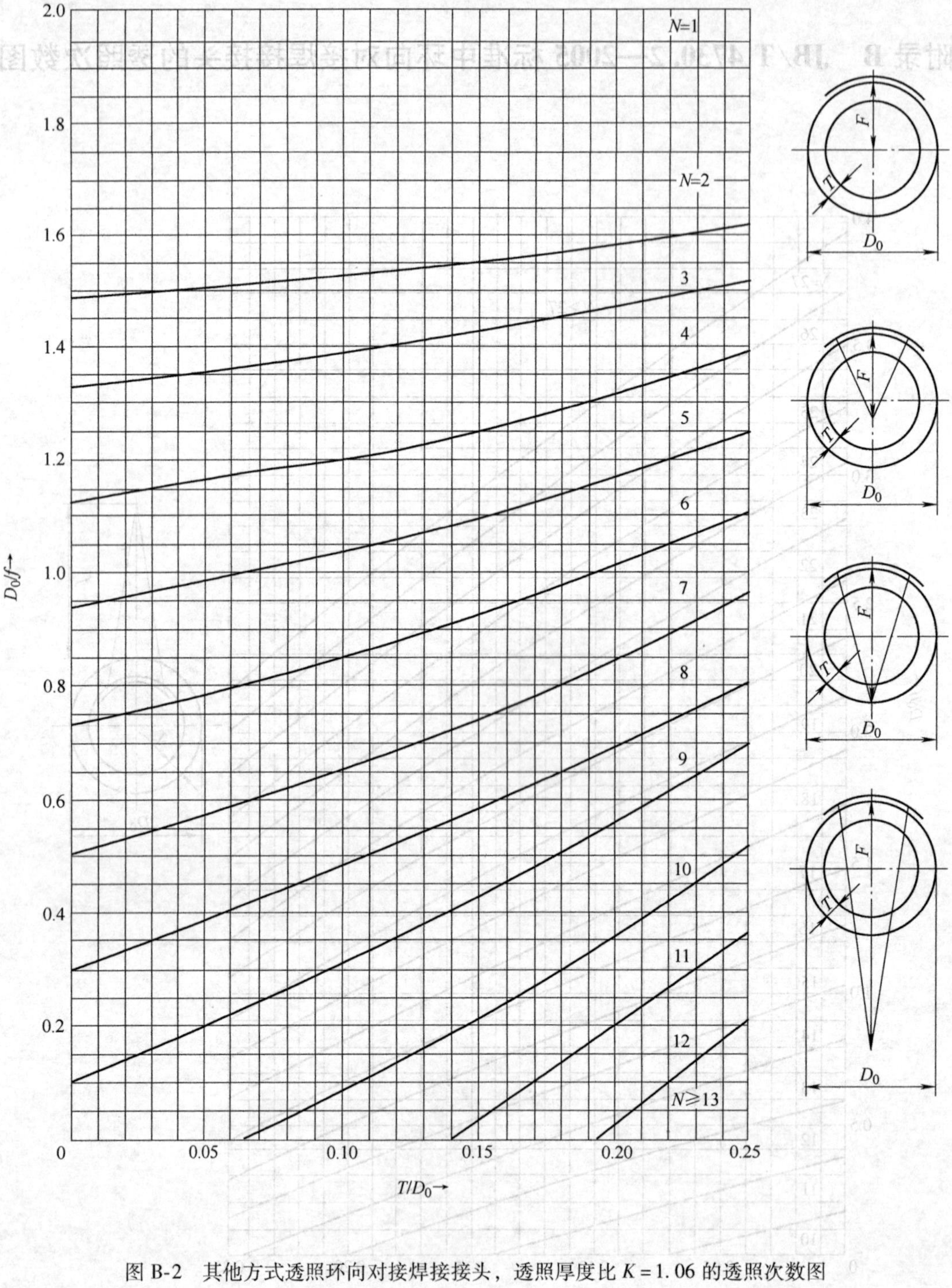

图 B-2　其他方式透照环向对接焊接接头，透照厚度比 $K=1.06$ 的透照次数图

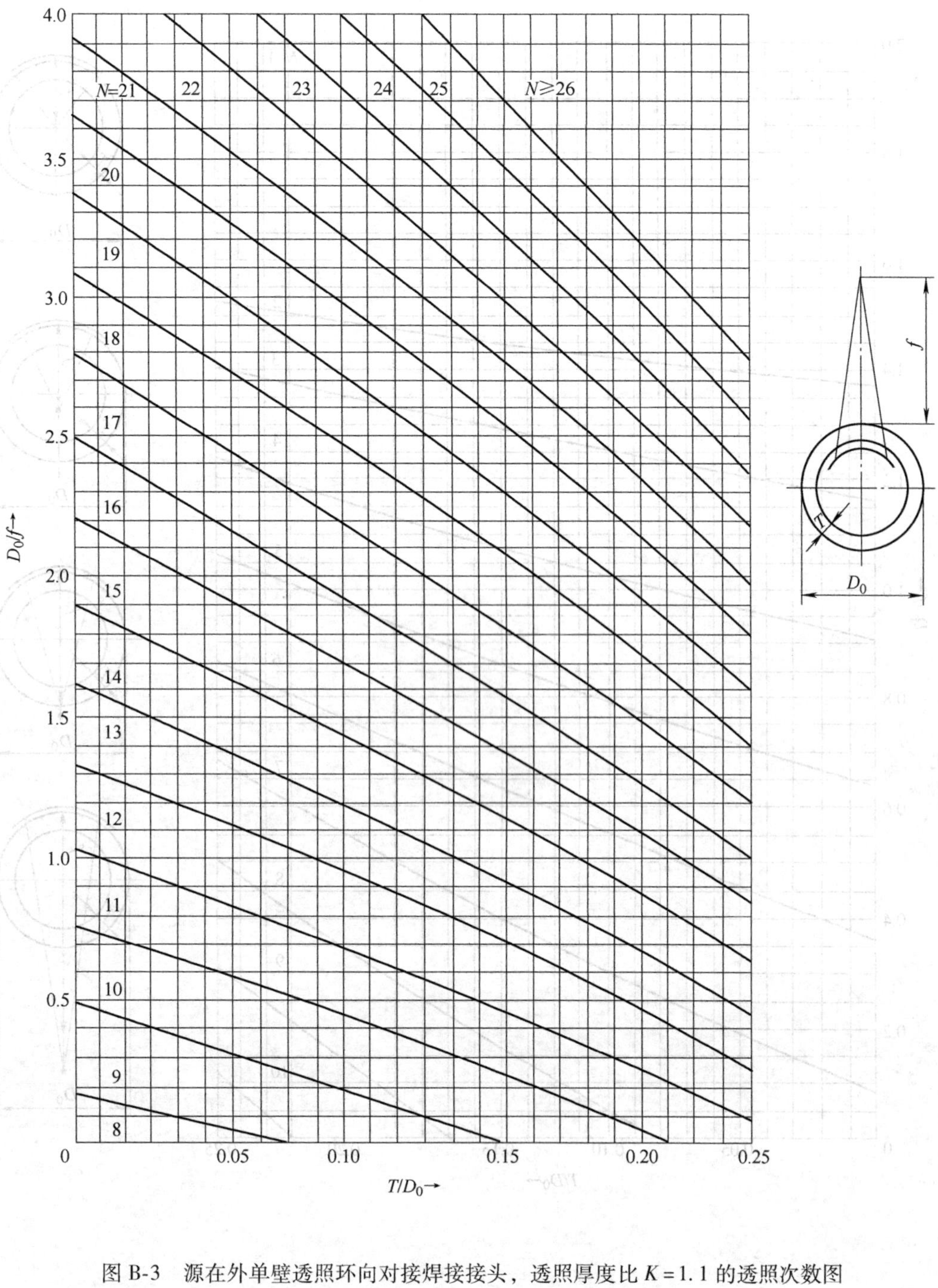

图 B-3　源在外单壁透照环向对接焊接接头，透照厚度比 $K=1.1$ 的透照次数图

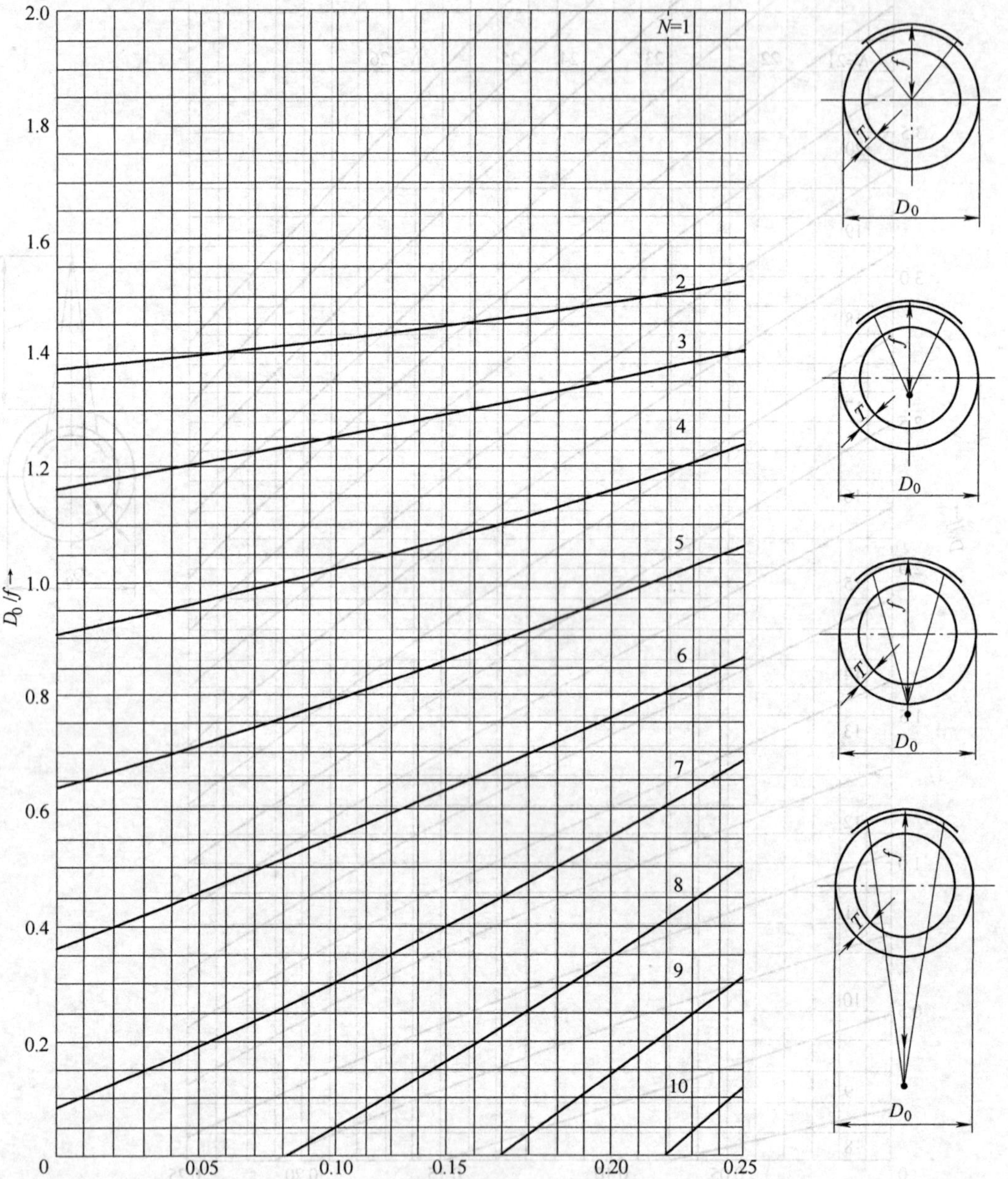

图 B-4　其他方式透照环向对接焊接接头，透照厚度比 $K=1.1$ 的透照次数图

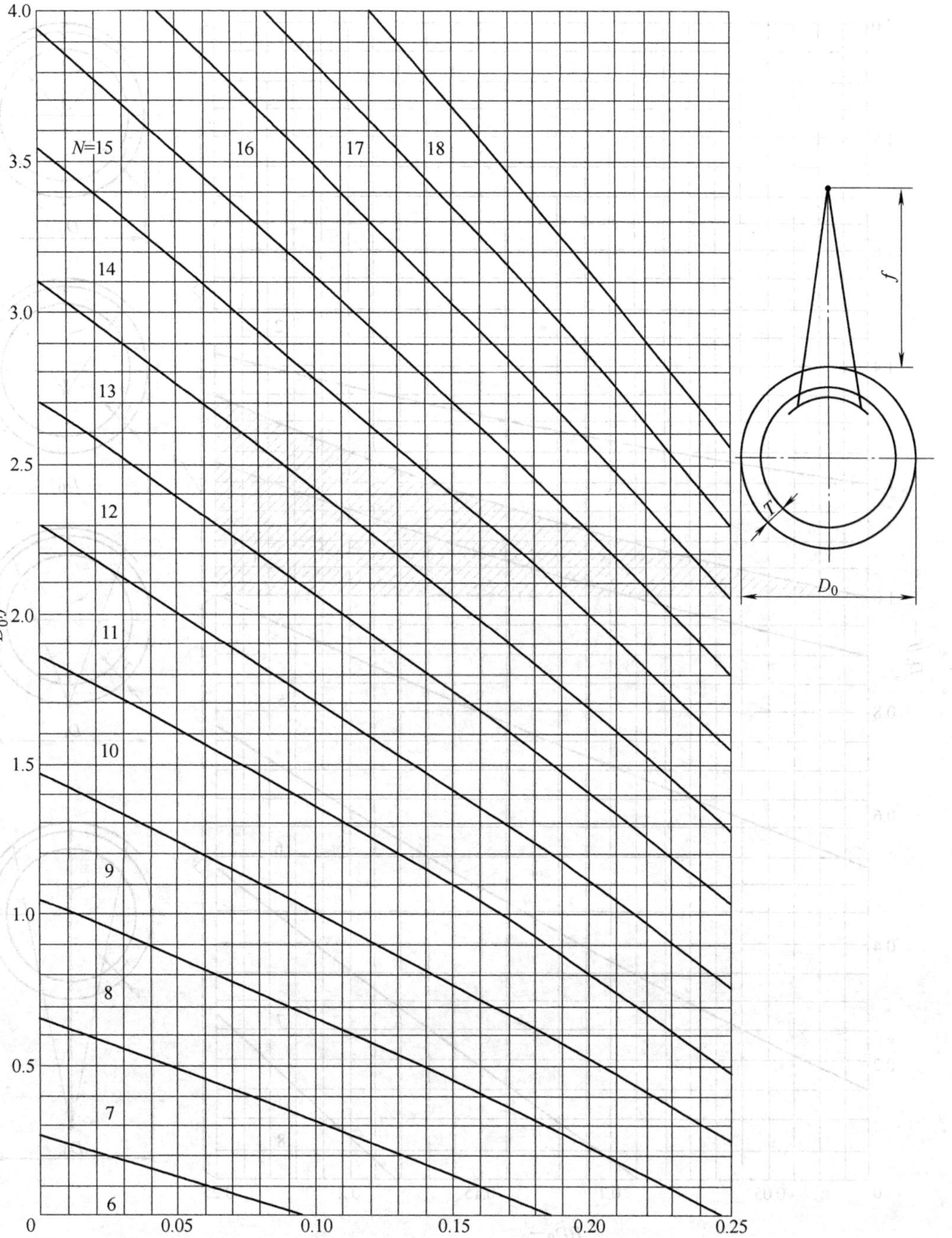

图 B-5　源在外单壁透照环向对接焊接接头，透照厚度比 $K=1.2$ 的透照次数图

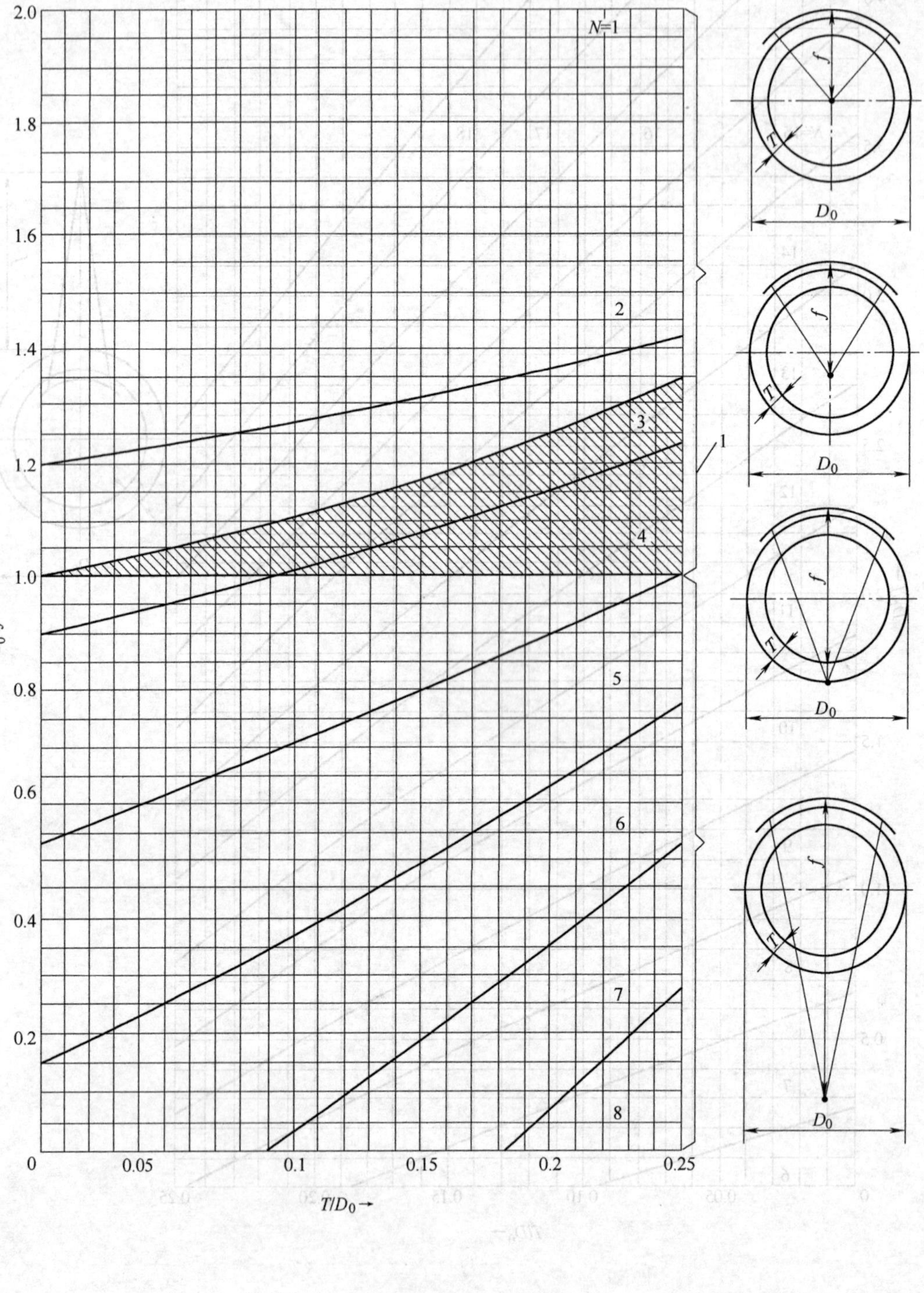

图 B-6　其他方式透照环向对接焊接接头，透照厚度比 $K=1.2$ 的透照次数图

参 考 文 献

[1] 屠耀元. 射线检测工艺学 [M]. 北京：航空工业出版社，1989.

[2] 中国机械工程学会. 射线检测 [M]. 北京：机械工业出版社，2001.

[3] 辽宁省特种设备无损检测人员资格考核委员会. 射线检测 [M]. 沈阳：辽宁大学出版社，2007.